明清科技与社会丛书

石云里　主编

会通历学

薛凤祚历法工作研究

褚龙飞 —— 著

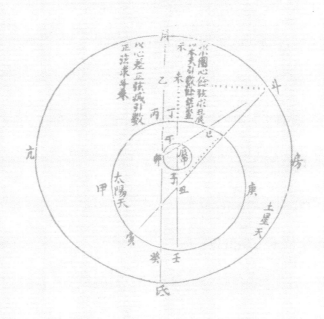

中国科学技术大学出版社

内 容 简 介

薛凤祚是明末清初著名的数学家与天文学家，在中国古代科技史与中西科技交流史上占有重要地位。长期以来，由于史料不足及薛氏著作中存在大量讹误，学界对薛凤祚历法工作的研究未能取得进一步突破。本书在前人研究的基础上，综合新旧史料对薛凤祚生平与著作重新进行了梳理，采用数理天文学分析与计算机编程模拟等方法对其天文历法工作进行了全面深入的研究；厘清了薛凤祚历法著作与哥白尼天文学之间的关系，并将其与当时传入中国的第谷天文学（即《西洋新法历书》）进行了精度比较；还系统考证了薛凤祚历法著作的内容来源，并在此基础上探讨其会通中西方天文学的特征。

图书在版编目(CIP)数据

会通历学：薛凤祚历法工作研究/褚龙飞著. —合肥：中国科学技术大学出版社，2022.6

（明清科技与社会丛书/石云里主编）

ISBN 978-7-312-05335-1

Ⅰ. 会… Ⅱ. 褚… Ⅲ. 历法—研究—中国—明清时代 Ⅳ. P194.3

中国版本图书馆 CIP 数据核字（2021）第 215505 号

会通历学：薛凤祚历法工作研究

HUITONG LIXUE: XUE FENGZUO LIFA GONGZUO YANJIU

出版	中国科学技术大学出版社 安徽省合肥市金寨路96号,230026 http://press.ustc.edu.cn https://zgkxjsdxcbs.tmall.com
印刷	安徽联众印刷有限公司
发行	中国科学技术大学出版社
开本	710 mm×1000 mm 1/16
印张	17.25
字数	298 千
版次	2022 年 6 月第 1 版
印次	2022 年 6 月第 1 次印刷
定价	79.00 元

目　录

1 – 11　**绪论**

0.1　研究背景与意义　……………………………………1

0.2　学术史回顾　……………………………………………5

0.3　研究内容与核心方法　………………………………9

12 – 36　**第1章　薛凤祚的生平及其历法著作**

1.1　薛凤祚的生平　…………………………………………12

1.2　薛凤祚的历法著作　…………………………………26

37 – 65　**第2章　《天步真原》中的太阳理论**

2.1　《永恒天体运行表》中的太阳理论　……………38

2.2　《天步真原》中的太阳理论及其问题　…………51

2.3　薛凤祚对太阳理论的调整　………………………59

66 – 95　**第3章　《天步真原》中的月亮理论**

3.1　《永恒天体运行表》中的月亮理论　……………67

3.2　《天步真原》中的月亮理论及其问题　…………85

3.3　薛凤祚对月亮理论的调整　………………………91

96 – 151　**第4章　《天步真原》中的外行星理论**

4.1　《永恒天体运行表》中的外行星理论　…………97

4.2　《天步真原》中的外行星理论及其问题　………129

4.3　薛凤祚对外行星理论的调整　……………………148

152 – 186   **第5章 《天步真原》中的内行星理论**

5.1 《永恒天体运行表》中的内行星理论 ············152

5.2 《天步真原》中的内行星理论及其问题 ·········173

5.3 薛凤祚对内行星理论的调整 ·············185

187 – 229   **第6章 《历学会通》内容考**

6.1 《历学会通》卷数考 ·················188

6.2 《历学会通》内容来源考 ···············195

6.3 小结 ·······················228

230 – 240   **第7章 薛凤祚会通历法的特征**

7.1 《历学会通·正集》：会通古今中西的"新中法" ·······231

7.2 回归传统历法的形式 ···············235

7.3 注重历法的占验功能 ···············238

7.4 薛凤祚会通历法的时代因素 ············239

241 – 249   **结语**

250 – 253   **附录 《两河清汇易览》附录内容**

254 – 258   **插图索引**

259 – 268   **参考文献**

269 – 270   **后记**

绪　论

0.1　研究背景与意义

　　明朝末年,作为中国官方历法体系的《大统历》在准确性上频繁出现问题,致使朝野上下改历的呼声不断。恰逢此时,耶稣会士来到中国,他们在传播天主教的同时,也将欧洲天文学带入了中国,于是中西方天文学大规模交流碰撞的序幕就此拉开。不久之后,随着历法危机的加重,明朝政府终于决心改历,以邢云路①(约1549—约1621年)为首,在利用中国传统天文学改历的计划失败后,参照欧洲天文学改革历法的活动于崇祯二年(1629年)正式开始,并最终完成了《崇祯历书》这样一部大型天文学百科全书。虽然《崇

---

① 邢云路,字士登,号泽宇,河北安肃人,明末著名天文学家。

祯历书》于1635年初便基本完成,但直到明朝灭亡也未获颁行。之所以会发生这种情况,恐怕与反对西法的各种势力(如仇教人士、中国传统历法家、钦天监官员等)不无关系。事实上,在整个崇祯改历期间,中西方天文学之间始终存在着一种微妙的张力。不过,这种双方僵持的局面最终随着明朝的灭亡而结束。1644年清廷入主中原,德国耶稣会士汤若望①(Johann Adam Schall von Bell, 1592—1666年)把《崇祯历书》献给顺治皇帝(1638—1661年),清政府遂将之命名为《时宪历》而颁行天下。随后,汤若望通过一系列手段成功掌控了钦天监,并将《崇祯历书》改编为《西洋新法历书》刊刻出版。自此,中西天文学之间的平衡被打破,西法与耶稣会士的地位也达到了一个高峰。尽管如此,反对西法的势力并没有彻底消失,而是蛰伏起来等待时机,因此后来才会出现"康熙历狱"这样的事件。直到康熙皇帝(1654—1722年)为汤若望案平反,西方天文学才最终获得了完全的胜利。即便如此,作为官方历法的《西洋新法历书》仍然不能令清初天文学家满意:一方面该书本身确实存在诸多问题甚至讹误,另一方面专用西法的状况也的确容易招致非议。因此,康熙皇帝晚年下令编撰《御制历象考成》,将中西历法统一在"御制"的大旗之下,集两者之大成,这才最终平息了当时天文学上的中西之争。

实际上,明末清初时期不仅官方在是否采用西法的问题上不断犹疑与摇摆,而且民间天文学家对待西法的态度亦彼此大相径庭。总体而言,当时中国天文学界按对西法的态度可以分为三类:一类支持尽用西法,以徐光启②(1562—1633年)、李天经③(1579—1659年)为代表;一类坚决反对西法,以魏文魁④(1557—1636年)、杨光先⑤(1597—1669年)为代表;还有一类则主

① 汤若望,字道未,德国科隆人,天主教耶稣会传教士,明末清初官员,《崇祯历书》的主要编撰者之一。

② 徐光启,字子先,号玄扈,天主教圣名保禄,谥文定,南直隶松江府上海县人,明末儒学、西学、天文学、数学、水利学、农学、军事学等领域学者,思想家、政治家、军事家,官至崇祯朝礼部尚书兼文渊阁大学士、内阁次辅。徐光启是中西文化交流的先驱之一,是上海地区最早的天主教基督徒,作为热忱而忠贞的教友领袖和护教士,被誉为明代"圣教三柱石"之首。

③ 李天经,字仁常,一字性参,又字长德,赵州人,明末官员,天主教徒。徐光启去世(1633年)后主持历局,承徐光启遗愿完成《崇祯历书》。

④ 魏文魁,自号玉山布衣,河北满城人,明末天文学家。

⑤ 杨光先,字长公,江南歙县人,明末清初学者。

张会通中西,以薛凤祚(1600—1680年)、王锡阐[①](1628—1682年)为代表。在这三类人当中,最后一类显得尤为重要:他们既没有像第一类人那样弃传统天文学不用,也没有像第二类人那样盲目反对西方天文学,而是认为中西历法各有所长,且以会通二者为己任,终生为之奋斗。事实上,"会通"本身也是平息中西天文学之争的一种方式,而从中国天文学后来在清朝的发展来看,"会通派"的影响也是最大的。因此,对这一类天文学家的研究,始终是明清天文学史研究中一个非常重要的方向。而在"会通派"天文学家中,有一个人格外与众不同:他不仅阅历丰富、学识广博,而且对历学还有着极为独到的见解,这个人便是薛凤祚。

薛凤祚在明清天文学史上有一项突出的贡献,即他与波兰传教士穆尼阁(Jan Mikołaj Smogulecki,1611—1656年)一起编译了《天步真原》。该书是继《崇祯历书》之后出版的又一部系统介绍欧洲天文学的中文著作,在明清中西天文学交流史上占有十分重要的地位。而他后来以《天步真原》为基础、会通古今中西历法编撰而成的《历学会通》,更是明末清初天文学史上的一座丰碑。此外,他在理学、星占、治水、术数、舆地等方面亦撰有专著。不仅如此,他与当时不少名流均有来往,其历学成就也为各方友人所赞誉。正因薛凤祚成绩斐然、闻名遐迩,故当时诸多后学慕名随其学习,甚至与他齐名的王锡阐亦曾写信向他请教历法难题,而黄宗羲[②](1610—1695年)、梅文鼎[③](1633—1721年)等历算名家也都研读过他的著作。毫无疑问,薛凤祚是名副其实的一代历学巨擘,其重要性与影响力不言而喻。因此,后人将薛凤祚与王锡阐、梅文鼎并称为清初天文历法三大家,《清史稿》更是盛赞他"贯通其中西要,不愧为一代畴人之功首"。

作为明末清初传入中国的两大欧洲天文学体系之一,《天步真原》在天文学史上的意义无疑是重大的。不仅如此,按前人研究,《天步真原》中的宇宙模型实际上应该是哥白尼日心体系。因此,对《天步真原》中的天文历法

---

① 王锡阐,字晓庵,号余不、天同一生,江苏吴江人,明末清初天文学家、数学家。明亡后,终生不仕,一生钻研历法、天象,与薛凤祚并称"南王北薛"。

② 黄宗羲,字太冲,号梨洲,世称南雷先生或梨洲先生,浙江绍兴府余姚县明伟乡黄竹浦人。明末清初经学家、史学家、思想家、地理学家、历算学家、教育家。黄宗羲与顾炎武、王夫之并称明末清初三大思想家(或明末清初三大儒);与其弟黄宗炎、黄宗会号称浙东三黄;与顾炎武、方以智、王夫之、朱舜水并称为"明末清初五大师"。黄宗羲亦有"中国思想启蒙之父"之誉。

③ 梅文鼎,字定九,号勿庵,安徽宣城人。清初天文学家、数学家,被誉为清代"历算第一名家"。

体系展开研究,可以使学界对明末清初中西天文学交流,尤其是哥白尼日心体系在中国传播的情况,获得更加深入的了解。实际上,《天步真原》中还存在许多其他值得探讨的问题。例如,后人(如梅文鼎等)在研读薛凤祚的历学著作时常言其舛误多出、晦涩难解,那么,薛凤祚著作中是否真的存在这些问题呢?这一问题仍有待进一步的研究。简言之,薛凤祚著作中的天文学理论仍然是值得继续研究的重要课题。

薛凤祚耗费十余年心血完成的《历学会通》,毋庸置疑是集其历学大成之作。然而,这部著作却并不能被简单地看作是一部历法或者讨论历法的专著。该书分为"正集""考验部"与"致用部"三个部分,其中不仅兼收了古今中西多种历法,而且还包括数学、星占、乐律、医药、水利、火器、力学、兵法等内容,俨然是一部囊括所有重要历法及其相关应用的"历学大全"。如此多的内容一起出现在《历学会通》中,可见薛凤祚对历学的理解并不等同于历法。不仅如此,《历学会通》乃薛凤祚"会通"前人的智慧结晶而成,是其会通思想的物质载体。那么,《历学会通》中的内容分别出自何处?薛凤祚在选辑这些内容时,又进行了哪些调整?这些调整与他的会通思想之间又存在何种联系?这些都是研究薛凤祚思想无法回避的问题,只有解决了这些问题,才能真正理解薛凤祚的会通思想。

薛凤祚在明末清初历算学家中的特殊性,也是其应当受到重视的一个重要原因。他早年师从理学大师鹿善继①(1575—1636年)、孙奇逢②(1584—1675年)学习心学,后又跟随魏文魁学习过中国传统历法与星占。明末天下大乱,不惑之年的薛凤祚还曾练乡勇、修山堡、御盗贼,统领一方俨如大国。入清后,他以年逾五十的"高龄"开始向穆尼阁学习欧洲天文学与星占,学成则潜心著述,并取得丰盈成果。另外,他晚年还参与编修《山东通志》、治理黄运两河。毫无疑问,与当时的其他历算学家相比,薛凤祚的阅历确实更加丰富。已有的研究表明,这些经历对他的思想发展是有影响的。由于薛凤

---

① 鹿善继,字伯顺,号乾岳,晚年自号江村渔隐,河北定兴人,明末理学家。万历四十一年(1613年)中进士,观使兵部。天启年间被兵部尚书孙承宗起用,与袁崇焕、孙元化、茅元仪等人共同料理辽东战事。后告归田里,以课徒讲学为乐。崇祯九年(1636年),清兵攻定兴。鹿善继与邑绅共患难,与清兵相持六日,最终城池被攻破,鹿善继殉国。朝廷追授大理寺卿,谥"忠节",并获敕建祠祭奉。

② 孙奇逢,字启泰,号钟元,晚年自号岁寒老人,河北容城人,明末清初理学大家。万历举人,与东林党人来往密切。明亡,清廷屡召不仕,人称孙征君。与李颙、黄宗羲齐名,合称明末清初三大儒。晚年讲学于辉县夏峰村,世称夏峰先生。孙奇逢一生著述颇丰,他的学术著作主要有《读易大旨》《理学宗传》《圣学录》《北学编》《洛学编》《四书近指》《书经近指》等。

祚的思想较其他历算学家明显不同,因此对他的生平进行研究将有助于理解其思想的形成与发展。

综上所述,薛凤祚在明清天文学史上的地位非常重要。尽管目前学界对薛凤祚的研究已经取得了一定的成果,但在某些方面仍存在进一步探讨的空间;尤其是一些关键问题,至今还没有得到解决。因此,有必要对薛凤祚的生平、著述、思想等,尤其是其著作中的天文历法,进行系统研究,并将其置于时代背景之下来考察,如此方能真正了解薛凤祚在明清天文学史上的意义。而通过研究薛凤祚这一特殊人物,也势必可以加深学界对明清天文学史的理解,尤其是对明末清初历算学者会通中西天文学的认识。

0.2 学术史回顾

因薛凤祚成就显赫、声名斐然,在许多典籍中都可以找到有关他的记载,故很早就有学者论及他的贡献。不过,由于种种原因,起初学界对薛凤祚的重视程度远不如梅文鼎与王锡阐。科技史界最早注意到薛凤祚的主要是数学史研究者,后来天文学史研究者也开始关注薛凤祚的天文成就,并取得了一系列重要突破。近几年来,薛凤祚的重要性逐渐为学界所共识,从各种角度对薛凤祚展开的研究也开始不断涌现,笔者将前人的研究概括为以下几个方面:

首先,是关于薛凤祚天文历法的研究。在早期天文学史著作中,对薛凤祚的介绍一般都只有寥寥数语,且均为概括性叙述,未涉及细节内容,其中甚至还常常夹杂着些许错误。[①]后来,席文(Nathan Sivin)梳理哥白尼学说在中国的传播时介绍了薛凤祚的工作,其叙述较前人略微详细一些,并指出《天步真原》中的宇宙结构既非日心体系,亦非第谷体系。(Sivin,1973)[87]直到胡铁珠的研究问世,薛凤祚著作中宇宙模型的问题才得以解决。胡铁珠通过分析《历学会通》中计算外行星位置的步骤,发现其宇宙模式实际上应为

---

① 例如,李约瑟(Joseph Needham,1900—1995年)在其巨著《中国的科学与文明》(*Science and Civilisation in China*)第三卷《数学、天学和地学》(*Mathematics and the Sciences of the Heavens and Earth*)中曾提到薛凤祚的《天学会通》是一部融合中西天文的著作,但其认为《天步真原》为专论交食的著作则与事实不符[(Needham,1959)[455](李约瑟,1978)[690]]。

哥白尼日心体系,但其中的日地位置却被人为颠倒。(胡铁珠,1992)在此工作的基础上,石云里最终确定了《天步真原》的欧洲底本。他对17世纪上半叶欧洲最为流行的天文学著作与天文表进行普查后发现,穆尼阁所使用的底本应为比利时天文学家菲利皮·兰斯伯格①(Philippe van Lansberge,1561—1632年)根据日心地动体系编撰的《永恒天体运行表》(*Tabulae Motvum Coelestium Perpetuae*,1632年)(石云里,2000)。在此之后,更多关于薛凤祚天文历法的研究成果陆续出现,虽未取得重大进展,但也为学界提供了一些相关信息(邓可卉,2011;刘孝贤,2010)。

其次,是关于薛凤祚生平与著述的研究。国内最早开始研究薛凤祚的学者当属袁兆桐,他对薛凤祚的生平进行了较为全面的讨论(袁兆桐,1984,1991)。由于材料有限,此后关于薛凤祚生平的研究一直没有突破性的进展。不过,石云里在薛凤祚著述的问题上取得了非常重要的成果。他通过分析《历学会通》的15个国内外存本,厘清了各本的完整程度,重构了薛凤祚著作出版的情况,论述了薛凤祚向穆尼阁学习西法的过程,并特别探讨了薛凤祚学习西法星占的过程。(Shi Yunli,2007)另外,石云里还通过对《天步真原》序文的分析,考证出该序文的作者是明末清初著名思想家方以智②(1611—1671年)(石云里,2006)。

再次,是关于薛凤祚思想的研究。这一类研究近些年方才兴起,目前已经取得了比较可观的成果。例如,马来平对薛凤祚的科学思想进行了比较全面的阐释(马来平,2009);郑强、马燕探讨了薛凤祚学术思想的传承关系,尤其是他与孙奇逢、徐光启以及穆尼阁之间的关系(郑强、马燕,2011);王刚对薛凤祚"天道观"的分析,则将薛凤祚思想的研究与性命文化结合起来(王刚,2011a)。另外,对薛凤祚会通思想的研究也是一个备受关注的方向,目前也取得了一定的进展(马来平,2011;郑强,2010)。

然后,是关于薛凤祚数学工作的研究。目前这方面的研究也取得了较为显著的成果。例如,董杰等分析了《历学会通》中的三角函数造表法(董杰、郭世荣,2009)与球面三角形解法(董杰,2011);杨泽忠系统研究了薛凤祚的《正弦》一书,并指出了该书的可能底本(杨泽忠,2011);王刚将《历学会通》中的正弦法原与《崇祯历书》中的《大测》作了比较(王刚,2011c);另外,

---

① 也有人译为"兰斯玻治"。

② 方以智,字密之,号曼公,又号鹿起,别号龙眠愚者,反清失败后出家,改名大智,字无可,别号弘智,人称药地和尚。南直隶桐城县人,著名哲学家、科学家。

法国学者罗格尔（Denis Roegel）复原了《历学会通》中的"比例对数表"与"比例四线新表"（Roegel, 2011a, 2011b）。

最后，是关于薛凤祚星占工作的研究。此类研究中最重要者应属比利时汉学家钟鸣旦（Nicolas Standaert）对《天步真原》星占部分底本的考证。按其论述，穆尼阁翻译星占内容时所用的底本应为吉罗拉莫·卡尔达诺①（Girolamo Cardano, 1501—1576 年）编撰的《托勒密〈四书〉评注》（*In Cl. Ptolemaei Pelusiensis IIII de Astrorum Iudicijs*, 1554）。（Standaert, 2001；钟鸣旦, 2010）此外，韩琦分析了《天步真原》中的星占内容，并将其与汤若望编译的《天文实用》进行了比较。（Han Qi, 2011；韩琦, 2011）另外，宋芝业等对薛凤祚星占思想的探讨也都是较为突出的成果。（宋芝业, 2011a, 2011b；聂清香, 2011）

此外，还有一些对薛凤祚其他方面的研究。例如：田淼、张柏春探讨了《历学会通·致用部》中力学知识的来源（田淼、张柏春, 2006）；李亮等讨论了薛凤祚西法历学对黄宗羲的影响（李亮、石云里, 2011）；王刚分析了薛凤祚对《崇祯历书》内容选取的特征（王刚, 2011b）；宁晓玉对薛凤祚与王锡阐进行了比较（宁晓玉, 2011）；夏从亚、伊强讨论了薛凤祚的水利思想（夏从亚、伊强, 2010）；刘兴明、曾庆明研究了薛凤祚的《甲遁真授秘集》（刘兴明、曾庆明, 2010）；刘晶晶对薛凤祚的老师穆尼阁进行了更加细致的探讨（刘晶晶, 2011）；等等。

总而言之，目前学界研究薛凤祚的视角已经比较全面，业已取得颇为丰硕的成果。② 然而，关于薛凤祚研究仍然存在一些比较基本的问题亟待解决，主要集中在以下几个方面：

第一，由于材料比较有限，应该说之前对薛凤祚生平与著述的论述相对已经比较完整，在此方面取得突破的难度较大。但仍有一些重要的材料未被前人发现，还有不少较为零散的相关史料未曾引起前人的注意。结合前人已知的材料来整理与分析这些新发现的史料，可以对薛凤祚的生平与著述进行必要的补充与修正，甚至还能对其中一些比较关键的问题提供新的观点与视角。

第二，学界关于薛凤祚天文历法的研究仍显薄弱，目前尚未见对其进行

---

① 吉罗拉莫·卡尔达诺，意大利文艺复兴时期百科全书式的学者，主要成就在数学、物理、医学等方面。

② 为方便学界对薛凤祚进行研究，张士友、袁兆桐编辑出版了《薛凤祚研究》一书，马来平主编出版了《中西文化会通的先驱："全国首届薛凤祚学术思想研讨会"论文集》，这两本书辑录了关于薛凤祚研究的大多数重要成果。

系统分析的工作。首先,现在可以确定《天步真原》天文部分的底本是兰斯伯格的《永恒天体运行表》,而该书所采用的宇宙体系为日心地动体系。作为哥白尼的信徒,兰斯伯格的天文理论与《天体运行论》之间到底存在怎样的联系与差别?虽然美国学者斯维尔德洛(N. M. Swerdlow)和诺伊格鲍尔(O. Neugebauer,1899—1990 年)曾对《天体运行论》中的天文理论进行了系统分析(Swerdlow,Neugebauer,1984),但目前尚无学者对《永恒天体运行表》中的天文理论展开系统研究。其次,虽然《天步真原》中的天体运动模型及其参数与《永恒天体运行表》完全相同,但两者在叙述与排列上其实存在一些差别(石云里,2000)[85]。那么,这些差别又会带来哪些影响?进而言之,除了前面提到的行星模型日地位置被颠倒之外,《天步真原》中的天文理论在算法上是否与《永恒天体运行表》一致?换言之,穆尼阁在翻译时是否对算法也进行过调整?若要彻底解决这一问题,必须进一步做细致的比较研究。此外,穆尼阁与薛凤祚曾宣称《天步真原》中的历法体系比《西洋新法历书》更精确,那么,这一论断是否属实?这一问题也尚待深入研究。不仅如此,与其底本《永恒天体运行表》相比,《天步真原》天文理论的精度有无变化?另外,既然《永恒天体运行表》继承了哥白尼日心地动体系,其精度又是否能够超越《天体运行论》呢?事实上,斯维尔德洛和诺伊格鲍尔并没有讨论《天体运行论》日月行星理论的最终精度,因此,比较《永恒天体运行表》与《天体运行论》的精度也是值得进行研究的工作。

第三,《天步真原》的文本存在言辞晦涩、数据讹误等诸多问题,那么,这些问题到底会对读者的理解带来多大障碍?它们又是否会影响读者使用历表进行实际计算?薛凤祚本人是否意识到了这些文本问题的存在?如果他已经有所察觉,那么,他后来是否做过相应的调整呢?只有把这些问题全部解决了,才能真正准确评价薛凤祚的地位与影响。

第四,《历学会通》中选辑了许多不同来源的内容,然而,目前尚无学者系统分析这些内容的确切来源。若不解决这一问题,便无法了解薛凤祚选取内容的标准,因而也就无法准确把握薛凤祚会通思想的具体特征。不仅如此,只有立足于对《历学会通》文本的解读,详细分析薛凤祚会通后的历法,才能真正理解薛凤祚的会通思想。因此,有必要对《历学会通》的内容来源进行系统考证,并在此基础上细致剖析薛凤祚会通后的历法。

鉴于以上这些问题的重要性,本书将在前人工作的基础上对其展开论述。本书将首先根据薛凤祚的著作、地方志中的相关记载以及薛凤祚友人的记述等新旧史料,对薛凤祚的生平与著作重新进行梳理。其次,本书将对

《永恒天体运行表》与《天体运行论》中的太阳、月亮与行星理论展开详细比较，探讨两者之间的联系与差别。然后，本书将分析《天步真原》太阳、月亮与行星理论中的文本问题及其与底本之间的相符程度。此外，本书还将通过计算机编程模拟的方法，分别讨论《天体运行论》《永恒天体运行表》《天步真原》与《西洋新法历书》中太阳、月亮与行星理论的精度。最后，本书将对《历学会通》各卷的内容来源进行系统考证，并在此基础上来讨论薛凤祚会通历法的特征。

0.3 研究内容与核心方法

本书的研究首先基于新发现的史料和对原有史料的重新分析。近年来，笔者在徐州市图书馆发现了前人认为已经失传的薛凤祚著作《圣学心传》，在国家图书馆和中国科学院自然科学史研究所图书馆藏《两河清汇易览》抄本书末发现了关于薛凤祚入乡贤祠的记录以及介绍薛凤祚生平重要事迹的"事实录"。另外，国家图书馆藏清善本《两河清汇易览》卷首还有乾隆年间韩梦周[①]（1729—1798 年）撰写的《薛先生小传》。除此之外，笔者还运用黄一农先生所倡导的"e-考据"研究方法，利用中国基本古籍库、中国方志库等数据库查找资料，并最终在一些地方志中找到了诸多有关薛凤祚交往的记载，尤其是关于其弟子（如徐峒、李斯孚等）与合作者（如刘淑因、林翘等）的信息。这些新发现的史料为本书研究薛凤祚的生平与思想提供了非常重要的基础。

其次，《天步真原》文本中存在诸多讹误，尤其是数据与插图的错误，对理解该书中的天文理论带来巨大的障碍。因此，试图直接通过解读《天步真原》来厘清其天文理论的可能性极低，故笔者不得不将《天步真原》中的天文内容与《永恒天体运行表》逐一进行对比并加以校订，以期得到内容正确的《天步真原》。尽管如此，采用这种比对方法仍无法保证完全理解《天步真原》中的天文理论。《永恒天体运行表》由拉丁文写就，虽然可以借助拉丁语词典以及 Google 翻译等工具，但在语言不通的情况下，笔者仍然较难直接理

---

① 韩梦周，字公复，号理堂，潍城东关人，乾隆二十二年（1757 年）进士，清代理学家。

解其中的天文理论。不过,由于《永恒天体运行表》采用的是哥白尼日心体系,而《天体运行论》已有中文版,且斯维尔德洛和诺伊格鲍尔研究《天体运行论》天文理论的著作(英文版)早已问世,故笔者可以同时参考《天体运行论》与《天步真原》对《永恒天体运行表》中的天文理论进行解读。同时,笔者还可以对《天体运行论》与《永恒天体运行表》中的天体模型进行比较,以了解两者之间的联系与差别。与此同时,笔者通过对比《天步真原》与《永恒天体运行表》,还可以分析穆尼阁在翻译时是否进行了有意的改动。当这些工作完成后,笔者也就完全掌握了《永恒天体运行表》与《天步真原》中的天体模型及其历表算法。以此为基础,笔者进一步采用计算机模拟编程的方法对其进行了精度分析。为了检验《永恒天体运行表》与《天体运行论》《天步真原》《西洋新法历书》之间的精度差异,笔者同时对这四部历法进行了模拟计算。最后,为了了解薛凤祚对《天步真原》天文理论与文本问题的认识及其后续调整,笔者还对《历学会通·正集》中的天文历法与《天步真原》进行了详细的比较。

鉴于上述种种缘由,本书第2章至第5章各章在讨论《天步真原》中的日月行星理论时采取了以下叙述方式:每章的第1节主要讨论《永恒天体运行表》中的理论:首先从《天体运行论》中的天体模型开始介绍,然后再详细描述《永恒天体运行表》中的理论,最后从模型与精度两个方面来对比两者的联系与差别。每章的第2节主要讨论《天步真原》中的理论,并比较《天步真原》与《西洋新法历书》之间的精度差异;由于《天步真原》中天体运动的模型及其参数与《永恒天体运行表》完全相同,故第2节重点讨论《天步真原》与《永恒天体运行表》的不同之处(即文本讹误与算法差异等),而不再重复介绍其天体模型与参数。每章的第3节则主要讨论《历学会通·正集》中的理论,尤其是薛凤祚在《天步真原》基础上所进行的调整。

最后,本书通过对《历学会通》文本与版式的解读以及不同版本之间的比较等研究方法,详细考订了《正集》《考验》和《致用》三部分的卷数及其所应包括的卷册。在此过程中,各部目录、分卷序言、中缝卷名、表格数据以及后人笔记等内容都为笔者的考订工作提供了重要证据。随后,笔者在前人研究的基础上,采用文本比较的方法,进一步考察中西文献,对《历学会通》各卷内容的来源进行了系统考证。通过这种文本对比,笔者对薛凤祚选取以及使用素材的特点进行了总结,并在此基础上探讨了薛凤祚会通历法的特征。由于这些特征是薛凤祚会通思想的体现,因此,笔者结合时代背景讨论了薛凤祚会通特征与其所处时代之间的关系。

基于上述研究思路与方法,本书内容大致可以分为三个部分:第1章主要论述薛凤祚的生平与著述;第2、3、4、5章分别讨论《天步真原》中的太阳、月亮以及行星理论;第6章考证《历学会通》的内容,第7章探讨薛凤祚会通历法的特征。最后,结语部分拟对全书作一总结,并对薛凤祚历法工作的传播与影响进行初步分析。此外,本书最末还附录了《两河清汇易览》抄本所附关于薛凤祚生平的重要史料。

　　明末清初是中西方天文学大碰撞的时期,而薛凤祚只是历史洪流中的一朵浪花。与学界关于这一时期研究的整体面貌相比,本书所讨论的问题亦不过是冰山一角。笔者希望本书可以对明末清初中国天文学的发展、中国学者面对西方天文学所作出的反应、中西知识的会通与重构等方面的进一步研究有所裨益。

第1章　薛凤祚的生平及其历法著作

　　薛凤祚是明末清初著名的历算学家,在明清天文学史上占有重要的地位。本章结合新旧史料,对薛凤祚的生平描述进行了补充与完善,并对其著作的成书年代等问题重新进行了探讨。此外,本章还增加了许多关于薛凤祚合作者、弟子及友人的信息。在介绍薛凤祚的历法著作时,本章还附带介绍了《天步真原》天文部分的底本《永恒天体运行表》的作者兰斯伯格,以及该书的翻译者穆尼阁。

1.1　薛凤祚的生平

　　薛凤祚,字仪甫,号寄斋,山东益都人,明末清初著名历算学家。生于明朝万历二十八年（1600年）①，卒于清康熙十九年（1680年）。薛凤祚家世显赫，"青齐一带，号为名族"（薛士骏，2009）²⁷³。祖父薛冈，号岐峰，万历癸酉（1573年）举人，"于天启元年赠征仕郎，卒后以杜门著述乐善不仕崇祀乡贤"（薛凤祚，[1677b]）附录《事实册》。伯父薛近齐，字太区，薛冈长子，万历年间贡生，"好义睦文"，"高尚不仕"（佚名Ⅱ，2009）薛近齐传:²⁷⁵。父亲薛近洙，字道传，号孔泉，薛冈季子，万历丙辰（1616年）进士，"敕授征仕郎、中书科中书舍人，卒后以孝友济美恭忠端慎崇祀乡贤"（薛凤祚，[1677b]）附录《事实册》；为官清廉，天启年间因不满魏珰擅权、阉党弊政，"感愤以病归"（薛凤祚，[1677b]）附录《事实册》。薛凤祚幼年"天资过人，禀性聪敏"，从父辈接受启蒙教育（袁兆桐，1984）⁸⁸。

1.1.1　早年学习经历

万历四十四年（1616年）薛近洙中进士，授中书舍人，薛凤祚即随父入京。恰逢此时孙奇逢在京，故薛凤祚有机会随其学习（郑强、马燕，2011）¹⁷⁻¹⁸。不过，由于同学的另外两人迁居，故孙奇逢提出终止授课②；加之次年孙奇逢即归容城（汤斌，1981）卷上:⁸ᵃ，故薛凤祚此次求学的时间应该不长。或许是由于孙奇逢的关系，薛凤祚得以受学于其挚友鹿善继。万历四十四年鹿善继丧母，守丧期间曾讲学，"四方来学者益众"（陈铉，1978）²¹。因鹿善继于万历四十七年（1619年）"六月服阙补户部河南司主事"，不久之后即因"金花银"事件遭到降职、调外（陈铉，1978）²⁸⁻³⁰，故薛凤祚跟随鹿善继学习的时间可能亦是在其守丧期间。

明末阳明心学大盛，孙、鹿"二公皆宗法阳明，尝慨然欲有建树于时，不为空谈以炫人耳目"，薛凤祚"俱得其学以归"（韩梦周，1779）。今人大多认为薛凤祚离开孙、鹿二师后，有感于心学末流空疏，遂摒弃阳明心学转而探求经世致用之学，致力于自然科学研究。事实并非如此，薛凤祚虽然离开了孙、鹿二师，但并没有与之断绝来往；相反，当他完成《历学会通》后，还特意去拜访孙奇逢请其指正[（孙奇逢，1999）²⁵⁰⁻²⁵¹（郑强、马燕，2011）²⁰]，可见其并无轻薄心学之意。《两河清汇易览》附录《事实册》记载："本生③好学，从定兴

---

① 关于薛凤祚的出生年份，目前学界存在争议：多数学者认为薛凤祚生于万历二十八年，而袁兆桐认为是万历二十七年（袁兆桐，2009）²³⁷。

② 关于此事孙奇逢在"与薛孔泉、唐灼洲"中谈道："夫事以便而作，以不便而止。"（孙奇逢，1939）第2173册:⁷

③ 指薛凤祚，下文引用同一文献时不再赘述。

鹿忠节讳伯顺、容城孙征君讳启泰游,笃志力行,终身以二先生为宗。"(薛凤祚,[1677b])既然"终身以二先生为宗",又何谈摒弃阳明心学呢?更何况薛凤祚晚年还将两位老师关于四书的著作合抄为《圣学心传》^①。这些都表明,薛凤祚从未厌弃阳明心学,今人言其与阳明心学决裂实为臆测。

事实上,对比不同时代编撰的薛凤祚传记,似乎可以发现后人这种误解是如何形成的。现存最早的薛凤祚传记为乾隆年间韩梦周所撰(袁兆桐等,2009)²⁴⁵,其中相关记载为:

> 是时定兴鹿忠节伯顺、容城孙征君启泰倡道北方,先生^②从之游。二公皆宗法阳明,尝慨然欲有建树于时,不为空谈以炫人耳目,先生俱得其学以归。(韩梦周,1779)

其中并未提到薛凤祚对阳明心学有所不满。咸丰年间所撰《青州府志·薛凤祚传》中则写道:

> 定兴鹿善继、容城孙奇逢讲学北方,凤祚往从之游。两家学本姚江,尝慨然欲有建树于时,凤祚得其传。又病后之宗姚江者,内心性而外学问,无致用之实,故其学无所不究,而尤以天文名于海内。(毛永柏等,2004)^{(咸丰)青州府志(二):236}

相比韩梦周所撰薛凤祚传,此处增加了一句描述薛凤祚不满明末王学末流空谈心性的内容,而这样的描述也基本符合实情。然而,光绪年间编撰的《益都县图志·薛凤祚传》却误解了这段内容,并将其改写为:

> (薛凤祚)闻定兴鹿善继、容城孙奇逢讲学北方,往从之游,得其传。又病两家学本姚江,宗之者每内心性而外学问,无致用之实,故其学无所不究,而尤以历算名于海内。(张承燮等,2004)⁵³⁴

前云薛凤祚所病者,乃"后之宗姚江者",即阳明心学末流,此处却将其改为薛凤祚病孙、鹿"两家学本姚江",实大谬矣!或许后人亦正是受此传记影

---

① 该书此前被学界认为已亡佚,而部分学者因误以为薛凤祚中年即已与心学决裂,故认定该书应为其早年作品。但根据新发现的《圣学心传》康熙刻本可知,该书其实是薛凤祚晚年完成的,详见本书1.1.3小节。

② 指薛凤祚,下文引用同一文献时不再赘述。

响,以致产生误解①。

至天启年间,薛近洙因不满魏珰擅权,辞官归乡,薛凤祚此时可能亦随父回归故里。无论如何,至迟在1631年,薛凤祚应已回到家乡。《两河清汇易览》附录《事实册》载:"本生于崇祯间预识登镇之变,善为区画,及兵起祸本郡时,感服名德,戢禁劫掠,一方皆免害。"②(薛凤祚,[1677b])韩梦周《薛先生小传》亦曾提及此事:"时天下已乱,故先生喜谈兵。毛文龙为岛帅,将不用命,先生策其必变,预为备兵至舍去。"(韩梦周,1779)"登镇之变"即指崇祯四年(1631年)闰十一月孔有德(? —1652年)、耿仲明(1604—1649年)等发动的"吴桥兵变",而孔、耿等人皆为毛文龙旧将。薛凤祚能够预先察觉到此次兵变,并提前筹划应对,证明他确实天资聪颖,具备相当准确的分析与判断能力。

1.1.2 中年倾心历学

不晚于1633年,薛凤祚开始跟随魏文魁学习:"癸酉(1633年)之冬,予从玉山魏先生得开方之法。"(薛凤祚,1993)638魏文魁,自号玉山布衣,河北满城人,著《历元》《历测》二书(阮元,2009)347。魏文魁以中国传统历法责难西学,徐光启曾经与其辩论。徐光启死后,他成立东局(亦称另局)继续与西法进行斗争。按前人研究,魏文魁生于嘉靖三十六年(1557年)、卒于崇祯十一年(1638年)(王淼,2003)20,但实际上魏文魁于崇祯九年(1636年)便已去世。李天经崇祯十年(1637年)十一月十一日的奏疏记载:"自魏文魁物故后,另局已无法矣。所乐等四顾彷徨,恐无以饰其虚糜欺罔之罪,先则荐一推算未孚之边大顺,今日已不知其亡。"(徐光启等,[1644])卷九:73b这说明,边大顺是在魏文魁去世后方至另局的。而李天经在崇祯九年十二月十九日的奏疏中已经提到边大顺③,可见此时魏文魁已去世。由于魏文魁曾参加崇祯九年正月十五日月食的观测(徐光启,2009)1650,因此,可以断定其为崇祯九年去世。值得注意的是,薛凤祚不仅向魏文魁学习历算,同时也应学习过星占,这一点由《历学会通·致用部》收录魏文魁《贤相通占》便可知晓(薛凤祚,2008)796。

---

① 值得注意的是,关于此事,《清儒学案·薛先生凤祚》并未采用《益都县图志·薛凤祚传》中的说法,而是沿用了《青州府志·薛凤祚传》中的描述(徐世昌,2008)40。

② 中国科学院自然科学史所图书馆藏抄本此处为:"本生于崇祯间预识登镇之变,善为区画,及兵起祸本郡时,感服名德,邻村戢禁劫掠,邻村五十余里皆免害。"(薛凤祚,[1677c])

③ 该奏疏中提到另局由蒋所乐、边大顺来预报崇祯十年正月初一日的日食(徐光启等,[1644])卷九:41a。

然而,薛凤祚跟随魏文魁究竟学习了多长时间、多少内容,目前尚无法确切知晓。另外,就现有材料而言,没有任何迹象表示薛凤祚曾进入东局协助过魏文魁对抗历局。因此,薛凤祚与魏文魁的关系究竟密切到何种程度,亦难以确定。

大多数学者认为,稍后薛凤祚便转向西学,开始向罗雅谷[①](Giacomo Rho,1593—1638年)、汤若望学习。笔者以为,薛凤祚这一时期可能确与汤若望等有所接触,但是否从其学习西法,仍值得商榷。如果此时汤若望已向薛凤祚传授西法,那么,后来薛凤祚为何还要去南京向穆尼阁求学呢?不仅如此,薛凤祚入清后才在西安得到《时宪历》三角八线表[②],如果明末改历期间汤若望已授其西法,何以薛凤祚此时才得到三角八线表?因韩梦周《薛先生小传》与《两河清汇易览》附录《事实册》皆记载薛凤祚曾与汤若望有所来往(韩梦周,1779;薛凤祚,[1677b]),故此事应较可信。不过,考虑到汤若望对非入教者传授西学常有所保留的一贯作风[(杜昇云等,2008)[108](黄一农,1990)[475]],他不大可能会向薛凤祚传授很多西法历算内容。笔者推测,此时薛凤祚应该确实已经开始对西法产生兴趣,并试图向历局人员学习,无奈由于不愿入教,无缘得其真传。

明末天下大乱,此时薛凤祚应已回到家乡。是时盗贼蜂起,故薛凤祚便在家乡练乡勇,修山堡,以御盗贼[③]。薛凤祚指挥有方,其统领地区"俨然如大国","先生有精思,凡战阵之方、攻守之具,能出新意于古法之外,其变化得于戚南塘者为多"(韩梦周,1779),"一时郡县多被焚掠,环凤祚五十里盗贼无敢犯者"(毛永柏等,2004)[(咸丰)青州府志(二):236]。可见,薛凤祚此时已经具备一定的军事才能,这与他"喜谈兵"且聪明好学是分不开的。

入清后,薛凤祚继续想方设法学习西法。如前所述,他曾在西安得到《时宪历》(是否全本不得而知),可见他此时正在四处寻觅完整本的《西洋新法历书》。不过,直到顺治九年(1652年)结识波兰耶稣会士穆尼阁,薛凤祚才终于得到全面学习西法的机会。穆尼阁"喜与人谈算术,而不招人入会,在彼教中号为笃实君子"(阮元,2009)[536],因而受到中国学者的欢迎。他在

---

① 罗雅谷,字味韶,意大利米兰人,天主教耶稣会传教士,《崇祯历书》的主要编撰者之一。

②《历学会通·正集》"中法四线引"中曾提到:"既而于长安复于皇清顺治《时宪历》得八线:有正弦、余弦、切线、余切线、割线、余割线、矢线。"(薛凤祚,1993)[638]

③ 多数薛凤祚传记中均记载此事,本书不一一列举[(韩梦周,1779;薛凤祚,[1677b])(毛永柏等,2004)[(咸丰)青州府志(二):236](杨士骧等,1934)[5039](张承燮等,2004)[534]]。

那里结交了一批中国学生,其中最著名者便是薛凤祚与方中通①(1634—1698年)。1653年,薛凤祚与穆尼阁编译完成《天步真原》,这是一部系统介绍西方数学天文学和占星术的著作,在明清中西科学交流史上地位显赫。另外,由于方中通的关系,薛凤祚此时还应结识了其父方以智,后者曾为《天步真原》作序(石云里,2006)。

有一种观点认为,薛凤祚随后又去向汤若望继续学习[(袁兆桐,1984)⁸⁹(李迪,2006)³²¹],但笔者认为此说有待商榷。这种观点的主要依据是《青州府志·薛凤祚传》所记载:"凤祚初学历法于魏文魁,主持旧法。及见西洋穆尼阁于江宁,尽得其术。既又从汤道未游,所学日精。"(毛永柏等,2004)^咸丰青州府志(二):236 然而,《青州府志》乃咸丰年间编撰,此时距薛凤祚去世已近两百年,其可信度值得怀疑。较之时间更早的韩梦周《薛先生小传》与《两河清汇易览》附录《事实册》,则均只记载薛凤祚曾与汤若望有交往②,并未言及具体时间。不过,在这两份材料中,均把穆尼阁排在汤若望之前。或许正是因此,后人误以为薛凤祚与汤若望来往的时间是在南京识穆尼阁之后。其实,此事值得仔细推敲。如前所述,汤若望一般不愿向非入教人士教授历法。况且,入清后汤若望已经成功掌控钦天监且官至三品(黄一农,1992)¹⁶²,天主教在中国的发展亦达到巅峰(孙尚扬、钟鸣旦,2004)³²²⁻³²⁸。试问,此时汤若望怎么会重视一个不愿入教的中国历算爱好者呢? 因此,即便此时薛凤祚真的去向汤若望求教,恐怕后者亦不会向其授学。

1.1.3 晚年潜心著述

1653年穆尼阁离开南京(刘晶晶,2011)¹³⁷后,薛凤祚应随即开始着手编撰《历学会通》(原名《天学会通》)。在此期间,一些志同道合的友人成为了薛凤祚的助手。例如,《历学会通》的分卷署名中出现了刘捷拱、刘衍仁等人③,其中刘捷拱贡献尤其突出,负责了《历学会通·正集》大部分的校阅工作(薛凤祚,1993)⁶¹⁹⁻⁸⁹³。另外,薛凤祚的儿子薛嗣桂(字金粟)、侄子薛嗣瑜(字莹中)也都参与了编撰《历学会通》。(袁兆桐,2011)⁶¹⁵虽然目前无法确定薛

---

① 方中通,字位伯,号陪翁。安徽桐城人,方以智次子,清初著名数学家、天文学家,著有《数度衍》《揭方问答》等。

② 韩梦周《薛先生小传》记载薛凤祚"与西儒穆尼阁、汤道未游"(韩梦周,1779),《两河清汇易览》附录《事实册》则记载薛凤祚"同西儒穆尼阁、汤道未研究积年"(薛凤祚,[1677b])。

③《历学会通·致用部·中法命理部》署名中含"山心堂选",不知此"山心堂"是否为人名(薛凤祚,2008)⁸⁶⁰。

凤祚究竟是在何地编纂《历学会通》的，但他在康熙元年"十二月下浣"（约1663年1月29日至2月7日）应曾前往毗陵①。次年，薛凤祚获钦赐"文献明家"匾额（佚名Ⅰ，2009），故此时他可能是在家乡。不过，按常理这种荣耀之事应当会被反复提及，但钦赐匾额之事却仅见载于近人所编《薛氏世谱》（1995年成书），清代文献皆未提及，故此事或未可信，其真实性有待于进一步考证。

康熙三年（1664年），薛凤祚刊印了《天步真原丛书》。如图1.1，中国科学院自然科学史研究所图书馆藏《天学会通》刻本《表中卷》一册前保留了印有"天步真原丛书"字样的封皮。（薛凤祚，[1664d]）该书可能是《天步真原》的再版，且使用了第一版的刻板（Shi Yunli，2007）⁷⁹；抑或《天步真原丛书》本就是顺治年间刊刻所用的书名。同年，薛凤祚完成《历学会通》（图1.2）。由于书中各卷序言最晚者为康熙三年，故学界大都认为该书亦刊刻于此时②。不过，薛凤祚为何要在同一年连续刊刻《天步真原丛书》与《历学会通》？抑或两者本来就是同一部书，只是现存不同藏本分别保留了不同时期刻板印刷的页面？在正式定名《历学会通》前，薛凤祚还将书名由《天步真原》改成过《天学会通》，那么，他两次修改书名的具体时间又在何时？这些问题虽然很重要，但因史料有限目前尚无法回答。

按《岁寒居年谱》记载，康熙三年甲辰薛凤祚曾至夏峰拜访孙奇逢，却值后者归故里，未得相见。（孙奇逢，1999）²⁵⁰⁻²⁵¹六年后，即康熙九年（1670年），薛凤祚"携其所著《历学会通》二千余页"再次造访孙师，此次相见两人已"别三十余年"（孙奇逢，1999）²⁵⁰，由此可见，薛凤祚应在17世纪30年代见过孙奇逢。这也可以说明，薛凤祚在学习历法的同时，并没有中断与其理学恩师的来往。

---

① 《历学会通·正集》"中法四线引"中曾提到："康熙改元，岁在壬寅，十二月下浣薛凤祚书于毗陵客舍。"（薛凤祚，1993）⁶³⁹

② 值得注意的是，《历学会通》中也有康熙五年和六年的算例（薛凤祚，2008）³²⁶·³²⁸，或为预先推算，抑或后来增补。

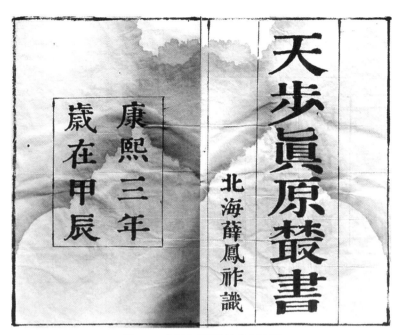

图1.1 《天步真原丛书》封面

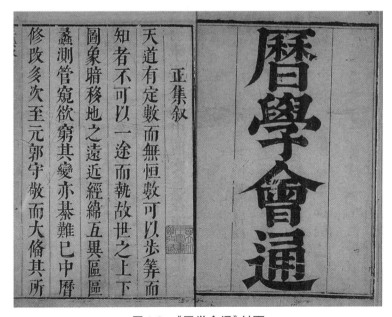

图1.2 《历学会通》封面

大约就是在这段时间,薛凤祚亦与不少名士交往,其中很多都是明朝遗民。例如,薛凤祚曾与山东诸城的遗民集团相聚于张衍①(1634—1710年)、张侗②(1638?—1718?年)兄弟的放鹤园,高谈阔论,游山赋诗③;薛凤祚还与一名出家为僧的明宗室友善,两人都爱好"天象地理医卜星命之学"④。此外,薛凤祚与清初诗人刘体仁⑤(1624—1684年)为友,两人相识于己丑(1649年),甲寅(1674年)"又相见东郡",刘体仁曾撰《送薛仪甫叙》。(刘体仁,2008)¹⁴³⁻¹⁴⁴另外,薛凤祚与清初著名诗人、文学家王士祯⑥(1634—1711年)亦有来往(张崇琛,2004)³⁰³。

康熙十二年(1673年),山东省开史馆于济南校士院,应山东布政使施天裔⑦(1614—1690年)之聘,薛凤祚与顾炎武⑧(1613—1682年)、张尔岐⑨(1612—1678年)、李焕章⑩(1613—1688年)等一起参与编修《山东通志》(赵祥星等,1678),薛凤祚负责其中天文部分⑪(图1.3)。虽然《山东通志》于康

---

① 张衍,字溯西,号蓬海,山东诸城放鹤村人,清初著名遗民。

② 张侗,字同人,号石民,山东诸城放鹤村人,清初著名遗民。

③ 张侗《琅琊放鹤村蓬海先生小传》记载:"先生既以山水友朋为性命,于是乘州织水、莱子国山公、云门笠者峭、故王孙适庵、愚公谷仪甫、蓟门东航子习仲、渠丘昆右,与同乡犀叟子羽、渔村、栩野诸君子,德业文章超绝一世,戴笠乘车烂盈门,径草不生,曾无转瞬⋯⋯"(郑强,2010)²⁷

④ (道光)《安邱新志》记载:"若愚,明宗室,鼎革后为僧。自青州法庆寺来,居邑西之儒林庄关帝庙。天象地理医卜星命之学,无不精核,而卒不以传人,与青州薛仪甫善。"(马世珍,2004)²²⁷

⑤ 刘体仁,字公勇,号蒲庵,颍州人,清代诗人。

⑥ 王士祯,字贻上,号阮亭,别号渔洋山人,人称王渔洋,谥文简。山东新城人,清初杰出诗人、文学家,进士出身,康熙年间官至刑部尚书。工诗文,勤著述,著作有《渔洋山人精华录》《池北偶谈》等。

⑦ 施天裔,字泰瞻,号松岩,泰安人,清初官员。

⑧ 顾炎武,原名绛,字忠清。明亡后,以慕文天祥学生王炎午为人,改名炎武,字宁人,亦自署蒋山佣。学者尊为亭林先生。南直隶苏州府昆山县人,明末清初著名的思想家、学者。知识渊博,与黄宗羲、王夫之并称"明末清初三大儒"或"明末清初三大思想家"。

⑨ 张尔岐,字稷若,号蒿庵,山东济阳人,清初学者。

⑩ 李焕章,字象先,号织斋,山东乐安人,清初文人。

⑪ 李焕章为张尔岐《蒿庵集》所作序中提到:"越明年,癸丑,与蒿庵同省志之役,时昆山顾宁人、益都薛仪甫咸在焉。每花明月夕,耳热酒酣,白发鬈鬈,婆娑相向者三年所,友朋聚晤之乐,未有若是之久者。余更与蒿庵坐卧一室,较顾薛两君更亲密不朝夕逐也。宁人精瞻史学,自龙门下至元欧阳,千百年事若贯珠;仪甫专象纬家;蒿庵独潜心经籍⋯⋯"(张尔岐,1997)⁵⁸⁶李焕章《织斋文集》卷一"《蒿庵集》序"亦曾提到:"明年癸丑春,余膺施方伯公省志之役,与稷若同入紫薇署中,昆山顾宁人、益都薛仪甫咸在焉。每花晨月夕,耳热酒酣,白发鬈鬈,婆娑相向者且四年。友朋聚晤之乐,未有若斯之久者。宁人最核博,古今经史,历历皆成诵,主古迹山川;仪甫通象纬,兼西中法,主天文分野;稷若主济南北人物⋯⋯"(张华松,2004)⁹⁸⁻⁹⁹

熙十三年(1674年)成书,但编修人员并没有立即离开。(张华松,2003)[467]次年,薛凤祚、顾炎武、张尔岐、李焕章四人泛舟大明湖,李焕章《织水斋集》详细记载了此事:

> 乙卯,偕吴门顾君宁人绛、济阳张君蒿庵尔岐、益都薛君仪甫凤祚,小舟舒放,短棹轻举,歌谢康乐,瀫结绿而澄清,澜扬白而載华。时值残秋,大火西倾,征雁南翔,萧萧白发,英英红蓼,相映堤上,人共讶曰:此四皓去商山而航中流也!(李焕章,1997)[640]

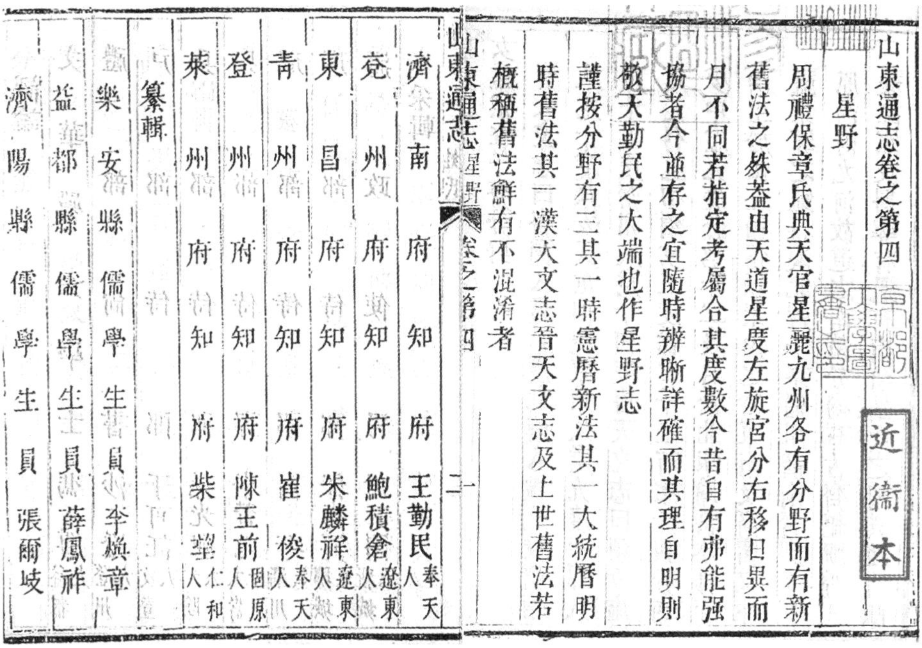
山東通志卷之第四

星野

周禮保章氏典天官星𣊫九州各有分野而有新舊法之殊蓋由天道星度左旋宮分右移日異而月不同若指定考屬合其度數今昔自有弗能強協者今並存之宜隨時辨晰詳確而其理自明則敬天勤民之大端也作星野志

謹按分野有三其一時憲曆新法其一大統曆明時舊法其一漢天文志晉天文志及上世舊法若概稱舊法鮮有不混淆者

山東通志 星野 卷之第四 二

濟南府知府王勤民 奉天人
兗州府知府鮑積倉 遼東人
東昌府知府朱麟祥 遼東人
青州府知府崔俊 奉天人
登州府知府陳王前 固原人
萊州府知府柴望 仁和人

纂輯

樂安縣儒學生員李煥章
益都縣儒學生員薛鳳祚
濟陽縣儒學生員張爾岐

图1.3 《山东通志》中薛凤祚的署名及其编撰的《星野》分卷

康熙十五年丙辰(1676年),距薛凤祚年少时向孙、鹿二师求学恰好一甲子,因此,他将两位老师关于四书的著作合抄成一书,即《圣学心传》。前人大都认为此书亡佚,但笔者近年在徐州市图书馆找到了该书的康熙刻本(薛凤祚,1676)。如图1.4,该书主要抄自鹿善继的《四书说约》与孙奇逢的《四书近指》,故其封面书名又题作"《四书说约近指合钞》";另外,书中还收录了鹿善继的《认理提纲》和《寻乐大旨》。薛凤祚对两位老师的著作非常重视,自称"于两书朝夕佩服,未敢少怠",并萌生将两者合为一书的想法;恰逢"丙辰岁适有机缘",且"同志诸友复怂恿之",遂将《圣学心传》授梓。不仅如此,他本想为孙、鹿二师之言作评注,用"纲目体"来编撰《圣学心传》,但因时间紧迫未能践行。尽管如此,薛凤祚对该书仍颇为自负,并在序中称:"此书之出,当与孔思曾孟四圣贤书共揭星日而行中天,以惠世岂鲜哉?"(薛凤祚,1676)

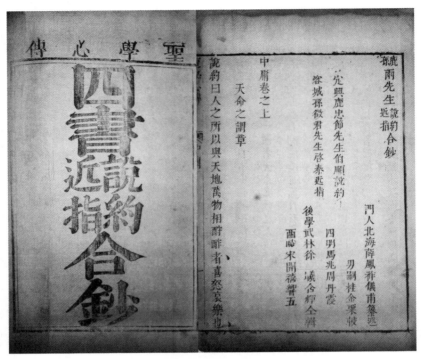

图1.4 《圣学心传》封面及署名页

薛凤祚晚年应河道总督王光裕之聘,"躬历数千里,考黄淮漕运利害曲折,施有成效"(韩梦周,1779)。学界大多认为,薛凤祚正是因此而编撰《两河清汇》(又名《两河清汇易览》)。然而,实际上薛凤祚至少在康熙十二年便已经开始编写《两河清汇》:该书"修守事宜叙""辑总河潘公河防辨惑序"后落款时间均为"康熙十二年癸丑上浣之吉"(薛凤祚,[1677b])。不过,由于王光裕聘请薛凤祚的具体时间不得而知[①],故目前无法判断薛凤祚编撰《两河清汇》是否与此事有关。《两河清汇》的完成时间当在康熙十六年(1677年)之后,因是书"刍议或问叙"后落款时间为"康熙十六年五月朔日"(薛凤祚,

---

[①] 不少学者认为王光裕聘请薛凤祚是在康熙十五年,但笔者并未查到支持这一说法的文献来源。

[1677a])。由此可见,薛凤祚参与编修《山东通志》的同时,其实也在编写《两河清汇》了。

不仅如此,事实上,当时薛凤祚还有另外一部巨著也在撰写之中,这就是《气化迁流》。该书是薛凤祚晚年编撰的一部星占著作,现存八卷,分别为卷七、卷八、卷九、卷十(两种)、卷十一、卷二十一、卷之□。(薛凤祚,[1675],[1664a])但据《青州府志·薛凤祚传》记载:"(《气化迁流》)原本八十卷,今仅存第五卷、六卷、二十九卷、三十一卷、三十二卷、三十三卷、四十二卷、五十卷,余皆阙佚。"(毛永柏等,2004)^{(咸丰)青州府志(二):236}上述各卷与现存八卷皆异,且现存卷目最大者为二十一,《青州府志》所载卷目最大者为五十,故《气化迁流》原本八十卷的可能性非常大。若此,则《气化迁流》至少在卷数上比《历学会通》规模还要庞大。现存《气化迁流》八卷中共包含三篇序言:"太阳及五星高行交行过节序""大运叙"以及"土木相会叙",其后落款时间均为康熙十四年(1675年)。(薛凤祚,[1675],[1664a])如此规模的浩瀚巨著,势必不可能在短时间内完成,故此书开始编撰的时间应更早。很可能在完成《历学会通》之后,薛凤祚便已经开始了《气化迁流》的编纂工作。

现存《气化迁流》八卷中,共有四名合作者出现在各卷署名之中,如图1.5,他们分别是"薛嗣桂金粟""颍川刘淑因子端""金陵林翘蔚起"和"千乘徐峒崆山"(薛凤祚,[1675],[1664a])。除薛嗣桂①外,其余三人均未在《历学会通》中出现过。所幸笔者查到一些关于他们的资料:刘淑因,字子端,号继素,颍州人,康熙癸丑(1673年)进士,晚年人称柳村先生。(沈葆桢等,1996)^{第654册:352-353}他是薛凤祚友人刘体仁之侄②,"子幼抱奇气,负大节,博学能文,究心性理,兼通律历象纬之术"(刘虎文等,1998)²⁰⁷。薛凤祚去世后,刘淑因意欲出版薛氏著作(即所谓"青州遗书"),并曾邀请梅文鼎参与校订工作(梅文鼎,1983b)⁹⁸¹。林翘,字蔚起,福建莆田人,"官中书,弃而隐于椒,爱邑西神山之胜而卜筑焉,博学,精象纬并风鉴诸书"(张其濬等,1998)¹²³。徐峒,字崆山,山东乐安人,明末清初著名诗人徐振芳③(1597—1657年)之季子(李焕章,1968)¹⁰²¹。李焕章为徐振芳撰写的墓志铭中提到:"峒早慧,能文善书,颇有父风,精图纬学,为薛仪甫隐君弟子。"(李焕章,1968)¹⁰²⁷不仅如此,按《两河清汇易览》附录《事实册》记载,徐峒实际上是薛凤祚最得意的弟子:

①《气化迁流卷之七·五运六气》署名为"青齐后学薛凤祚纂录、男嗣桂校",可见薛嗣桂应为薛凤祚之子(薛凤祚,2008)⁷⁶⁴。
②《颍州府志·刘淑因传》记载:"(刘淑因)甫释褐,从叔体仁以考功郎中。"(王敛福,1998)⁴¹⁰
③徐振芳,字太拙,山东乐安人,明末清初著名诗人。李焕章曾为其撰墓志铭。

"本生不设讲席,而陶铸后学甚众,如於陵于湜、李斯孚等,皆服膺终身。千乘(即乐安)徐峒尽得推步之法,三氏之徒闻风悔悟者,多归门下。"(薛凤祚,[1677b])除徐峒外,笔者还查找到关于薛凤祚其他两位弟子的少量信息:于湜,字正夫(薛凤祚,[1677b]);李斯孚,字贞庵,号蓼园,"朗朗玉立,博学工文,有至性"。[1]两人均为长山人,都曾参与张尔岐《仪礼郑注句读》的编撰,李斯孚还为该书作序。[2]按《两河清汇易览》附录《事实册》记载,"康熙访二人之贤,以七品奉养之"。(薛凤祚,[1677b])

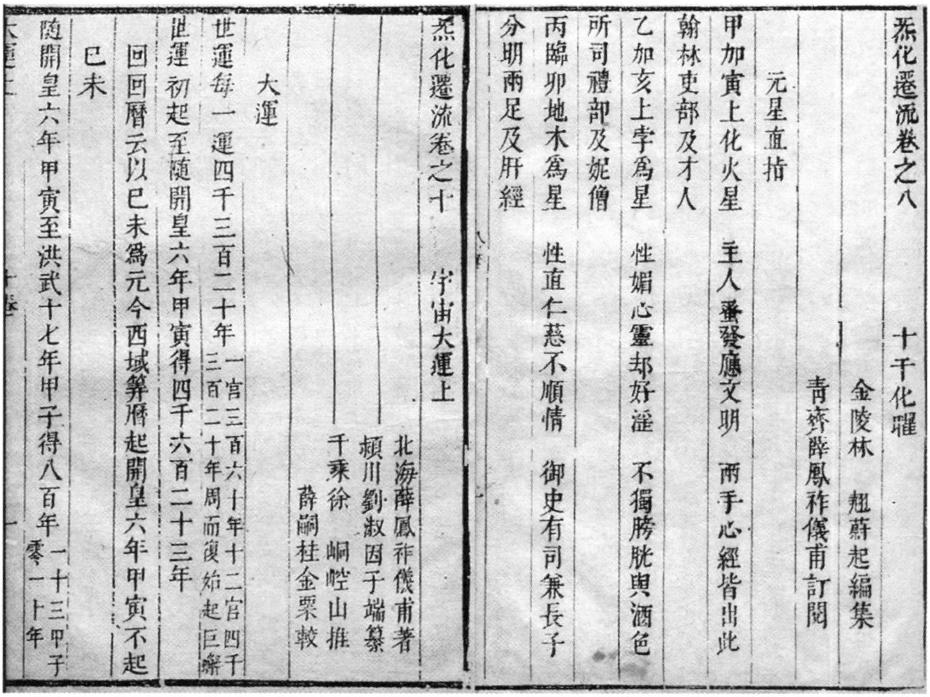

图 1.5　目前已知的《气化迁流》合作者

薛凤祚"天性孝友,复遵先训",三个弟弟早逝后,他毅然承担起抚养遗孤的责任,直到侄子成年。不仅如此,他还"乐谦退,慎取与",因此"家法井然,睦乡敦族"(薛凤祚,[1677b])。薛凤祚一生"意致萧然,不乐仕进,志托著述",除前文所提到的《天步真原》《历学会通》《圣学心传》《气化迁流》《两

---

① 关于李斯孚的生平,详见相关文献(倪企望,1976)[601-602];(王修芳等,2004)[(道光)济南府志(三):42]。

② 该书目录末页依序题:"济阳张尔岐稷若句读""昆山顾炎武宁人订正""长山刘孔怀友生、李斯孚蓼园参订""于湜正夫音字""济阳后学高之玶又振、高之璇蕴中校字"(张尔岐,1868)。

河清汇》以及参与编修《山东通志》外，还著有《车书图考》《乾象类占》《甲遁真授秘集》等。薛凤祚去世后，他的著作被整理成为《益都薛氏遗书》（亦称《薛氏遗书》）。

康熙四十六年（1707年）丁亥七月十二日，因薛凤祚之孙薛应豫"敬献先世藏书，以副购征雅意事"，提督山东通省学政翰林院赵申季奏请崇祀薛凤祚入乡贤祠："仪甫薛先生博极群书，殚精推步，本院私淑已久。今据呈送到刊书，不啻珍同拱璧。曾否崇祀乡贤，仰益都县立速查详候夺。"（薛凤祚，[1677b]）益都后学及官吏为奏请崇祀薛凤祚入乡贤祠所撰写的请愿书中，誉其为"诗书世胄，齐鲁真儒""累朝耆旧，当代伟人"，赞其学"究天人性命之精，显微共贯；兼学术事功之盛，体用同原"。（薛凤祚，[1677b]）这些请愿书均对薛凤祚的一生进行了总结，其中一篇尤其文辞优雅，故笔者特将其摘录如下：

> 本县已故文学薛公讳凤祚，诗书世胄，齐鲁真儒。岐峰先生之文孙，孝友实绳祖武；孔泉名公之冢子，珂簪久著家声。自补诸生于弱龄，即梅文坛之赤帜。董帷欲下，便耻章句一经；马帐从游，不惜春梁千里。契鹿忠节，心印拳拳，遗书之梨枣，尚是蹄筌；参孙容城，指南渺渺，征君之瓣香，孰争衣钵。俱见回澜定力，殊非握尘空谈。故其裕全体而周大用，洵哉无愧古人；由经济而抒文词，允矣堪师来许。度登镇之兵必起，千间广厦，奚啻段干木之藩卫郊；叹赤白之羽频飞，一札长城，宁须管幼安之居辽海。缕今推步错误，酌中西新旧之法，汤道未、穆尼阁两钜公畏其精严；条析史志源流，无秒忽铢黍之遗，顾宁人、张稷若诸耆儒推其赡博。疏两河则有清汇，司河防者宜置案头；衍历学以为会通，非浅学人能窥涯际。军营地势，备具画图；水利火攻，咸标新说。制台藩伯，交币式庐；俗史杂宾，望尘惭汗。是以柳风梧月，康节之城市悠然；鹤影梅花，和靖之湖山自若。字初孤则诸弟忘亡，征闺训而双贞矢节。乡邻远近，靡缓急而弗周；族姓戚疏，逢岁时其必聚。型仁讲让，赡言畏垒庚桑；立懦廉顽，晃见林宗淑度。虽春秋博拱夫墓木，而童叟益念于羊墙。历观山泽之婞修，罕此文行之若一。业无勤而不获，生未膺崇锡于彤廷；风以远而弥芬，殁应得荐馨于庑序。微先生其谁与核月旦同然？（薛凤祚，[1677b]）

最终，薛凤祚于康熙四十六年丁亥七月二十三日入乡贤祠。

1.2　薛凤祚的历法著作

　　虽然薛凤祚一生学识渊博,涉猎广泛,但他其实主要以历算成就闻名遐迩。时人将薛凤祚的历算工作誉为"青州之学",并将其与清初另一位历算名家王锡阐并称为"南王北薛"。薛凤祚的历算工作主要集中于《天步真原》与《历学会通》两部巨著,其天文理论之核心,即其所谓"新西法",主要译自比利时天文学家兰斯伯格(图1.6)的《永恒天体运行表》(石云里,2000)[84]。

1.2.1　兰斯伯格及其天文活动

　　兰斯伯格1561年8月25日(Van Roode,2007)[677]出生于比利时根特(Ghent)一个富有的家庭,父母[①]均为加尔文教徒(Calvinist)。(Vermij,2002)[73]1566年,由于宗教原因,他随家人辗转法、英等国,并在英格兰开始接受数学教育。(Van Roode,2007)[677]虽然他早年便对数学产生兴趣,但究其一生,神学仍然是主导其思想的核心力量。1579年,兰斯伯格从伦敦(London)回到根特,次年被任命为安特卫普(Antwerp)的新教牧师。(Vermij,2002)[73-74]1585年8月,西班牙占领安特卫普,兰斯伯格随即前往荷兰,并进入莱顿大学(Leiden University)从事神学学习。(石云里,2000)[84]他在莱顿大约待了一年,结交了一些莱顿的人文主义者(humanist)。可能正是由于与这些人的接触,使他对天文学产生了兴趣,而且他的思想也似乎都是在这个时期发展起来的。1586年,兰斯伯格被任命为西兰岛哥斯(Goes in Zeeland)的牧师。此后他一直生活在哥斯,直到1613年因与当地政要关系不和而被解职。(Vermij,2002)[74-75]随后他搬到了米德尔堡(Middelburg),致力于天文学、数学以及医学的研究,直到1632年12月8日去世。(Van Roode,2007)[677]

　　兰斯伯格早年曾写过一部有关加尔文教义的书,后来还写过一些数学著作。1591年,他用拉丁文出版了一本关于三角学的著作,其中包括少许原创工作。他还写过一些关于天文仪器[如象限仪(quadrant)与星盘(astrolabe)]的手册。这些手册用荷兰语写成,后来被翻译成了拉丁文。不过,最

---

　　① 兰斯伯格的父母分别为 Daniel van Lansberge 和 Pauline van den Honingh(Busard,1981)[27]。

　明清科技与社会丛书 | 会通历学:薛凤祚历法工作研究

令兰斯伯格热衷的还是天文学。他对当时所有的天文理论与历表都不太满意——无论是托勒密或者哥白尼的。因此,他以创造完美无瑕的天文理论与历表为己任。他认为,人类的先知们其实本来掌握了日月星辰的运动[以希伯来历(Hebrew calendar)为例],但自儒略历(Julian calendar)以降,这些知识都被遗忘了,而恢复这些知识便是学者们的职责。事实上,兰斯伯格的这种观点应是受到了人文主义思想的影响。(Vermij,2002)[75-76]

图1.6 比利时天文学家兰斯伯格

重建天文学必须以观测为基础,因此,兰斯伯格一方面无条件接受古代留下的记录,另一方面自己也进行观测。(Vermij,2002)[76]早在1588年底至1590年底,他便开始了对太阳运动的观测。这些观测成果收录于1619年出版的 *Progymnasmatum astronomiae restitutae liber I. De motu Solis*[①](下文简称 *Progymnasmatum*)中,该书还收录了兰斯伯格1599—1605年对太阳的观测记录。(Vermij,2002)[80]此外,他还在该书中讨论了地球运动的可能性,以支持哥白

---

① 书名大意为:"重建天文学之初阶·第一部:论太阳运动"(*Preparatory exercise of the restored astronomy, book I: On the motion of the sun*)。

尼的观点。(Busard,1981)²⁸虽然兰斯伯格在该书献词中称,他将继续出版第二部(论月亮运动)与第三部(论恒星运动),但这些书一直没有出现,而他重建天文学的工作也似乎就此陷入了僵局。(Vermij,2002)⁷⁷

直到马丁·范登霍夫①(Martin [Maarten] van den Hove,拉丁名:Martinus Hortensius,1605—1639年)出现,这种情况才得以好转。范登霍夫本来是艾萨克·比克曼②(Isaac Beeckman,1588—1637年)的学生,比克曼的家乡在米德尔堡,故其与兰斯伯格相识。1628年,范登霍夫在比克曼的引介下结识了兰斯伯格,他很快便成为了这位年迈天文学家的支持者。范登霍夫协助兰斯伯格完成其重建天文学的计划,兰斯伯格亦曾公开表示对范登霍夫的感谢:他感慨自己非常幸运,而范登霍夫之于自己就好比雷蒂库斯③(Georg Joachim Rheticus,1514—1574年)之于哥白尼④(Nicolaus Copernicus,1473—1543年)。(Vermij,2002)⁷⁷

从1628年开始,兰斯伯格出版了一系列天文学著作。就在这一年,*Progymnasmatum*第二版出版。(Vermij,2002)⁷⁷⁻⁷⁸次年,他出版了*Bedenckingen op den dagelyckschen, ende iaerlijckschen loop van den Aerdt-kloot*(下文简称*Bedenckingen*),继续探讨地球的周日与周年运动,为哥白尼学说辩护。[(Busard,1981)²⁸(Vermij,2002)⁷⁸]虽然该书与重建天文学的计划关系并不大,但它却使兰斯伯格声名远扬。(Vermij,2002)⁸²⁻⁸³1631年,兰斯伯格又出版了*Uranometria libri III*,其中汇集了许多他观测满月、日月食以及天体相合(conjunction)等天象的记录。(Vermij,2002)⁸⁰⁻⁸¹同年,范登霍夫将*Bedenckingen*译为拉丁文出版。(Busard,1981)²⁸1632年,即兰斯伯格去世的那一年,他终于完成了重建天文学的计划,并将其成果出版为《永恒天体运行表》。(Vermij,2002)⁷⁸

《永恒天体运行表》分为四个部分:第一部分为"天体运动的计算规则"(*Praecepta calcvli, motvvm coelestivm ex tabulis*),结合实例介绍如何使用这份天文表计算日月五星的位置与日月食;第二部分是天文表,亦名为"永恒天体运行表";第三部分为"实在的新天体运行理论"(*Theoricae motvvm coelestivm*

---

① 马丁·范登霍夫,荷兰天文学家、数学家。

② 艾萨克·比克曼,荷兰哲学家、科学家,与笛卡儿关系密切。

③ 雷蒂库斯,奥地利数学家、天文学家、制图学家等,哥白尼唯一的弟子,以协助出版《天体运行论》而闻名。

④ 哥白尼,波兰数学家、天文学家,创立了日心说模型。1543年,哥白尼临终前发表了《天体运行论》。该书被认为是近代天文学的起点,它开启了"哥白尼革命",对推动科学革命产生了重要作用。

novae, & genuinae），主要阐述编制这些表格所依据的天体运动模型；最后是"天文观测典藏"（Observationum astronomicarum thesaurus），其中包含大量的计算和观测实例，用以证明其天文表的精确性。（Lansbergi，1632）在该书封面中，兰斯伯格将自己划分到日心说一派，与地心说一派相对立。如图1.7，最上方两人左为阿里斯塔克斯[①]（Aristarchus of Samos，约公元前310—前230年），右为喜帕恰斯[②]（Hipparchus，约公元前190—前120年）。下面左右两列天文学家分别代表地心说与日心说两大阵营：左边分别为托勒密[③]（Claudius Ptolemy，约90—168年）、阿尔丰索十世[④]（Alfonso Ⅹ of Castile，1121—1284年）与第谷[⑤]（Tycho Brahe，1546—1601年），右边则分别为阿尔·巴塔尼[⑥]（Albategnius，约858—929年）、哥白尼以及兰斯伯格。不仅如此，在天文表部分的扉页上，兰斯伯格还专门刻上了日心地动模型（图1.8），以示此表是依据哥白尼体系编制的。

《永恒天体运行表》出版后，与第谷弟子隆格蒙塔努斯[⑦]（Christen Sørensen Longomontanus，1562—1647年）根据第谷体系编撰的《丹麦天文学》（Astronomia Danica，1622）以及约翰内斯·开普勒[⑧]（Johannes Kepler，1571—1630年）根据自己发现的行星运动定律所编撰的《鲁道夫星表》（Tabulae Rudolphinae，1627）鼎足而立，成为当时欧洲最流行的三种天文表。（Wilson，1989）[164-165]虽然同为日心说的支持者，但兰斯伯格并不同意开普勒的椭圆轨

---

① 阿里斯塔克斯，古希腊天文学家、数学家，是目前已知最早提出日心说的学者。

② 喜帕恰斯，古希腊天文学家，方位天文学的创始人，曾编制过有一千多颗恒星的星图和星表，并且创立了星等的概念，他还发现了岁差现象。

③ 托勒密，古希腊数学家、天文学家、地理学家、占星家。长期进行天文观测，一生著述甚多，其中最重要者为《至大论》（Almagestum）。

④ 阿尔丰索十世，卡斯蒂利亚王国（Kingdom of Castile）国王，在位期间建立托莱多翻译学校，把许多东方作品翻译成拉丁文，曾编撰《阿尔丰索星表》（Tablas Alfonsies）。

⑤ 第谷，丹麦贵族、天文学家兼占星术士和炼金术士。经过长期观测，第谷发现了许多新的天文现象。他提出了一种介于地心说和日心说之间的宇宙结构体系，并编制过一部相当准确的恒星表。他的观测精度非常高，为近代天文学的发展奠定了基础。

⑥ 阿尔·巴塔尼，阿拉伯帝国时期著名的穆斯林天文家、数学家，主要从事天文测量工作，发现了太阳远地点的进动，并测量出了黄赤交角。他改进了托勒密的天文理论，用三角学取代了传统的几何计算。他的作品对哥白尼产生过重要的影响。

⑦ 隆格蒙塔努斯，丹麦天文学家，第谷的学生，按照第谷的遗愿完成了其地心体系理论。

⑧ 约翰内斯·开普勒，德国天文学家、数学家。开普勒是17世纪科学革命的关键人物，他最为人知的成就就是开普勒行星运动定律，他对艾萨克·牛顿（Isaac Newton，1642—1727年）的影响很大。

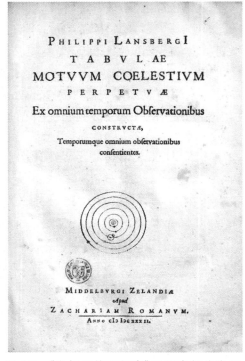

图1.7 《永恒天体运行表》封面　　图1.8 《永恒天体运行表》天文表部分扉页

道理论,他坚持哥白尼的观点,认为天体运动只能由匀速圆周运动合成。(石云里,2000)[84]最终,事实证明开普勒的《鲁道夫星表》更加精确,而兰斯伯格的理论则退出了历史舞台。尽管如此,《永恒天体运行表》在出版后的二十多年中还是得到了广泛的流传,在巴黎、英格兰等地都曾被采用,在西班牙甚至到1670年还有人在使用。(Vermij,2002)[81-82]而《永恒天体运行表》在中国早期流传的情况,至今亦仍有迹可寻。查《北堂书目》可发现,该图书馆曾藏有四本《永恒天体运行表》第一版和两本第二版,其中有的属于北京耶稣会学院,有的则从杭州、济南等地集中而来,可见该表当时在中国散布之广。(石云里,2000)[84]

与哥白尼一样,兰斯伯格过分依赖古代的观测数据,反而导致其理论出现错误。(Vermij,2002)[82]第谷曾指责哥白尼过于轻信古代记录,以至于其理论中出现错误。(Blair,1990)[367-374]兰斯伯格虽然也重视观测,但毕竟一个人精力有限,且多年担任牧师职务,不可能像第谷那样进行大规模的系统观测,因此,他仍然需要利用古代的记录。不仅如此,在《永恒天体运行表》第四部分的所有观测记录中,兰斯伯格都列出了根据自己理论计算的相应结果——他试图以这种方式来证明他的天文表可以与任何时代的观测相吻合。(Vermij,2002)[78]然而,这种努力并不能保证他的理论可以与未来的观测相符。例如,哥白尼根据古代的观测记录得出春分点进动不均匀的结论,而兰斯伯格对待古代记录的态度与哥白尼相同,因此他也得到了与哥白尼相同的结论[①]。但是,第谷经过长期观测发现,春分点的进动其实是均匀的。可见,过分依赖古代观测数据确实也可能会对理论精度带来负面影响。

事实上,兰斯伯格是荷兰最著名且最具影响力的哥白尼派学者之一。他虽然不是一个人文主义者,却也深受莱顿学派(Leiden scholars)的影响。(Vermij,2002)[73]莱顿学者对待哥白尼学说的态度与维滕堡(Wittenberg)学者不同,他们没有把哥白尼的理论当作数学工具来"拯救现象"(save the phenomena),而是对哥白尼的宇宙结构及其"和谐"美学更加感兴趣。[②]正是在这样的背景下,兰斯伯格才会试图将日心说融入到一个无所不包的基督教世界观中。(Vermij,2002)[88-92]或许,这也是身为传教士的穆尼阁选择将兰斯伯格的学说介绍到中国的原因之一。

1.2.2 穆尼阁与《天步真原》

穆尼阁,字如德,波兰耶稣会士。1610年出生于克拉科夫(Kraków)的一个政治世家,其父马西耶(Masiej Smogulecki)是波兰著名演说家、比得哥什(Bydgoszcz)市长,祖父米科莱·泽布日多夫斯基(Mikołaj Zebrzydowski)在公共活动中亦非常出名。完成普遍的贵族家庭教育之后,1621年穆尼阁进入布拉涅沃(Braniewo)的耶稣会学院学习,两年后转至波兹南(Poznań)的卢伯兰斯基学院(Lubrański Academy)。15岁时,穆尼阁被送去弗赖堡(Freiburg)大学学习数学与天文学。1626年,他与老师耶稣会士顺拜贝格(Georg Schönberger,1596—1645年)合作出版了《图解太阳》(*Sol illustratus*,图1.9)。(Schönberger、Smogulecki,1626)该文后来被著名天文学家、耶稣会士克里斯托弗·沙伊纳[③](Christoph Scheiner,1573—1650年)收入 *Rosa Ursina*;此外,该

---

① 详见本书2.1.2小节。

② 除兰斯伯格外,莱顿学派研究哥白尼学说的著名学者还有威理博·司乃耳(Willebrord Snellius,1580—1626年)、尼古拉·穆莱里乌斯(Nicolaus Mulerius,1564—1630年)、西蒙·斯特芬(Simon Stevin,1548—1620年)等。(Vermij,2002)

③ 克里斯托弗·沙伊纳,德国耶稣会士、天文学家、物理学家。

文还曾获得约翰·赫维留[①]（Johannes Hevelius，1611—1687 年）与开普勒的积极肯定。随后穆尼阁在罗马（Rome）学习哲学、在帕多瓦（Padua）学习法律，并于 1629 年返回波兰，开始其政治生涯。[（钟鸣旦，2010）[339-340]（Leszek Gęsiak，2009）（刘晶晶，2011）[134-136]]

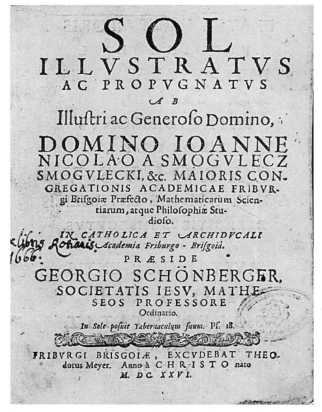

图 1.9　《图解太阳》封面

　　穆尼阁聪明博学，他的从政道路也一帆风顺。1632 年，他成为纳克洛（Nakło）市长以及国会议员，并参加了波兰国王弗瓦迪斯瓦夫四世（Władysław Ⅳ）的加冕礼。1634 年，他成为负责军队饷银的官员。1636 年，他成为王室法庭代表，此时穆尼阁仅仅 26 岁。就在他政治事业扶摇直上的时候，穆尼阁感受到了宗教使命的召唤，于 1636 年 12 月 14 日在克拉科夫加入了耶稣会。1644 年，穆尼阁被派往中国，他从葡萄牙出发，两年后抵达澳门。1648

----

　　① 约翰·赫维留，波兰天文学家，曾任格但斯克（Gdańsk）市长。

年,穆尼阁来到福建,并在那里工作了三年。随后,他来到了南京,与薛凤祚一起编译完成了《天步真原》。1653 年,穆尼阁被召到北京,并受到了顺治皇帝的接见。顺治帝想让他留在宫廷,但他却请求去南方传教。最后,他从皇帝那里得到一封允许他在全国传播福音的诏书,然后离开了北京。之后他便带着这封诏书四处奔走,并到达了海南,最后在回广州的途中忽染暴病,于 1656 年 9 月 17 日在肇庆逝世。[(Leszek Gęsiak,2009)(刘晶晶,2011)[136-137]]

尽管穆尼阁不幸英年早逝,但他与薛凤祚共同完成的《天步真原》却得以流传千古。《天步真原》主要分为天文与星占两个部分,其中天文部分共 9 卷,包括《历年甲子》、《太阳太阴部》、《五星经纬部》、《日月食原理》、《历法部》、历表 3 卷(《表上卷》《表中卷》《表下卷》,每卷前有"蒙求")与《经星部》。《历年甲子》按照时间顺序介绍了中国历史上的各甲子年,其中第一甲子为黄帝元年,最后一个甲子为第七十三甲子天启三年(1623 年)[①]。不仅如此,薛凤祚还列出了各甲子年与《大统历》和《授时历》历元"至元十七年"以及《时宪历》和《天步真原》历元"西汉哀帝永寿四年"之间的相差年数。值得注意的是,西汉哀帝并无"永寿"年号,《天步真原》此处势必有误。事实上,《天步真原》历元为公元元年 1 月 1 日,即西汉哀帝元寿二年十一月二十日[②],与《历法部》"求冬至"中所言"根数起西汉哀帝元寿二年庚申"相合。不过,《时宪历》历元明明是崇祯元年(1628 年),与《天步真原》并不相同,不知穆尼阁和薛凤祚为何会将其弄错。然后,《太阳太阴部》《五星经纬部》和《日月食原理》分别介绍了计算日月、五星运动以及交食的基本理论。《历法部》由推算节气、朔望以及日月食的算例组成,为读者示范如何使用历表进行实际计算。历表 3 卷是计算日月、五星与交食的必需工具,而表前"蒙求"则主要介绍各表的用法。另外,《经星部》其实是近黄道星的恒星表,其所选星均为较亮者或距离黄道八度以内者(薛凤祚,2008)[565]。不仅如此,表中还列出了这些恒星的七曜属性,薛凤祚在"经星叙"中言:"又其星各有色,上智之人因其色异以别其性情之殊,以之验天时人事,鲜不符合。"(薛凤祚,2008)[564]可见,其实《经星部》与星占也存在关联。

《天步真原》星占部分共 6 卷,包括《纬星性情部》、《世界部》、《人命部》(3 卷)与《选择部》。《纬星性情部》论述了日月五星、黄道十二宫的基本性情

---

① 薛凤祚实际上在这里犯了一个错误,事实上天启四年(1624 年)才是甲子年(薛凤祚,2008)[437-440]。

② 此处日期根据"时间规范检索"网站换算,参见:http://authority.dila.edu.tw/time/。本书其他日期换算情况类似,后不赘述。

与分类。《世界部》则主要用来预测大区域范围气候灾害、战争饥荒以及国家命运等,属于时事占星学(Mundane Astrology)。《人命部》属于本命占星学(Natal Astrology),主要根据人的出生时刻来推测个人命运,其上卷涉及本命占的基本概念与占法,中卷则主要介绍天宫图的推算方法,下卷是16幅天宫图。《选择部》属于择日占星学(Electional Astrology),乃根据天象选择行事时间之术。

此外,《天步真原》至少还包括1卷数学内容,即《正弦部》,主要介绍三角函数造表法,为学习三角八线表的读者提供理论基础,按其法可重新计算出间隔为1′的三角函数表。事实上,穆尼阁在南京所翻译者应该还包括对数表、三角对数表、三角算法、火法等内容。这些部分是否在《天步真原》付梓时一同出版,目前尚无法判断;不过,后来这些内容都被薛凤祚编入了《历学会通》。

1.2.3 《历学会通》:薛凤祚集大成之作

《历学会通》是薛凤祚最重要的著作,集其历学研究之大成。该书不仅囊括了薛凤祚在历算方面的全部成果,而且包含了他对历学独特而深刻的理解,甚至还蕴藏着他思想体系的缩影。无论研究薛凤祚的天文与数学成就,还是研究他的会通思想,乃至他的整体精神世界,都离不开对《历学会通》的分析。在《历学会通》中,薛凤祚不仅尝试会通古今中西的历法,而且还将历法与星占结合起来,并试图把历法的实用功能向外延伸至诸多领域。

《历学会通》分为《正集》《考验部》与《致用部》三个部分,共60卷①。其中,《正集》12卷实际上是薛凤祚以《天步真原》为基础、会通古今中西历法而成的"新中法"(又称"会通中法")。②《正集》按内容主要可分为三个部分:首先是数学部分,包括第1卷《正弦》、第2卷《四线》与第12卷《对数》,其内容分别为三角函数造表法、三角函数对数表与常用对数表。其次是原理部分,包括第3—5卷《太阳太阴经纬法原》《五星经纬法原》与《交食法原》,分别介绍日月五星运动的原理。最后是历法部分,包括第6—11卷《中历》《太阳太阴并四余》《五星立成》《交食立成》《经星经纬性情》以及《辨诸法异同》,主要介绍"新中法"的各种参数与历表,并列举了一些算例。另外,《正集》最前面还有一卷《古今历法中西历法参订条议》,主要阐述《授时历》《西洋新法

---

① 关于《历学会通》的卷数问题,详见本书6.1节。

② 关于薛凤祚"新中法"(即"会通中法")的分析,详见本书第7章。

历书》以及薛凤祚"新中法"的创新之处。应该说,《正集》是最能体现薛凤祚会通思想的部分,因此也是《历学会通》中最为重要的部分。

在《考验部》中,薛凤祚收录了当时最重要的四种历法:"旧中法""旧西法""今西法"与"新西法",即《授时历》(《大统历》)、《回回历》、《西洋新法历书》与《天步真原》。[①]这四种历法除《天步真原》收录比较完整外,其余三者均为薛凤祚提炼过的精简本:《授时历》被压缩为6卷,《回回历》被精简为2卷,而《时宪历》则被删减到只剩下6卷。[②]这些历法是薛凤祚会通工作的基础,《正集》便是会通四家而成,如"正集叙"所言:"(《正集》)立义取于《授时》及《天步真原》者十之八九,而《西域》(即《回回历》)、《西洋》(即《西洋新法历书》)二者亦间有附焉。"(薛凤祚,1993)[619]值得注意的是,既然薛凤祚已经将四种历法会通成为"新中法",为何还要将这些历法节选编订成《考验部》呢?关于这个问题,在"考验叙"中他其实有明确论述:

> 各家诸历书皆充栋,今芟去繁芜,每种必有设数,展卷即已洞然,以求兼通,诚不为难。倘有交食凌犯,人人可以明其疏密,而且能随地异测、随时异用,立为目前必验之法。创有成规,令千百年必无差异,进之而循习晓畅,即有未合亦可更定改宪。其于此道,或小补也。岂谓前人腐辙,概土苴置之哉!(薛凤祚,2008)[410-411]

此外,薛凤祚在"旧中法选要叙"中又谈道:

> 昔人皆以特出之聪明创立一义,当时莫不惊为神奇;殆继起者出,而神奇更成陈迹。然皆不能不借为增修之地,则以陈迹为土苴,是后人之忘原背本也。兹《旧中法选要》备载《授时》《大统》,前人遗躅咸在矣,可以存前哲之苦心,可以备后人之探讨。若曰有《时宪》新法、有"新中法"遂可存之不论也,诚何心哉?(薛凤祚,2008)[270]

这些都可以表明,薛凤祚编撰《考验部》的目的主要有两个:一是由于不同历法各有所长,不可尽废,故将各家兼收,并以此表示对古人智慧结晶的肯定与尊重;二是为后人进一步完善历法保留必要的参考资料,若将来历法与天象不合,则可到前代历法中寻求启示。事实上,《考验部》的意义与薛凤祚认为历法需要不断改革的观点也是相通的,正如其"正集叙"所言:"旧说可因

---

① 前人多认为《历学会通·考验部》收录了五种历法,但笔者认为魏文魁的另局法并不能算作与其他四种历法并列的一种独立历法。关于《考验部》收录历法种类的问题,详见本书7.1节。

② 关于《历学会通·考验部》各种历法卷数的问题,详见本书6.1.2小节。

可革,原不泥一成之见;新说可因可革,亦不避蹈袭之嫌。"(薛凤祚,1993)⁶¹⁹毫无疑问,薛凤祚这种历法通过不断改革获得进步的思想是值得肯定的。

《致用部》是《历学会通》中非常特殊的一个部分:与《正集》或《考验部》不同,《致用部》的内容并非历法,而是与历学相关的实用内容。《致用部》共包括十个方面,分别为三角算法、乐律、医药、占验、选择、命理、水法、火法、重学与师学。(薛凤祚,2008)⁷²¹薛凤祚对历学的实用功能非常重视,他在"致用叙"中指出:"圣人体天之撰,以前民用,行习于其中者咸知其当然矣,而不明其所以然,不知深微之理即在此日用寻常中也。"(薛凤祚,2008)⁷¹⁹事实上,薛凤祚致用思想的形成应与明末清初实学的兴起存在一定关联。另外,薛凤祚对《致用部》的构思事实上很可能来源于《崇祯历书》。他在"致用叙"中曾表示:"丙子岁东省李性参藩伯(即李天经)疏题罗列款目,今逐段详核,莫不各有至理。"(薛凤祚,2008)⁷²⁰此处李天经"疏题"应为其崇祯八年四月二十七日所上奏疏,其中重申了徐光启"度数旁通十事"的计划(徐光启,2009)¹⁶⁴¹⁻¹⁶⁴²。应该说,薛凤祚的致用思想受到过徐光启"度数旁通十事"的启发,不过两者也存在一定的差别。相较之下,薛凤祚加大了占验内容的比例①,同时还增入了"火法",而徐光启提出的"营建屋宇桥梁""天下舆地"与"造作钟漏"三项则被薛凤祚删去。

毫无疑问,薛凤祚的历法著作乃是亟待学界开采的一座丰富宝藏,其中蕴含着重要的学术价值。本书随后几章将主要分析《天步真原》中的天文历法,依次探讨其太阳、月亮与行星理论,并将之与《天体运行论》和《西洋新法历书》进行比较。

---

① 徐光启的"度数旁通十事"中只有气象占一事与占验有关,而薛凤祚则将其扩充为占验、选择、命理三个方面。

第2章 《天步真原》中的太阳理论

　　七曜之中太阳的运动最为基本,计算月亮与行星的运动都有赖于它。具体来说,由于人类是在地球上进行观测的,因此,月亮和行星的视位置取决于两个因素:月亮与行星自身的位置以及地球的位置。前者自然取决于其本身的运动,而后者则与地球的公转有关。在地心体系中,地球被认为是静止不动的,太阳的运动代替了地球的运动,因此计算月亮和行星的位置也就必然依赖于太阳的运动了。所以,要精确推算月亮和行星的视位置,必须首先精确计算太阳的位置。显然,太阳理论的精确与否影响着整部历法的精度,故本章将对《天步真原》中的太阳理论进行系统研究。

2.1 《永恒天体运行表》中的太阳理论

由于《天步真原》中存在许多文本问题,故直接分析《天步真原》中的太阳理论存在一定的困难。另外,考虑到《天步真原》在翻译时是否忠实于底本这一问题,将其与《永恒天体运行表》进行比较也是非常重要的一项工作。因此,在探讨《天步真原》中的太阳理论之前,有必要先对其底本《永恒天体运行表》中的太阳理论进行分析。

2.1.1 《永恒天体运行表》与《天体运行论》中的太阳模型

《永恒天体运行表》采用的是哥白尼日心体系,其天文理论与《天体运行论》之间存在着紧密的关联,太阳理论自然也不例外。为了能够厘清两者太阳理论之间的联系与区别,有必要首先介绍一下哥白尼的太阳理论。

《天体运行论》中的太阳模型是一个带有心轮的偏心圆模型。如图2.1[①]（Swerdlow,Neugebauer,1984)[589],S 为太阳,E 为地球,$\bar{A}$ 为地球轨道远日点的平均位置(即"高行",自平春分起算)。$SF=e_1=369$,为地球轨道的平均偏心差,以 F 为圆心、$FG=e_2=48$ 为半径,自 $\bar{A}$ 起顺时针转过 ϑ(即"心行")为 G,即地球轨道的圆心。$SG=e=\sqrt{e_1^2+e_2^2+2e_1e_2\cos\vartheta}$,为地球轨道的真实偏心差,$SGA$ 即为地球轨道远日点的真实位置,$\angle GSF$ 为太阳心差 $c_3=\arcsin(e_2\sin\vartheta/e)$。以 G 为圆心、$GE=R=10000$ 为半径,自 $\bar{A}$ 起逆时针转过 $\bar{\alpha}$(即平远点角)为地球。故 EG 为太阳的平均位置 $\bar{\lambda}=\bar{A}+\bar{\alpha}$(自平春分 Γ 起算),ES 为太阳的真实位置 λ(自真春分 ♈ 0°起算),$\angle GES$ 为太阳中心差 $c=-\arctan\dfrac{e\sin\alpha}{R+e\cos\alpha}$,其中 $\alpha=\bar{\alpha}+c_3$ 为太阳真远点角。此外,真春分与平春分之差为 $\delta_P=-1°10'\sin2\vartheta$,太阳的地心视黄经则为 $\lambda=\bar{\lambda}+c+\delta_P$。(Swerdlow,Neugebauer,1984)[166-170]

与《天体运行论》相同,《永恒天体运行表》中的太阳模型也是带有心轮的偏心圆模型。《永恒天体运行表》第三部分"实在的新天体运行理论"的第

---

① 本书引自古籍的插图均保持原貌,故插图中与正文斜体字母所对应的那些字母不做修改,即插图中的英文字母保持正体不变。

一节"太阳的真实运动及其新理论"（Nova & vera motus Solis Theoria）从整

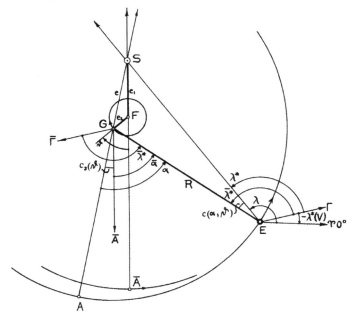

图2.1　《天体运行论》中的太阳模型

体上对太阳的四种运动进行了概述,这四种运动分别为太阳的平均运动、春分轮运动、心轮运动和远地点运动。如图2.2,A 为地球,$AO=e_1=3853$,为太阳轨道的平均偏心差,AP 为太阳远地点的平均位置（即"高行",自平春分起算）。以 O 为圆心、$PO=e_2=363$ 为半径,自 P 起顺时针沿小圆 PNM 转过 ϑ（即"心行"）为 M,即大圆 $BCDE$（半径为 $R=100000$）的圆心。那么,$AM=e=\sqrt{e_1^2+e_2^2+2e_1e_2\cos\vartheta}$,即为太阳轨道的真实偏心差,$AMQ$ 即为太阳远地点的真实位置,$\angle MAN$ 即为太阳心差。小圆 $FGHI$ 与 KL 则分别表示春分点和黄赤交角的变化,其中春分轮半径为2160,而黄赤交角的变化对太阳黄经的计算实际上并无影响。[①]

　　为了能够更加清晰地说明太阳位置的算法,"实在的新天体运行理论"随后在第二节"太阳视运动之例证"（Quomodo apparens motus Solis ex æqualibus Motibus datis demonstretur）中列举了一个算例。兰斯伯格指出,该算例

---

①《永恒天体运行表》中并未直接给出黄赤交角轮的半径,只是给出了黄赤交角变化的范围为 22°30′—22°52′,按此可推算得黄赤交角轮半径应为320。(Lansbergi,1632) *Theoricae motvvm coelestivm novae,& genuinae* : 2

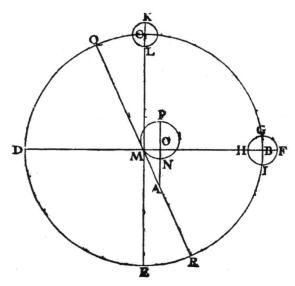

图2.2 《永恒天体运行表》中的太阳模型

计算的是阿尔·巴塔尼的一次观测,其时间为公元882年9月18日午时后13小时15分,换算为哥斯时间为午时后9小时48分,与《永恒天体运行表》历元①之间的时间差为881儒略年8个月17天又9小时48分,更加精确的数值应为9小时34分(Lansbergi,1632)*Theoricae motvvm coelestivm novae, & genuinae*: 3。如图2.3,A为地球,M为太阳,C为心轮圆心,E为大圆$HKIG$的圆心。根据算例距历元时间差,可求得春分轮行度为$\varphi=\angle PVT=199°40'54''$,太阳的平均位置(自平春分起算)为$\bar{\lambda}=\angle LEM=181°41'17''$,心行为$\angle DCE=\vartheta=105°52'40''$,太阳远地点的平均位置(自平春分起算)为$\bar{A}=\angle LEH=81°42'14''$。通过几何关系可求得太阳心差为$\angle DAE=c_3=\arcsin(e_2\sin\vartheta/e)=5°19'$,太阳中心差为$\angle EMA=c=-\arctan\dfrac{e\sin\alpha}{R+e\cos\alpha}=-2°6'12''$。图2.3中$L$为平春分、$V$为真春分,两者之差即春分差$\delta_P=-1°14'16''\sin\varphi=25'1''$。因此,太阳的地心视黄经为$\lambda=\bar{\lambda}+c+\delta_P=180°0'6''$。另外,该算例在最后还求得此时黄赤交角为$23°38'$。

通过对比不难发现,《永恒天体运行表》与《天体运行论》中的太阳模型基本相同,两者唯一的区别便是春分轮的行度。《天体运行论》中春分轮的行度是太阳心行的两倍,但《永恒天体运行表》并没有沿用这一点,而是另外独立设定了该运动。从结果上来看,哥白尼理论的春分差为$\delta_P=-1°10'\sin 2\vartheta$,

---

① 《永恒天体运行表》的历元为哥斯时间公元元年1月1日正午12:00。

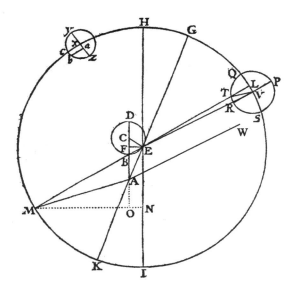

图2.3 《永恒天体运行表》中的太阳算例插图

而兰斯伯格理论的春分差为 $\delta_P = -1°14'16'' \sin\varphi$，两者的差别不容小觑。笔者验算发现，按哥白尼模型计算的 2ϑ 与按兰斯伯格模型计算的 φ，在16—17世纪时相差最多不超过2°，再加上兰斯伯格模型和哥白尼模型春分差的最大值亦不同，最终会使两者计算出的春分差存在最大约2'的差别。然而，兰斯伯格实际计算春分差时并非严格按照模型计算的，而是另外做了修正。[①]

除此之外，《永恒天体运行表》与《天体运行论》中太阳模型其他的参数亦有所不同。如表2.1，《永恒天体运行表》太阳理论中各项参数的有效数字要比《天体运行论》多一些。显然，兰斯伯格希望能够获得更加精确的参数，并以此来实现精度的提高。《永恒天体运行表》与《天体运行论》中的春分轮每日行度基本相同，且春分轮半径亦相差不大。不过，由于哥白尼的太阳平行值偏小，故兰斯伯格在《永恒天体运行表》中增大了太阳平行值。然而，兰斯伯格调整过后的数值仍然偏小。根据 VSOP87 理论推算，1630年左右的回归年长度应为 365.242212363863 日，故此时太阳每日平行应为 $59'8''19'''48''''59^v30^{vi}$。（Meeus, Savoie, 1992）[42] 此外，两者的太阳心行、高行速度亦有所不同。

---

① 详见本书2.1.2小节。

表2.1 《天体运行论》与《永恒天体运行表》中的太阳模型参数比较

参　　数	《天体运行论》	《永恒天体运行表》
平行每日行度	59′8″19‴37″″	59′8″19‴44″″59^{v}15^{vi}
心行每日行度	1″2‴2″″	1″11‴0″″49^{v}19^{vi}
高行每日行度	12‴15″″10^{v}31^{vi} *	11‴5″″51^{v}30^{vi}
春分轮每日行度	2″4‴4″″	2″4‴4″″39^{v}3^{vi}
大圆半径 R	10000	100000
平均偏心差 e_1	369	3853
心轮半径 e_2	48	363
春分轮半径	204**	2160

*《天体运行论》中给出的高行速度为太阳远地点平均位置相对恒星背景每平年行24″20‴14″″，而《永恒天体运行表》中的高行速度为每日相对平春分之行度，为了方便比较，笔者此处将《天体运行论》中的高行数据也换算成为每日相对平春分行度。

**《天体运行论》中并未直接给出春分轮的半径，只是给出了春分点变化的幅度为1°10′，按此可推算得春分轮半径应为204。

　　相较之下，《永恒天体运行表》太阳理论的参数中与《天体运行论》差别最大的便是太阳轨道平均偏心差和心轮半径。如图2.4，根据两种理论计算16—17世纪的太阳偏心率发现，《天体运行论》计算出的太阳偏心率偏小，而《永恒天体运行表》计算出的太阳偏心率则偏大[①]。与当时太阳真实的偏心率[②]比较，《永恒天体运行表》计算出的太阳偏心率误差相对小些，因此《永恒天体运行表》计算出的太阳中心差误差也会相对小一些。与现代理论比较，《永恒天体运行表》计算出的太阳中心差最大误差为4~5角分，而《天体运行

---

① 相较而言，《永恒天体运行表》计算出的太阳偏心率更接近第谷理论。或许兰斯伯格修改太阳模型的偏心率曾受到第谷理论的影响，毕竟第谷以观测精确而闻名。

② 根据 Jean Meeus, *More Mathematical Astronomy Morsels*, Chapter 33, 太阳轨道偏心率的现代算法为 $E = 0.0167086342 - 0.0004203654t - 0.0000126734t^2 + 0.0000001444t^3 - 2 \times 10^{-10}t^4 + 3 \times 10^{-10}t^5$（$t$ 为 J2000 起算的儒略千年数）。(Meeus, 2002)²⁰¹ 值得注意的是，现代理论中偏心率是指椭圆轨道的偏心率，与偏心圆模型的偏心率并不相同。但从中心差的算法来看，偏心圆的偏心率对应椭圆轨道偏心率的2倍，因此，图2.4中的"太阳真实偏心率"实际上是太阳轨道偏心率 E 的2倍，即 $2E$。

论》计算出的太阳中心差最大误差为 5～6 角分[①]。可见,兰斯伯格调整太阳轨道偏心差的效果也不算很明显。

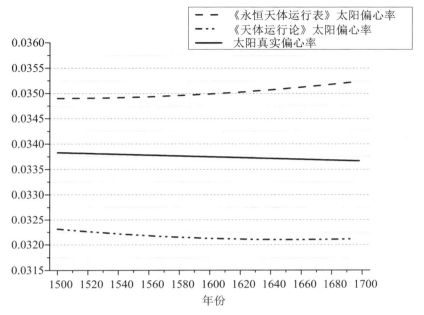

图2.4 《永恒天体运行表》与《天体运行论》太阳偏心率比较

2.1.2 兰斯伯格对春分差的修正及其对太阳理论精度的影响

事实上,兰斯伯格对哥白尼太阳理论的最大调整是春分差。哥白尼认为春分点在黄道上相对恒星背景的运动是不均匀的,因此,他的太阳理论中有一项春分差修正[(哥白尼,2005)[第三卷](Swerdlow,Neugebauer,1984)[Chapter 3]]。然而,这种观点事实上是错误的,春分点的移动速度其实是均匀的,只有非

---

① 中心差的现代计算公式为: $\delta = \left(2E - \dfrac{5}{4}E^2\right)\sin M + \left(\dfrac{5}{4}E^2 - \dfrac{11}{24}E^4\right)\sin 2M + \dfrac{13}{12}E^3\sin 3M +$ $\dfrac{103}{96}E^4\sin 4M + \cdots$(其中 E 为太阳轨道偏心率),取二级近似为 $\delta \approx 2E\sin M + \dfrac{5}{4}E^2\sin 2M$;偏心圆模型的中心差为 $\delta' = \arcsin \dfrac{e\sin M}{\sqrt{e^2 + 1 - 2e\cos M}}$(其中 e 为偏心圆模型偏心率),取二级近似为 $\delta' \approx e\sin M + \dfrac{1}{2}e^2\sin 2M$。因此,偏心圆模型中心差的误差为 $\Delta = (e - 2E)\sin M + \left(\dfrac{1}{2}e^2 - \dfrac{5}{4}E^2\right)\sin 2M$。[(丹容,1980)[185](Neugebauer,1975)[1100-1101]]

常微小的变化（叶式辉，2005）⁹。通过模拟计算16世纪的太阳位置发现①，《天体运行论》太阳黄经的误差并不稳定，而是在逐渐减小（图2.5）。不难看出，《天体运行论》计算太阳黄经的平均误差在1500—1520年基本接近于零，但在此之后平均误差则会越来越大。或许哥白尼对太阳运动的观测主要就集中在这段时间②，因此他的太阳理论才会在这段时期最为准确。不过，哥白尼绝对不会料到，仅仅几十年之后，他的太阳理论的误差便会达到三十角分！然而，如果《天体运行论》计算太阳位置不加春分差的话，得到的太阳黄经误差就会比较稳定（图2.5）。虽然《天体运行论》中的春分差是正弦函数（图2.6），但由于其周期非常长（约1600年），故春分差在整个16世纪实际上接近为一条直线（图2.7）。显然，正是春分差导致了哥白尼太阳理论的误差不稳定，也正是这个不必要的修正项大大降低了哥白尼太阳理论的精度。

兰斯伯格沿用了哥白尼的太阳模型，故其太阳理论中也有春分差这个修正项。如前所述，兰斯伯格模型与哥白尼模型计算出的春分差相差并不大。不过，事实上兰斯伯格在实际计算春分差时并非严格遵循几何模型，而是做了一些调整。《永恒天体运行表》第一部分第四则（Praeceptvm Ⅳ）"任何给定时刻二分点的算法"（De supputanda aequinoctiorum prosthaphaeresi quocunque dato tempore）中指出：

> 第一，如果春分差为加，且其值小于12′30″，则令春分差等于12′30″，符号为加。（Primum, si aequinoctiorum prosthaphaeresis additiva scrupulis 12′30″ suerit minor, assumatur semper in ipsius locum prost-haphaeresis scrupulorum 12′30″, eritque ea justa.）

> 第二，如果春分差为减，且其值小于12′30″，则令春分差等于12′30″减其之余数，符号为加。（Secundo, si prosthaphaeresis aequinoctio-rum subtractiva defecerit a scrupulis 12'30″, sume ipsum defectum pro pros-thaphaeresi additiva, eritque ea justa.）

---

① 笔者通过编程模拟计算，根据《天体运行论》求出1500年1月1日克拉科夫时间子夜0点之后100年的太阳位置（即历算值），时间间隔取每100日计算一个数据。然后利用NASA网站提供的天体位置计算功能（http://ssd.jpl.nasa.gov/horizons.cgi）计算出相应时刻的理论值（即现代值），再求出两者之间的绝对误差（历算值－现代值），绘制成曲线图。在进行地方时换算时，本书使用的克拉科夫地理经度为东经19°56′18″。本书其他模拟计算情况类似，故之后不再重复介绍该方法，而只交代每次计算的不同细节。

② 哥白尼多次提到他曾观测或计算1515年太阳的运动（哥白尼，2005）[85,103,111,113,117]。

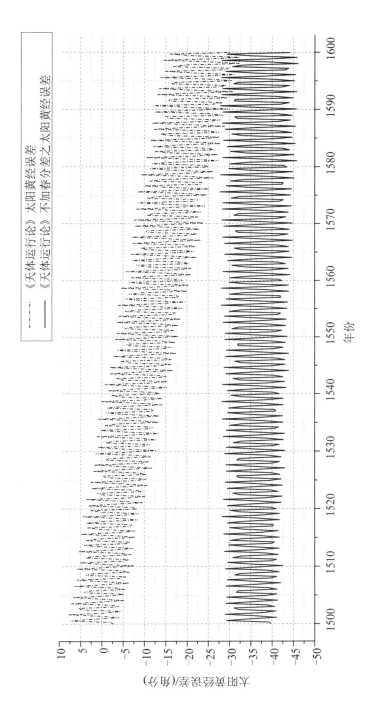

图 2.5 《天体运行论》太阳理论加春分差与不加春分差之太阳黄经误差比较

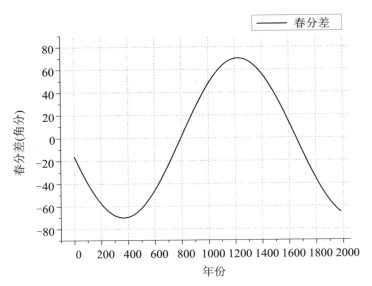

图2.6 《天体运行论》春分差(1—2000年)

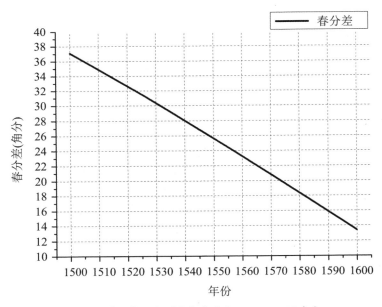

图2.7 《天体运行论》春分差(1500—1600年)

第三，如果春分差为减，且其值大于 12′30″，则令春分差等于其减 12′30″之余数，符号为减。(Tertio, si prosthaphaeresis aequinoctiorum sub - tractiva excedat scrupula 12′30″, aufer tunc scrupula 12′30″ ex prost - haphaeresi excedente, residuum erit justa aequinoctiorum prosthaphaeresis subtrahenda.)(Lansbergi, 1632) *Praecepta calcvli, motvvm coelestivm ex tabulis*: 30

假设按照太阳模型计算出的春分差为 δ_P，则兰斯伯格修正后的结果为

$$\delta_P = \begin{cases} \delta_P, & \delta_P > 12′30″ \\ 12′30″, & 12′30″ \geqslant \delta_P > 0 \\ 12′30″ + \delta_P, & \delta_P \leqslant 0 \end{cases}$$

不过，兰斯伯格为什么要这样进行调整呢？如图 2.8，通过模拟计算 1600—1650 年的太阳位置发现[①]，《永恒天体运行表》太阳黄经的误差在这段时期比较稳定，误差平均值为 -1.296828′，误差绝对平均值为 3.162248′。然而，如果按照几何模型计算春分差（即"修正前的春分差"）的话，则《永恒天体运行表》太阳黄经的平均误差会越来越大，与《天体运行论》的情况相似。可见，兰斯伯格发现了春分差会带来一定的误差，这才设法对春分差的算法进行了修正。然而，兰斯伯格并没有能够发现春分差本身存在问题。如图 2.9，实际上兰斯伯格修正后的春分差在大部分情况下仍然无法消除春分差所带来的偏差。不过，兰斯伯格对春分差的修正确实可以保证其太阳理论在 17 世纪上半叶的精度，或许这其中也存在着一定的运气成分。然而，到了 1650 年之后，兰斯伯格修正后的春分差开始迅速减小（图 2.10），这必然会导致其太阳理论精度下降。如图 2.11，只有计算太阳黄经时不加春分差，误差才会比较稳定；反之，只要加了春分差（无论是否修正后的春分差），都会使平均误差越来越大。由此可见，兰斯伯格对春分差的修正也并不算很成功。

综上所述，《永恒天体运行表》与《天体运行论》中的太阳模型之间存在非常明显的联系：两者不仅都是带有心轮的偏心圆模型，而且参数也比较接近。虽然两者偏心差的差别较大，但两者计算的中心差误差却相差不大。此外，兰斯伯格修正了哥白尼太阳理论中的春分差算法，使其太阳理论在 17 世纪上半叶精度较佳，但从更长周期来看其修正效果并不理想。因此，可以说兰斯伯格对哥白尼太阳理论的调整效果事实上并不算很成功。

---

① 此处根据《永恒天体运行表》编程模拟计算求出 1600 年 1 月 1 日哥斯时间正午之后 50 年的太阳黄经，时间间隔取每 50 日计算一个数据。在进行地方时换算时，本书使用的哥斯地理经度为东经 3°53′。下文模拟计算 1650—1700 年太阳位置的情况类似，后不赘述。

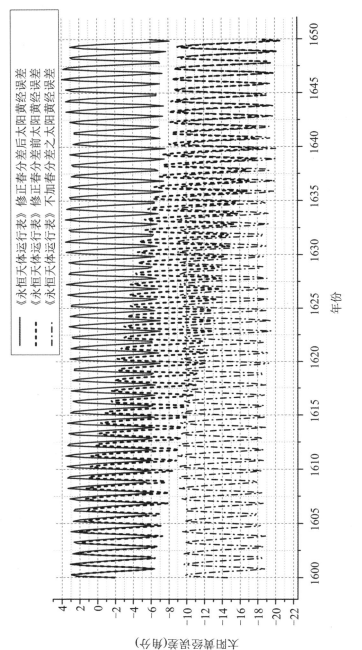

图 2.8 《永恒天体运行表》修正春分差前后以及不加春分差之太阳黄经误差比较（1600—1650 年）

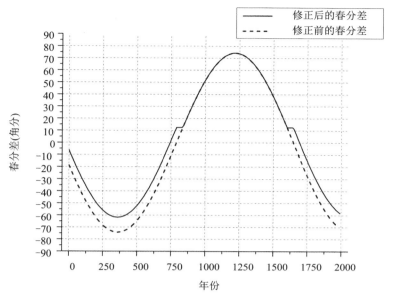

图2.9 《永恒天体运行表》春分差(1—2000年)

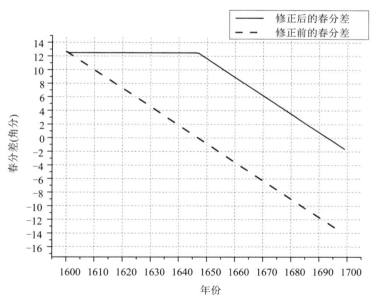

图2.10 《永恒天体运行表》春分差(1600—1700年)

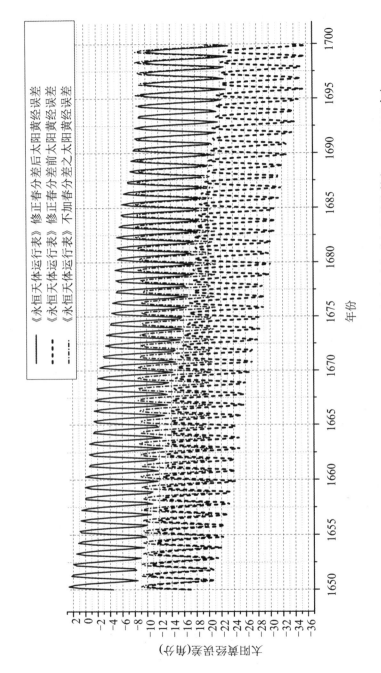

图 2.11 《永恒天体运行表》修正春分差前后以及不加春分差之太阳黄经误差比较（1650—1700 年）

2.2 《天步真原》中的太阳理论及其问题

《天步真原》中的太阳理论主要集中在《太阳太阴部》，另外《历法部》中实际上介绍了计算太阳运动的详细算法。

《太阳太阴部》中的太阳理论大部分译自《永恒天体运行表》，其内容可分为三个部分。第一部分包括"太阳诸行""太阳心差小轮""太阳外小轮二行总论"[①]"春秋分差""黄赤道距度差""太阳最高行差"和"太阳本轮日平行"七节，整体介绍了太阳的各种运动，译自《永恒天体运行表》"实在的新天体运行理论"第一节。第二部分包括"求太阳春分均度""求太阳赤黄道均度"和"求太阳最高行及两心之差加减均度"三节，主要介绍了计算太阳位置的算例，译自"实在的新天体运行理论"第二节。第三部分包括"测太阳最高及两心之差　测春秋分""夏至测日高""春分测日高""日日测日高"和"定地方南北"五节，简要介绍了测量太阳运动的方法，这部分内容是《永恒天体运行表》中没有的[②]。

另外，《历法部》的内容也并非译自《永恒天体运行表》，应是由穆尼阁与薛凤祚根据《永恒天体运行表》中的理论所增算。《历法部》"步气朔"中也详细介绍了太阳各种运动的平行速度及其历元初始值。"求冬至"计算了癸巳年（1652年）[③]和甲午年（1653年）的冬至，实际上相当于太阳理论的算例。而

---

① 《天步真原·太阳太阴部》的目录中并未出现此节标题。与之类似，"求太阳最高行及两心之差加减均度""测太阳最高及两心之差　测春秋分"与"日日测日高"亦未出现在此目录中，后不赘述。

② 该部分内容大都比较简略，且与太阳理论的其他部分无大关联，故本书对这些内容不做过多探讨。不过，值得注意的是，其中"测太阳最高及两心之差　测春秋分"一节相对比较翔实，但其内容实际上却是根据《西洋新法历书·日躔历指》"求太阳最高之处及两心相距之差第七"中的部分段落改编而成。虽然《天步真原》该段中仍有少许数据存在讹误，但与《西洋新法历书》中的对应内容相比，两段文字大体上是一致的。不过，《天步真原》中此处的插图与《西洋新法历书》有所不同，但两者在本质上等效。有趣的是，《天步真原》这里的插图倒是与第谷《新编天文学初阶》中的原始插图更加接近。

③ 虽然顺治十年癸巳年始自1653年1月29日、终于1654年2月16日，但由于中国古代历法的起点是冬至，因此，《天步真原》此处所言癸巳年冬至实际上是1652年12月21日。甲午年的情况类似，不再赘述。

"求月朔"与"求定望"则分别计算了"庚寅年顺治七年十月初一"（1650年10月25日）日月实会与"癸巳年七月十六"（1653年9月7日）日月实望，其中计算太阳运动的内容亦可算作太阳理论的算例。此外，《历法部》中计算日月食的部分也包含计算太阳运动的内容。可见，《天步真原》中有关太阳理论的内容还是比较充实的。

由于《天步真原》中的太阳理论与《永恒天体运行表》中的太阳理论基本无异，因此本节分析《天步真原》中的太阳理论时将重点讨论其中所出现的错误及其与底本不符之处等文本问题，而不再重复介绍其中的太阳模型与算例。尽管从篇幅上来看，《天步真原》对太阳理论的介绍不可谓不详细，然而，要理解《天步真原》中的太阳理论实际上却并不容易。首先，《天步真原》中的太阳理论在文本上存在着不少错误，就连插图也不完全正确。图2.12为《太阳太阴部》中的太阳模型，与图2.2比较可发现，两者基本相同。不过，图2.12在细节上存在一些问题：在图2.2中，M是在圆PN上的，而在图2.12中圆戌戊未却并不过己，而似与己巳相切。此外，圆甲乙寅卯应是春分轮，其圆心应为平春分，但在图2.12中此处却写着秋分，而春分则被标在了另一边，如此标示真是匪夷所思！

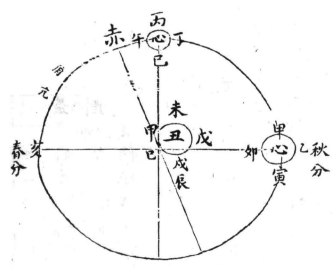

图2.12　《天步真原·太阳太阴部》中的太阳模型

不仅如此，《天步真原》介绍太阳理论的文字同样晦涩难解，甚至舛误频出。例如，"太阳心差小轮"中这样描述道：

戌甲未戊圈,黄道心在辰,赤道心在己。其小轮大差辰未线四二一六,得己亥十万分之四千二百一十六,其小差辰戌线三四九,得十万分之三千四百九十。其心自戌而甲未戊逆行,一日<small>一秒</small>十一微〇〇四十九芒十九尘。小圈径戌未十万分之七百二十六,半通弦三百六十三。(薛凤祚,2008)[441]

其中"黄道心""赤道心"分别何指,上下文未做交代,故读者很难明白该段文字的含义。事实上,对比《永恒天体运行表》可知,所谓"黄道心"应为地球,而"赤道心"则为太阳本轮心。而对于清初读者来说,若非已具备一定的西方天文学知识,否则绝无可能参透这段文字。再者,该段文字中称太阳本轮心"自戌而甲未戊逆行",但按《永恒天体运行表》中的描述,该运动的起点应为未,而《天步真原》在这里并没有明确说明。另外,介绍太阳本轮偏心差时所言"大差""小差"的天文意义究竟为何,恐怕读者亦不能轻易领会;此外,"小差辰戌线三四九"实际上还漏了一个"〇",应为"三四九〇"。再如,"太阳最高行差"中描述道:

丙丁巳午圈<small>上段游移动荡之行,此为自行,即最高行</small>。自戌而戊未甲己顺经行,其心是辰<small>辰为黄道心</small>,一日行十一微五线五十一芒三十尘,其行之根即辰戌丑未圈之行。心之差自辰至戌小、自戌至未大,心差小则日最高平行在前、真行在后,心差大则日最高平行在后、真行在前。(薛凤祚,2008)[442]

这段话着实令人费解,"丙丁巳午圈"如何能够"自戌而戊未甲己顺经行",其心又如何是辰? 第一句话到底是在描述何种运动,实在令人琢磨不透。本段标题为"太阳最高行差",对比《永恒天体运行表》可知,"一日行十一微五线五十一芒三十尘"其实正是太阳远地点的每日运动速度,因此这段文字描述的应该是太阳远地点的运动。不过,若只看《天步真原》这段文字,恐怕很难看出这一点。随后的"其行之根即辰戌丑未圈之行"之语,同样不知所云:辰戌丑未同在一条直线上,何来"辰戌丑未圈"? 而之后的"心之差自辰至戌小、自戌至未大"一句,亦不知是何意。

对比《永恒天体运行表》可知,太阳远地点运动的中心应是地球(即图2.12中的"辰"),但其运转并非沿着戌戊未甲己圈,与"丙丁巳午圈"更是没有任何关联。图2.12中己为太阳本轮心,辰未为太阳平最高,辰己为太阳真最高,故当太阳本轮心在戌戊未半圈时,太阳平最高在前、真最高在后;太阳本轮心在未己戌半圈时,太阳真最高在前、平最高在后。或许"太阳最高行差"想要表达的就是这些内容,但其表述却实在无法让人理解。

虽然笔者借助于《永恒天体运行表》已经整体上理解了《天步真原》中的太阳理论,却仍然无法破解"太阳最高行差"一段,更何况是没有任何辅助文献的清初读者! 由此可见,《天步真原》的晦涩程度确实非同一般。

事实上,除了以上两例之外,《天步真原》中的太阳理论中类似的问题随处可见。此外,更为奇特的是,"太阳本轮日平行"中太阳每日平行的数值居然与《永恒天体运行表》不同。《永恒天体运行表》中太阳每日平行59′8″19‴44⁗″59″15ʷ,而《天步真原》中却是59′8″19‴49⁗″36ⁿ。经过对比发现,该数值与《西洋新法历书》中的太阳每日平行值相同。不仅如此,事实上该段内容全部出自《西洋新法历书》①! 然而,《天步真原》为何要用《西洋新法历书》的太阳平行值替换《永恒天体运行表》原本的数值? 莫非穆尼阁与薛凤祚已经察觉到了《永恒天体运行表》的太阳平行值偏小? 这些问题目前尚无法回答。另外,值得一提的是,在这段引自其他著作的内容中居然也出现了几处错误。例如,《天步真原》该部分起始处"周天三百六十度七次化一〇〇一七六九六"中的"一〇〇一七六九六",事实上应为"一〇〇七七六九六〇〇〇〇〇〇〇〇"。《西洋新法历书》中与之对应的内容为:"置周天三百六十度,以六十因七次,得一〇〇七七六九六〇〇〇〇〇〇〇〇为实。"连抄自其他书籍的内容都会出错,《天步真原》文本之疏漏可见一斑!

《太阳太阴部》介绍太阳理论算例的内容,同样存在一些问题。图2.13为太阳算例的插图,与图2.3对比可发现,壬应在圆酉亥上,而非位于圆酉亥内。至于介绍算例行文中的讹误,限于篇幅,本书不再一一详述②。

不过,除了这类细节错误之外,《天步真原》此处还存在两个较为严重的问题。首先,《太阳太阴部》介绍算例时的叙述顺序为"求太阳春分均度""求太阳赤黄道均度""求太阳最高行及两心之差加减均度"。然而,对比《永恒天体运行表》可知,正确的叙述顺序应为"求太阳最高行及两心之差加减均度""求太阳春分均度""求太阳赤黄道均度"。由于"求太阳春分均度"和"求太阳赤黄道均度"用到了"求太阳最高行及两心之差加减均度"中的计算结

---

① "太阳本轮日平行"中除了第一句(即"大圈为日本圈,自角而亢氏顺行一日行五十九分〇八秒十九微四十九线五十六芒",其中"五十六芒"为"三十六芒"之误)之外,随后全面内容(即"周天三百六十度七次化一〇〇一七六九六……次用加法,二日至十日,又至百日、二百日、三百日乃至一岁,作表。")均摘自《西洋新法历书·日躔历指》"算每日太阳平行分法"一节(徐光启等,2000)第386册:47-48。

② 例如,《天步真原》指出图2.13中"丙为春分、寅为秋分",丙为春分固然无误,但寅实际上是太阳所在。因算例中太阳刚好距离春分点180°左右,以至于被误认为是秋分(薛凤祚,2008)444。

果,因此颠倒叙述顺序无疑会使读者不明就里。例如,"求太阳春分均度"中提到"大加减差二度六分"、"求太阳赤黄道均度"中提到"前算一百五度五十三分",这些数据实际上都是在"求太阳最高行及两心之差加减均度"中计算得出的。因此,在未曾看过"求太阳最高行及两心之差加减均度"的情况下,直接阅读"求太阳春分均度"与"求太阳赤黄道均度",必会感到疑惑万分。所以,《太阳太阴部》颠倒算例的叙述顺序实际上增加了读者理解的难度。

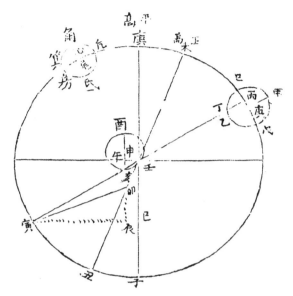

图2.13 《天步真原·太阳太阴部》中的太阳算例插图

其次,《太阳太阴部》并未交代该算例所在时间与历元之间的时间差,这便使读者无从知晓太阳平行、心行、高行以及春分轮运行等太阳平均行度的数据究竟从何而来。换言之,当读者看到"太阳心圈平行从酉而壬逆行一百五度五十二分四十秒为酉壬""太阳最高平行庚至丙八十一度四十二分""日本圈平行从丙顺行至寅一百八十一度四十一分十七秒"以及"春分平行从甲而戊乙丁逆行一百九十九度四十分五十四秒至丁"这些数据时一定会感觉非常突兀,而且必然也无法理解这些数据。若不能了解如何计算这些平均行度,便不可能真正理解太阳运动的算法,而算例应发挥的作用也势必大打折扣。因此,《太阳太阴部》介绍太阳算例的内容不但无法让读者进一步理解太阳理论,反而会使读者更加迷惑,这无疑也使算例丧失了其应有的功能。

然而，前面提到的这些其实都还不是《天步真原》中的太阳理论中最严重的问题。事实上，不仅仅是太阳理论，《天步真原》全书都存在着一个严重漏洞，即没有明确说明历元的精确时间。虽然《天步真原》在开篇"历年甲子"中便指出历元为"西汉哀帝永寿四年①庚申"，而《历法部》"求冬至"中也提到"根数起西汉哀帝元寿二年庚申"，但仅有历元年份根本无法进行实际计算。因此，如何计算给定时间与历元之间的精确时间差，便成为《天步真原》中的一个难题。

事实上，恐怕穆尼阁与薛凤祚对这个问题也并无十足把握——"求冬至"中计算积日的过程便存在错误。在求癸巳年冬至时，《天步真原》按积1652儒略年算，共积603393日，满纪法60去之，应余33。到这一步还算比较容易理解，不过随后的内容就显得非常诡异了："除二十二日西法年数在冬至后二十二日，得日数一十一，加日根数十五，共为二十六，得己丑日。"（薛凤祚，2008）414从后面计算太阳运动的过程来看，积日减去22日后，即603371日，才是与历元之间真正的时间差。《天步真原》的历元与《永恒天体运行表》相同，为哥斯时间公元元年1月1日正午12:00，而癸巳年冬至在1652年12月21日，两者之间的时间差应为603372日。因此，《天步真原》这里计算出的与历元之间的时间差少了一日。不过，1652年12月21日确实是己丑日，那么，《天步真原》计算出的平冬至日干支为何又是正确的呢？

实际上，公元元年1月1日应为丁丑日，按干支纪法为第14日，而《天步真原》中却言"日根数十五"，所以这里其实多了一日。前面少算了一日，后面多算了一日，故《天步真原》计算出了正确的平冬至日干支。尽管如此，《天步真原》计算真冬至日的干支却不对。由于《天步真原》计算出的与历元之间的时间差少了一日，因此，按照603371日计算出的己丑日太阳平行，实际上是前一天戊子日的太阳平行。而《天步真原》最后计算出的癸巳年真冬至为北京时间己丑日午正后二十三时五十三分，即次日庚寅日午初三刻十八分。事实上，这一年冬至的真实时间约为北京时间己丑日9:39。如果计算正确的话，实际上《天步真原》计算这年冬至的误差大约为两小时。但由于与历元之间的时间差换算错误，最后竟使误差超过了一日！

至于如何计算冬至以外其他时日与历元之间的时间差，《天步真原》更无详法。例如，在《历法部》的"求月朔"中，《天步真原》采用的实际上是一种逼近法，而非直接求解。（薛凤祚，2008）416-417 "求月朔"中求"庚寅年顺治七年

---

① 《天步真原》此处将"元寿二年"误作"永寿四年"，详见本书1.2.2小节。

十月初一日"（1652年10月25日）的积日时,先算出1649儒略年所积日数,然后便直接给出9个月所积日数为273日,这不能不令人诧异。从后面"求平朔"的计算来看,这个日数根本就不是"十月初一"应积日数。按之前的计算积日共为602570日,用此时间差求"月距日"得195°30′6″,离平朔尚差164°29′54″! 然后,《天步真原》又将164°29′54″化为时间得13日11时50分59秒,再加上之前所得积日,共得602583日11时50分59秒为平朔。虽然这个结果是正确的,但"求月朔"中使用的积日算法却存在漏洞。

笔者推测,273日应是将一年365日等分为12平月再乘以9而来,故该日数只是个估计值,而非精确值。按这种算法自然得不到真正的平朔,所以《天步真原》才会再算"月距日"来进一步求平朔。不过,算出"月距日"及其余数后,是应该向最近的一次平朔靠近,还是一直往后算? 例如,求得的"月距日"为10°,那么,是应减掉这10°来计算最近的一次平朔呢,还是向后算下一次平朔?《天步真原》并没有给出详细的说明。

最后,有必要讨论一下《天步真原》中的太阳理论的精度问题。《天步真原》沿用了《永恒天体运行表》中的太阳理论及其参数,尤其是兰斯伯格对春分差的修正。对此,《天步真原》特别做出了详细说明:

> （春分差）加减小于十二分三十秒,其号为加,不论得数多寡,皆加十二分三十秒,如得十一分即不用十一分,用十二分三十秒加。若小于十二分三十秒,其号为减,即以所得数减十二分三十秒,其余数加。加减大于十二分三十秒,其号为减,即以十二分三十秒减所得数,其余数减。若大于十二分三十秒,其号为加,即以所得数加。（薛凤祚,2008）[492]

《永恒天体运行表》的历元位置是在哥斯,那么《天步真原》将计算出的太阳位置换算至中国后,精度又如何呢?《天步真原》中明确指出:"（新西法）立表之地较京师燕加七时二十分"（薛凤祚,2008）[414]。事实上,哥斯与北京之间经度差约为112°32′,换算成时间差约为7小时30分。可见,穆尼阁与薛凤祚选取的时区差误差约10分钟,而对太阳运动而言,10分钟最多会带来半角分的误差。与图2.8及图2.11比较可发现,《天步真原》的太阳黄经误差[①]（图2.14）与《永恒天体运行表》差异甚微。如果只考虑前半段,即1600—

---

① 此处根据《天步真原》编程模拟计算求出1600年1月1日北京时间正午之后100年的太阳黄经,时间间隔取每50日计算一个数据。在进行地方时换算时,本书使用的北京地理经度为东经116°25′58″,后不赘述。

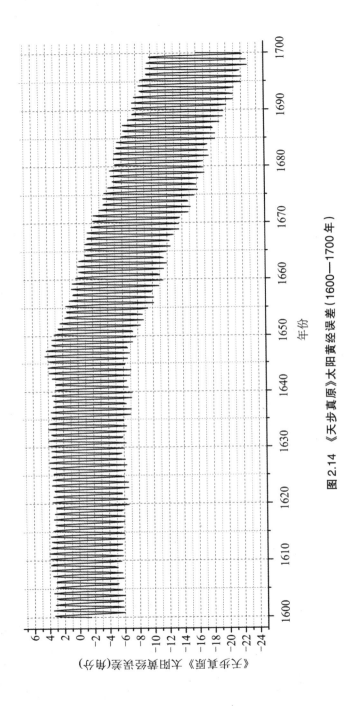

图2.14 《天步真原》太阳黄经误差（1600—1700 年）

1650 年,《天步真原》太阳黄经误差的平均值为 −0.877941′,平均绝对值为 3.126715′。不过,到了 1650 年之后,《天步真原》中的太阳理论的平均误差也会越来越大,与《永恒天体运行表》的情况相同。

然而,《天步真原》与《西洋新法历书》中的两种太阳理论究竟孰优孰劣,事实上不可一概而论。如图 2.15,模拟计算 1627—1727 年北京太阳黄经的误差[①]发现,《西洋新法历书》的太阳黄经误差在 −7′~9′,其平均值为 1.091218′,平均绝对值为 4.913863′。与之相比,《天步真原》中的太阳理论在 17 世纪上半叶明显占据优势:不论误差平均值还是平均绝对值,都是《天步真原》更加精确。然而,到了 17 世纪下半叶,《天步真原》中的太阳理论的误差迅速开始变大。由于《西洋新法历书》中的太阳偏心率为 0.0358416,不如《天步真原》中的太阳偏心率更接近当时太阳真实的偏心率,因此,《西洋新法历书》计算出的太阳中心差误差要比《天步真原》大一些。不过,《天步真原》受到春分差的影响,其太阳理论精度非常不稳定,其误差从 17 世纪下半叶开始迅速变大,而《西洋新法历书》的误差却一直比较稳定。[②] 就这一点而言,则又是《西洋新法历书》技高一筹。

2.3 薛凤祚对太阳理论的调整

薛凤祚在《历学会通》中对太阳理论进行了一些调整,由此可见,他并非没有察觉《天步真原》中的太阳理论中的种种问题。在《历学会通》中,太阳理论主要集中在《正集》的第三卷《太阳太阴经纬法原》与第七卷《太阳太阴并四余》,另外,第十一卷《辨诸法异同》中的相关内容也可以为了解太阳理论提供线索。

《正集·太阳太阴经纬法原》中介绍太阳理论的内容本质上与《天步真原·太阳太阴部》相同。不过,两者之间也存在着一些明显的差别。首先,《天步真原》太阳理论中介绍测量的内容,即"测太阳最高及两心之差 测春

---

① 此处根据《西洋新法历书》编程模拟计算求出 1627 年 12 月 22 日冬至北京时间子夜 0 点之后 100 年的太阳黄经,时间间隔取每 100 日计算一个数据。

② 关于《西洋新法历书》中的太阳理论的详细分析与讨论,可参见相关文献(褚龙飞、石云里,2012)。

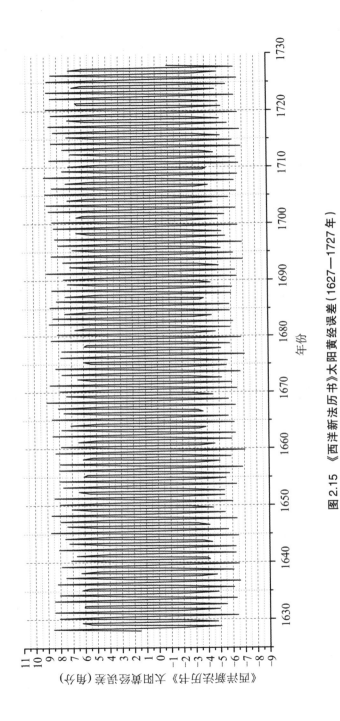

图2.15 《西洋新法历书》太阴黄经误差（1627—1727年）

秋分""夏至测日高""春分测日高""日日测日高"和"定地方南北"五节,在《正集》中被调整到了第六卷《中历》[①]。其次,在《正集》中薛凤祚将所有角度与时刻的数据都换算成了中国传统的形式,即百分制、百刻制。不过,薛凤祚似乎并未发现《天步真原》中的数据错误,而只是把错误的角度与时刻数据换算成了百分制或百刻制,而没有修改其数值。最后,通过比较发现,《正集·太阳太阴经纬法原》中太阳部分的章节次序与《天步真原》有所不同。《正集·太阳太阴经纬法原》中的章节依次为"太阳诸行法原""太阳外小轮二行总论""春分差""春分均度""黄赤道距度差""距度均度""太阳心行""太阳高行"和"太阳最高行及两心之差加减距度",与《天步真原》相比少了"太阳本轮日平行"一节。太阳平行值是太阳理论最重要的参数之一,薛凤祚为何要删去这一节?这不能不让人感到匪夷所思。此外,"太阳外小轮二行揔论"与"太阳最高行及两心之差加减距度"这两个没有出现在《天步真原·太阳太阴部》目录中的标题,被补充到了《正集·太阳太阴经纬法原》的目录中。

另外,薛凤祚将"春分均度"和"距度均度"两节分别移到了"春分差"和"黄赤道距度差"之后,而"太阳心行"则被转移到了之后的位置。显然,薛凤祚这样做可能是考虑到春分差以及黄赤交角理论的普遍性,并非太阳理论所专有,故将与两者相关的内容置于最前。但这样的调整也带来了一定的弊端,即"春分均度"仿佛成了"春分差"的算例,而"距度均度"则成了"黄赤道距度差"的算例。薛凤祚这样的调整,将一个大算例拆分成了多个小算例,而小算例中的数据看上去则好像是任意选取的,各个小算例相互之间似乎也没有什么关联,也就基本上避免了《天步真原》中颠倒叙述次序与没有交代算例与历元之间时间差的问题。不过,这种将原理与算例并排的布局,虽然使读者可以直接了解各个环节的算法,同时却也将《永恒天体运行表》中本是一个整体的算例割裂开来,淡化了彼此相互之间的联系,反而会影响读者对太阳理论整体算法的把握。

在《正集·太阳太阴并四余》中,薛凤祚提出了自己调整过后的太阳理论。在该卷最开始,薛凤祚首先讨论了"岁实",即回归年的长度。他比较了"旧中法""时宪法"以及"天步真原"的岁实,并用三种方法计算了1655年(顺治十二年乙未)的冬至。(薛凤祚,1993)[739-740]然后,薛凤祚根据自己的计算,提出了他的回归年长度与乙未冬至时刻。他所采用的回归年长度为365.24232722日(薛凤祚,1993)[741],与《天步真原》中的365.242326851日仅差

---

① "定地方南北"一节内容被融合入《中历》"南北正向"(薛凤祚,1993)[726]。

约0.03秒[①]。不仅如此,他所得到的乙未冬至时刻其实更加可疑。乙未冬至是薛凤祚"会通中法"的历元[②],其重要性不言而喻。薛凤祚自称"乙未冬至实测四十〇日八十一刻六十七分六九"(薛凤祚,1993)[746],即1655年12月21日(甲辰)19时36分9秒,但他并没有明确说明该冬至时刻是否为中国时间。不过,查阅《正集·辨诸法异同》使用"会通中法"计算交食的过程发现,其中有将"定朔"换算到燕京的步骤,因此,薛凤祚"会通中法"的历元实际上仍然是哥斯时间,与《天步真原》一致。此外,薛凤祚得到的冬至时刻并不是真冬至时刻,而是平冬至时刻,而按照《天步真原》计算出的该年平冬至时刻恰好就是12月21日19时35分。因此,薛凤祚所言"实测"相当值得怀疑。试问,身在中国的薛凤祚,如何能够测量出哥斯的平冬至时刻呢?所以,所谓的"实测"冬至时刻,很可能是薛凤祚根据《天步真原》推算而来。不过,巧合的是,按现代理论回推,1655年冬至的真正时间应为哥斯时间12月21日19时35分29秒,与薛凤祚所谓的"实测"平冬至竟相差不到1分钟!实际上,按《天步真原》计算出的1655年真冬至应为12月21日22时35分,与真实值相差约3小时。

薛凤祚还把"会通中法"中的天文术语全部替换为"气应""度应"等中国传统天文学名词,使之完全回归为中国传统历法的形式。例如,在介绍太阳平行的历元初始值时,《天步真原》中使用的概念是"根数",即太阳平黄经的历元值。《天步真原·历法部》"步气朔"中指出:"黄道根数四周纪三十八度三十六分三十四秒"(薛凤祚,2008)[413],即太阳平黄经的历元值为278°36′34″。而《正集》中则采用了"气应""度应"等概念:"气应"为历元冬至距其前甲子夜半的时间差(张培瑜等,2008)[650],太阳平行"度应"为历元所在日子正的太阳平黄经。《正集·太阳太阴并四余》"太阳平行"中指出:"乙未十一月中气冬至气应四十一日甲辰八十一刻六七六九,……三百五十九度一九四九五八为甲辰日子正初刻度应"(薛凤祚,1993)[742],即历元所在日为第四十一日甲辰,且历元时刻在当日81.6769刻,而这一日子正的太阳平黄经为359.194958°。再如,薛凤祚将春分轮的运动改称为"黄赤道交度",其"度应"为"九十一度九十一分三十秒",意即乙未冬至时刻春分轮的平均行度为91.9130°。至于太阳心行、高行的"度应",亦均为历元时刻的平均位置,只不过薛凤祚将"心行"与"高行"改名为"盈缩心行"与"盈缩行"。如图2.16(薛凤祚,[1664a]),介绍完

---

① 薛凤祚在《正集》第七卷中提到的"天步真原岁实"为365.242327353日,可能是换算有误。不过,这数值倒是更接近薛凤祚最终采用的回归年长度,两者相差仅约0.01秒(薛凤祚,1993)[740]。

② 详见本书7.2节。

每种平均运动之后,薛凤祚还在其后分别列出了该运动的平行表及与之相关的均数表,并将平行表均命名为"立成"。(薛凤祚,1993)[742-745]此外,薛凤祚还列出了太阳平均运动经历一个"朔策"(亦称"月策",即一个朔望月)、"望策"(半个朔望月)甚至"弦策"(四分之一个朔望月)或"平年""半年"等固定周期时所运行的行度。(薛凤祚,1993)[742-745]显然,薛凤祚这样做是为了避免积日太多时大数相乘所带来的麻烦,以减小计算的难度。

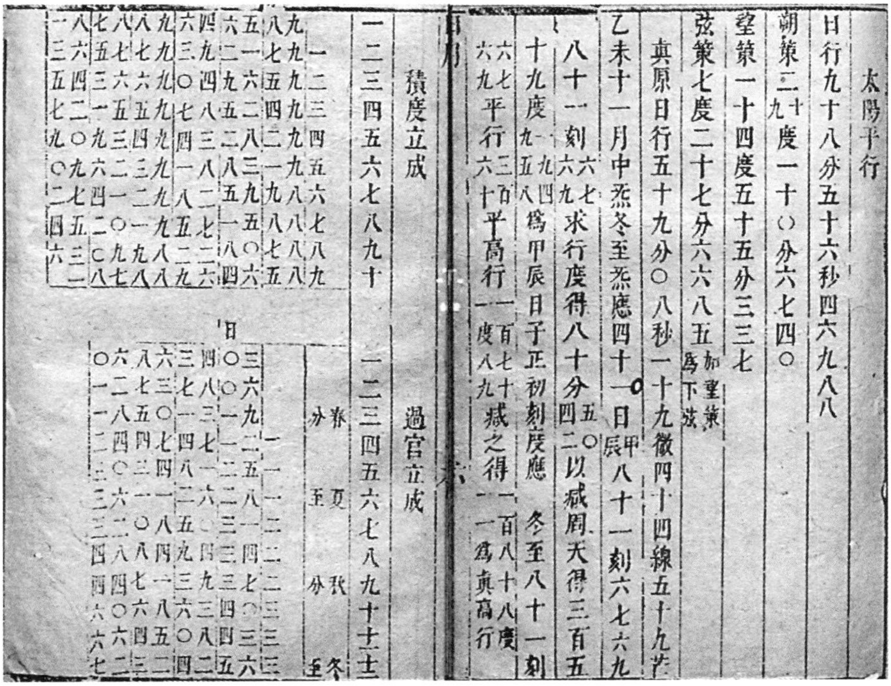

图2.16 《历学会通·正集·太阳太阴并四余》中的太阳平行及其历表

"会通中法"太阳理论的起算点是哥斯时间1655年12月21日冬至时刻,《正集·太阳太阴并四余》中给出了太阳各种运动的历元初始值。如表2.2,根据《天步真原》计算1655年12月21日太阳的各种平均运动发现,虽然薛凤祚计算的数值存在一定误差,但均不超过5″,其影响完全可以忽略不计。与之类似,太阳轨道偏心差以及太阳各种运动的平均速度等参数,在"会通中法"与《天步真原》中都不存在显著的差异。因此,"会通中法"与《天步真原》按照哥斯时间计算出的太阳位置也基本上没有什么差别。

表2.2　《历学会通·正集》太阳平均运动初始值计算误差

参　　数	《历学会通·正集》	《天步真原》	差值
平行（平行）*	359.194958°	359.195590°	2.28″
盈缩心行（心行）	288.7277°	288.728982°	4.62″
盈缩行（高行）	186.2146°	186.214630°	0.11″
黄赤道交度（春分轮行度）	91.9130°	91.914229°	4.42″

注：因《历学会通·正集》与《天步真原》描述太阳各种运动所用名称不同，故笔者将两者并列于表中：括号前为《历学会通·正集》中的名称，括号内为《天步真原》中对应的名称。

*表中所列太阳平行初始值为1655年12月21日子夜0点时的太阳平黄经，而其他三种平均运动初始值对应的时刻则均为1655年12月21日冬至时刻，即该日19时36分9秒。

除此之外，薛凤祚对春分差的态度也颇令人困惑。他对春分差相当重视，视其为"会通中法"的重要优点之一，故而将"春分加减"列在《历学会通·正集》卷首"西法会通参订十一则"中的第二则。他指出：

> 太阳加减有心差与地心差二项，西历言之矣，此外有春分差；月与五星加减有自行盈缩与离日盈缩二项，西历言之矣，此外亦有春分差，为尼阁新西法。因之七政初二三加减均数，皆与旧法局异，为《时宪》之未备。（薛凤祚，1993）[625-626]

在《正集·太阳太阴经纬法原》中，春分差同样处于显要的位置。（薛凤祚，1993）[685-686]而在《正集·太阳太阴并四余》中，春分差虽然被更名为"太阳黄赤道交差度"，但其算法仍然与《天步真原》相同；包括兰斯伯格对春分差的修正，在《正集·太阳太阴并四余》中也得到了详细的介绍。（薛凤祚，1993）[742-743]这些都说明，薛凤祚认为春分差是非常重要的。

可是，同样是在《正集·太阳太阴并四余》中，薛凤祚在用《天步真原》理论计算乙未冬至时却没有计算春分差，这不能不令人感到疑惑（薛凤祚，1993）[740]。将该段内容与《天步真原·历法部》"求冬至"中的对应部分比较可发现，两者算法上有三点不同：首先，也是最重要的，《历学会通》这里没有计算春分差；其次，在计算积日时，薛凤祚将《天步真原》中的"除二十二日"改成了"减二十一日"，这说明薛凤祚可能已经认识到了《天步真原》计算与历元之间的时间差存在错误；最后，《历学会通》在计算出冬至时刻后又"加日差八分"("日差"即"均时差"),这也是《天步真原》中所没有的。其实,薛凤祚的这些改动都是合理的:春分差修正本身并不正确,《天步真原》中的积日算法也确实存在问题,而将冬至结果加上"日差"也完全正确。尤其"日差"一项,应是薛凤祚根据《西洋新法历书》"会通"而来。

虽然在《历学会通》中没有计算春分差的情况仅此一例,但在薛凤祚晚年著作《气化迁流》中还可以发现这样的内容。在《气化迁流·土木同度春分》中,不仅前面介绍日月五星运行速度的内容中没有出现春分差,而且后面计算春分时刻的多个算例中也都没有计算春分差。(薛凤祚,[1675])^{土木同度春分}这些似乎都暗示了,薛凤祚对春分差的态度曾发生过摇摆;对于究竟是否保留春分差,薛凤祚可能也犹豫纠结过。若此,薛凤祚或许已经意识到了哥白尼体系中的一个重要缺陷。

第3章 《天步真原》中的月亮理论

  除了地球的作用力之外,太阳的引力对月亮轨道的影响也非常大,这便导致月亮运动速度的变化幅度也比较大。由于月球轨道的偏心率较大,因此月亮运动的近地点与远地点到地球距离的差别也比较大。而且,月亮椭圆轨道的近地点在不停地移动。此外,月面中心运动的路径(即白道)其实并不在黄道面内,而是和黄道面成5°左右的交角。不仅如此,黄道与白道两个平面的交点线位置也在非匀速转动,且黄白交角也在一个很小的范围内不停地摆动。可见,月亮的运动确实非常复杂,因而对月亮运动的研究自古以来便是天文历法中的一个难点。因此,能否精确计算月亮的运动,也是判断一部历法是否精确的标准之一。为了进一步了解《天步真原》的精确性,本章将对其月亮理论展开论述。

3.1 《永恒天体运行表》中的月亮理论

与太阳理论的情况类似,在探讨《天步真原》中的月亮理论之前,本节将首先对其底本《永恒天体运行表》中的月亮理论进行分析,并讨论其与《天体运行论》中的月亮理论的联系与差异。

3.1.1 《永恒天体运行表》与《天体运行论》中的月亮经度模型

在《天体运行论》中,哥白尼重建了满足"匀速圆周运动"这一"完美原则"的月亮经度模型。如图 3.1(Swerdlow,Neugebauer,1984)[601],该模型包含两个小轮(一般也称之为"双轮模型"),其中 O 为地球,C_1 为月本轮圆心,C_1 围绕 O 逆时针匀速运动,半径为 $OC_1 = R = 10000$。以 C_1 为圆心、$r_1 = 1907$ 为半径,自 OC_1 延长线顺时针转过 $\bar{\alpha}$(月平远点角,即"自行")可得到次轮圆心 C_2。以 C_2 为圆心、$r_2 = 237$ 为半径,自 C_2B 逆时针转过 $2\bar{\eta}$(月距日平行的两倍)为月亮真实位置 P。按照哥白尼的算法,$\angle C_1OB$ 为月亮经度的第一项差,$\angle BOP$ 为第二项差,在已知 $\bar{\alpha}$ 和 $2\bar{\eta}$ 的条件下可以通过求解 OC_1B 和 OBP 两个三角形求出。第一、二项差之和为 $c = \angle C_1OP$,则月亮的地心视黄经为 $\lambda_m = \bar{\lambda}_s + \delta_P + \bar{\eta} + c$,其中 $\bar{\lambda}_s$ 为太阳平黄经,δ_P 为春分差。(Swerdlow,Neugebauer,1984)[225-230]

《永恒天体运行表》中"实在的新天体运行理论"第三节"月亮经度的真实运动及其新理论"(Nova & vera motus Lunæ Theoria in Longitudinem)介绍了月亮的经度模型,其中包含了月亮的四种运动:距日平均运动、远地点运动、心轮运动和平引修正轮运动。如图 3.2,A 为地球,$AO = e_1 = 10970$,为月亮轨道的平均偏心差,AP 为月亮远地点的平均位置。以 O 为圆心、$PO = e_2 = 2370$ 为半径,自 N 起逆时针沿小圆 NPM 转过 $2\bar{\eta}$(即"心行",其速率为月距日平行的两倍)为 M,即大圆 $BCDE$(半径为 $R = 100000$)的圆心。由几何关系可得,月亮轨道的真实偏心差为 $AM = e = \sqrt{e_1^2 + e_2^2 + 2e_1e_2\cos 2\bar{\eta}}$,$AMK$ 即为月亮远地点的真实位置,$\angle MAN$ 即为月亮心差。小圆 $FGHI$ 为平引修正轮,其半径为 $e' = 7000$,自 H 起顺时针匀速运行,其速率为月距日平行的四倍。(Lansbergi,1632)*Theoricae motvvm coelestium novae, & genuinae*: 5-6

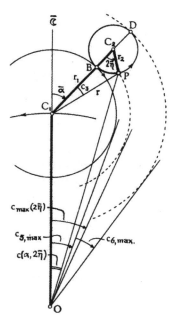

图 3.1 《天体运行论》中的月亮经度模型

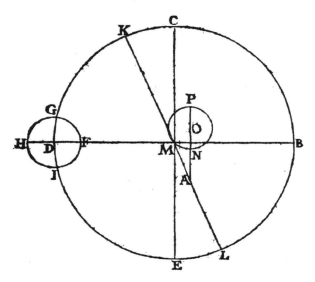

图 3.2 《永恒天体运行表》中的月亮经度模型

为了解释清楚月亮经度的算法,"实在的新天体运行理论"第四节"月亮视运动之例证"(Quomodo ex æqualibus Lunæ motibus datis, apparentes Lunæ motus demonstrentur)中列举了计算月亮经度的算例。兰斯伯格指出,该算例计算的是第谷的一次观测,其时间为公元1587年8月17日午时后19小时48分,换算成哥斯时间为午时后18小时33分,与《永恒天体运行表》历元之间的时间差为1586儒略年7个月16天又18小时33分(Lansbergi,1632)[Theoricae motvvm coelestivm novae, & genuinae : 6]。如图3.3,A为地球,Q为月亮,C为心轮圆心,E为大圆 $HGIK$ 的圆心。根据算例距历元时间差,可求得太阳平行为 $\bar{\lambda}_s = 155°36'2''$,月距日平行为 $\bar{\eta} = 295°3'1''$,月平引(即"自行")为 $\bar{\alpha} = \overset{\frown}{HL} = 47°4'4''$。心行为 $\overset{\frown}{BDE} = 2\bar{\eta} = 230°6'2''$,平引修正轮中的 ML 与 QE 平行,$\overset{\frown}{MNP} = 4\bar{\eta} = 100°12'4''$。由几何关系可得,月亮心差为 $\angle DAE = c_3 = \arcsin(e_2\sin 2\bar{\eta}/e) = -8°16'54''$,平引修正均度为 $c' = -\arcsin(e'\sin 4\bar{\eta}/R) = -\overset{\frown}{QL} = -3°57'$,月均度为 $\angle EQA = c = -\arctan\dfrac{e\sin\alpha}{R + e\cos\alpha} = -3°44'18''$,其中 $\alpha = \bar{\alpha} + c_3 + c'$ 为月亮真远点角。此时春分差 $\delta_P = 15'58''$,故月亮的地心视黄经为 $\lambda_m = \bar{\lambda}_s + \delta_P + \bar{\eta} + c = 87°10'43''$。(Lansbergi,1632)[Theoricae motvvm coelestivm novae, & genuinae : 7-8]

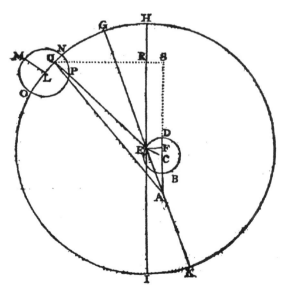

图3.3 《永恒天体运行表》中的月亮经度算例插图

虽然《永恒天体运行表》中的月亮经度模型是带有心轮的偏心圆,并非"双轮模型",但由于偏心圆与本轮-均轮等价,且心轮的作用亦相等于本轮上再加一小轮,故两者本质上是等效的。实际上,与哥白尼的月亮经度模型相比,兰斯伯格模型最重要的差别就是增加了一个修正轮来调整月平引。这个小轮对月平引的修正最大为$4°1'10''$(Lansbergi,1632)$^{Theoricae\ motuvm\ coelestivm\ novae,\&\ genuinae:5}$,其对月均度的影响可达到十几角分,因此,这个小轮的作用不容忽视。此外,《永恒天体运行表》中月亮模型的参数也与《天体运行论》基本相同。如表3.1所示,两者差别其实并不大,尤其平均偏心差、心轮半径等几何参数,《永恒天体运行表》完全沿袭了《天体运行论》中的数据。这些都可以说明,兰斯伯格的月亮理论完全是以《天体运行论》中的月亮理论为基础的。

表3.1 《天体运行论》与《永恒天体运行表》中的月亮模型参数比较

参　数	《天体运行论》	《永恒天体运行表》
距日平行每日行度	$12°11'26''41'''31''''$	$12°11'26''41'''27''''30^v10^{vi}$
心行每日行度	$24°22'53''23'''2''''$	$24°22'53''22'''55''''0^v20^{vi}$
高行每日行度	$6'41''4'''38''''$ *	$6'41''3'''57''''56^v24^{vi}$
交行每日行度	$13°13'45''39'''22''''$	$13°13'45''39'''30''''46^v29^{vi}$
大圆半径 R	10000	100000
平均偏心差 e_1	1097	10970
心轮半径 e_2	237	2370
平引修正轮半径 e'	无	7000

*《天体运行论》中并未直接给出月亮远地点的平行速度,此处数值为笔者根据《天体运行论》中月亮其他平行数据换算而来。

兰斯伯格为何要增加一个修正轮来调整月平引,目前尚不得知。不过,就月亮黄经的精度而言,这一调整其实并不成功。如图3.4,通过模拟计算16世纪的月亮位置发现[①],《天体运行论》计算月亮黄经的误差也不稳定,与其计算太阳黄经的误差类似[②],同样是在逐渐减小。事实上,到1600年时,《天体运行论》计算月亮黄经的平均误差已经比1500年相差了约$29'$!值得

[①] 此处根据《天体运行论》编程模拟计算求出1500年1月1日克拉科夫时间子夜0点之后100年的月亮位置,时间间隔取每10日计算一个数据。下文模拟计算1500—1600年月亮黄纬的情况相同,后不赘述。

[②] 详见本书2.1.2小节。

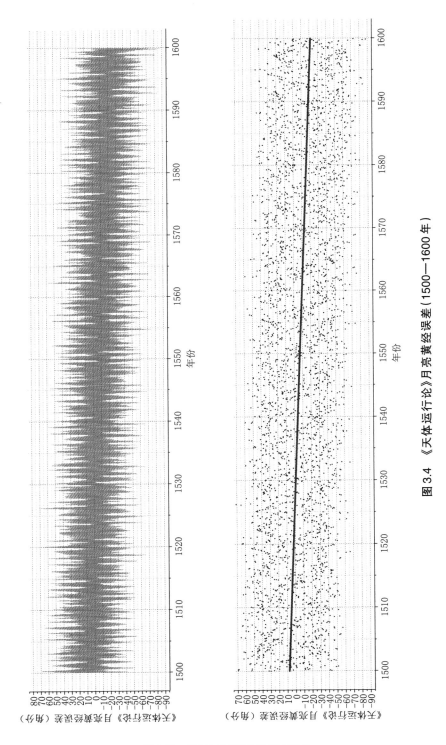

图3.4 《天体运行论》月亮黄经误差（1500—1600年）

注意的是，在整个16世纪，《天体运行论》中的春分差减小了约24′，不难发现两者基本吻合。由此可见，造成《天体运行论》计算月亮黄经误差不稳定的主要原因仍然是春分差。由图3.4还可以发现，《天体运行论》计算月亮黄经的平均误差在1525年左右接近于0，这可能与哥白尼对月亮经度的观测主要集中在这段时间有关①。不过，如果只考虑较短一段时间，《天体运行论》计算月亮黄经的精度还是比较不错的。如图3.5，模拟计算1500—1510年的月亮位置发现②，《天体运行论》计算月亮黄经的误差在−60′～70′之间，误差平均值为6.04605′，误差绝对平均值为27.17826′。应该说，哥白尼月亮黄经理论的精确性已经比较不错了。

那么，《永恒天体运行表》的月亮黄经理论精度如何呢？如图3.6，通过模拟计算17世纪的月亮位置发现③，《永恒天体运行表》计算月亮黄经的误差同样会受到春分差的影响。如图3.7，《永恒天体运行表》计算17世纪上半叶的月亮黄经误差比较平稳，基本保持在−82′～92′，误差平均值为1.73783′，平均绝对值为28.82957′。事实上，兰斯伯格理论中的春分差在这段时间也基本是保持不变的④。如图3.8，到了17世纪下半叶，《永恒天体运行表》计算月亮黄经的误差则开始下滑，其下降幅度约为17′，而春分差在这段时间减小了约14′⑤，可见两者基本相同。如果只考虑17世纪上半叶中较短的一段时间，《永恒天体运行表》月亮黄经的精度还是可以略有提升的。如图3.9，模拟计算1630—1640年的月亮位置发现⑥，《永恒天体运行表》计算月亮黄经的误差在−71′～83′，误差平均值为0.7863′，误差绝对平均值为28.79293′。与《天体运行论》相比，《永恒天体运行表》计算月亮黄经的平均误差更小一些，但其误差幅度却比《天体运行论》要大10余角分。如前所述，兰斯伯格所增加

---

① 哥白尼介绍月亮的经度模型时曾提到他观测的三次月食，这三次月食分别出现在1511年、1522年与1523年（哥白尼，2005）[136]。

② 此处根据《天体运行论》编程模拟计算求出1500年1月1日克拉科夫时间子夜0点之后10年的月亮位置，时间间隔取每10日计算一个数据。下文模拟计算1500—1510年月亮黄纬的情况相同，后不赘述。

③ 此处根据《永恒天体运行表》编程模拟计算求出1600年1月1日哥斯时间子夜0点之后100年的月亮黄经，时间间隔取每10日计算一个数据。下文模拟计算1600—1700年月亮黄纬的情况相同，后不赘述。

④⑤ 详见本书2.1.2小节。

⑥ 此处根据《永恒天体运行表》编程模拟计算求出1630年1月1日哥斯时间子夜0点之后10年的月亮黄经，时间间隔取每10日计算一个数据。下文模拟计算1630—1640年月亮黄纬的情况相同，后不赘述。

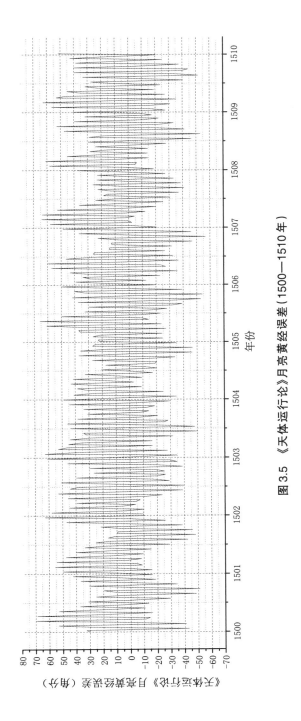

图 3.5 《天体运行论》月亮黄经误差（1500—1510 年）

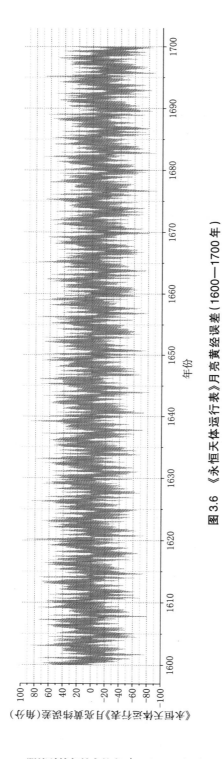

图 3.6 《永恒天体运行表》月亮黄经误差（1600—1700 年）

　　明清科技与社会丛书 ｜ 会通历学：薛凤祚历法工作研究

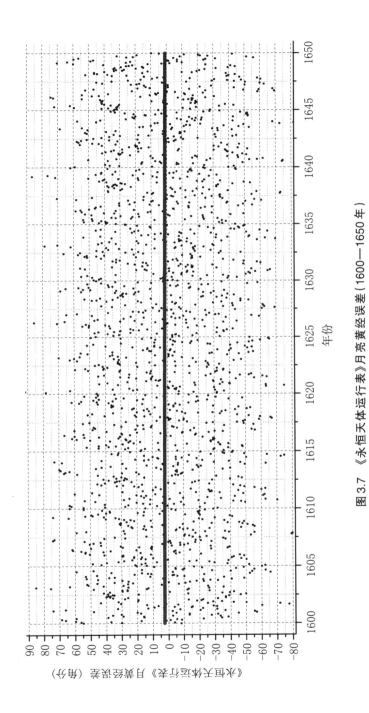

图 3.7 《永恒天体运行表》月亮黄经误差（1600—1650 年）

第 3 章 《天步真原》中的月亮理论

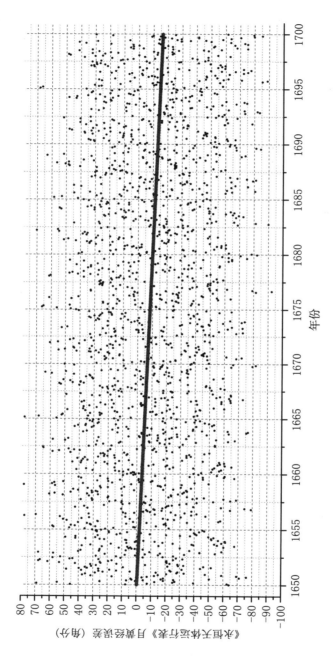

图 3.8 《永恒天体运行表》月亮黄经误差 (1650—1700 年)

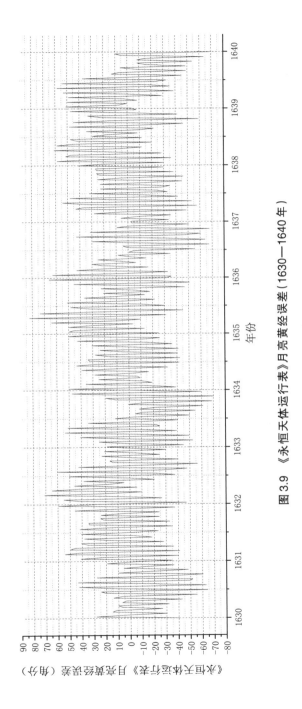

图 3.9 《永恒天体运行表》月亮黄经误差（1630—1640 年）

的月平引修正轮带来的影响基本就是这么多。因此,《永恒天体运行表》月亮黄经误差的幅度比《天体运行论》更大,应是由月平引修正轮所产生的。可见,兰斯伯格通过修正哥白尼的春分差理论[①],使《永恒天体运行表》计算出的月亮黄经在17世纪上半叶平均误差接近于0,但这种情况到17世纪下半叶便宣告结束。

综上所述,《永恒天体运行表》中的月亮经度理论与《天体运行论》关系密切,两者从模型到参数差别都不大,唯一比较明显的区别是兰斯伯格增加的月平引修正轮。不过,就精度而言,《永恒天体运行表》并不比《天体运行论》更精确,实际上兰斯伯格的调整反而使月亮黄经误差的幅度变得更大。

3.1.2 《永恒天体运行表》与《天体运行论》中的月亮纬度模型

如图 3.10(Swerdlow,Neugebauer,1984)[602],《天体运行论》中的月亮纬度模型比较简单,O 为地球,P 为月亮,白道与黄道的夹角为固定值 $\iota=5°$,月距白道北限为 $\angle NOP = \omega = \bar{\omega} + c$,则月亮黄纬为 $\beta = \arcsin(\sin\iota \cos\omega)$。(Swerdlow,Neugebauer,1984)[229]

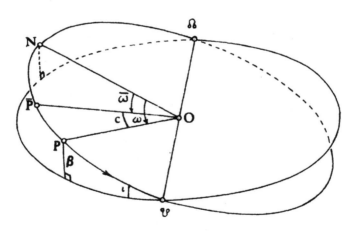

图 3.10 《天体运行论》中的月亮纬度模型

《永恒天体运行表》中"实在的新天体运行理论"第五节"月亮纬度的真实运动及其新理论"(Nova & vera motus Lunæ Theoria in Latitudinem)介绍了月亮的纬度模型,如图 3.11(a),A 为地球,圆 $EBCD$ 为黄道、圆 $EFCG$ 为白

---

① 详见本书 2.1.2 小节。

道,月亮在白道上逆时针运动,E 为升交点、C 为降交点。由于第谷发现了黄白交角并非固定值(Neugebauer,1975)[1111],因此,兰斯伯格的月亮纬度模型中也考虑了这一点。如图3.11(b),A 为地球,BC 为黄道,朔望时黄白交角最小,即图中 $\overset{\frown}{BE}=5°0'$,两弦时黄白交角达到最大,即图中 $\overset{\frown}{BD}=5°16'$。其余时间的黄白交角大小可由圆 $DHEK$ 来计算,由 E 起顺时针转过 $2\bar{\eta}$ 即为白道所在平面。然后,由月距升交点的距离可确定月亮在白道上的位置,再由几何关系便可求出月亮黄纬。(Lansbergi,1632)*Theoricae motvvm coelestivm novae, & genuinae : 8–9*

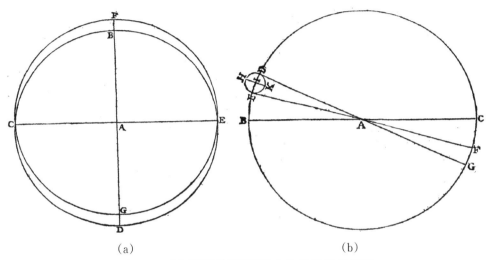

（a）   （b）

图3.11　《永恒天体运行表》中的月亮纬度模型

　　"实在的新天体运行理论"第六节"月亮纬度视运动之例证"(Quomodo apparens Lunæ Latitudo ex æqualibus Motibus datis ostendatur)列举了计算月亮纬度的实例。如图3.12,A 为地球,BC 为黄道,EF 为朔望时白道所在位置,NM 为白道的真实位置。由于该算例与前面月亮经度算例时间相同,故两倍月距日平行 $2\bar{\eta}=230°6'2''$,即 $\overset{\frown}{FKGM}$,因此,此时黄白交角为 $\overset{\frown}{BN}=5°13'6''$。根据算例距历元时间差,可求得月距白道北限平行为 $\bar{\omega}=180°35'9''$,则月距白道北限实行 $\omega=\bar{\omega}+c=176°50'51''$。由此可得,此时月亮黄纬为 $\beta=\arcsin(\sin\iota\cos\omega)=-5°12'37''$。(Lansbergi,1632)*Theoricae motvvm coelestivm novae, & genuinae : 9–11*

　　事实上,《天体运行论》计算月亮黄纬的精度其实也比较精确。如图3.13,模拟计算16世纪的月亮位置发现,《天体运行论》计算月亮黄纬的误差比较稳定,基本保持在±16′之间,误差平均值为0.01512′,误差绝对平均值为5.24846′。如果只考虑较短一段时间,《天体运行论》月亮黄纬的精度也基本没有差别。如图3.14,模拟计算1500—1510年的月亮位置发现,《天体运行论》计算月亮黄纬的误差基本保持在−14′~15′,误差平均值和绝对平均值分别为0.16115′和5.2864′。

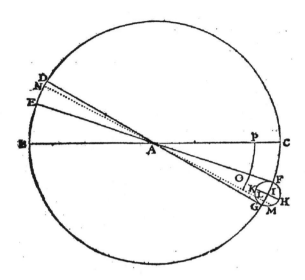

图3.12 《永恒天体运行表》中的月亮纬度算例插图

尽管兰斯伯格吸收了第谷的发现,但《永恒天体运行表》月亮黄纬的精度并没有明显比《天体运行论》精确。如图3.15,模拟计算17世纪的月亮位置发现,《永恒天体运行表》计算月亮黄纬的误差也比较稳定,基本保持在±15′之间,误差平均值为0.00725′,误差绝对平均值为5.18084′。如果只考虑较短一段时间,《永恒天体运行表》月亮黄纬精度的差别也并不大。如图3.16,模拟计算1630—1640年的月亮位置发现,《永恒天体运行表》计算月亮黄纬的误差基本保持在−14′~15′,误差平均值和绝对平均值分别为−0.14921′和5.14818′。可见,《永恒天体运行表》计算月亮黄纬的误差比《天体运行论》略微要小一点。

综上所述,《永恒天体运行表》中的月亮纬度理论考虑了黄白交角的变化,比《天体运行论》中的月亮纬度模型更加接近月亮的真实运动。然而,《永恒天体运行表》月亮黄纬理论的精度并没有因此而明显提升,只是比《天体运行论》略微精确了一点。

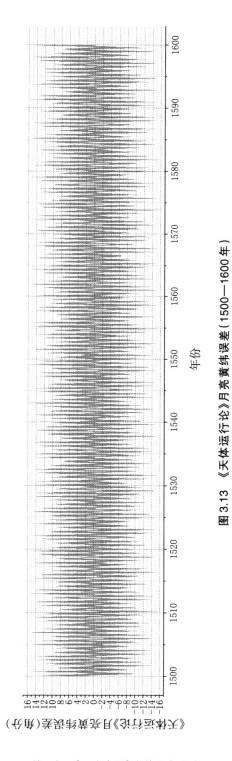

图 3.13 《天体运行论》月亮黄纬误差（1500—1600 年）

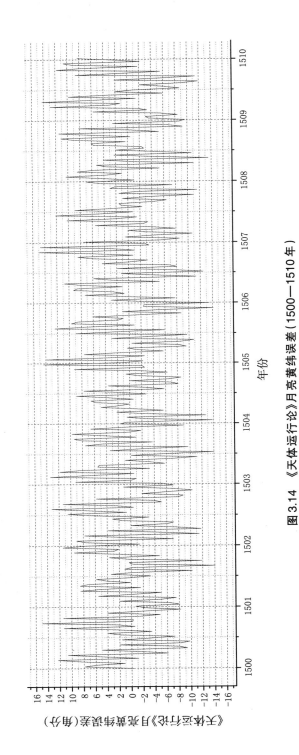

图 3.14 《天体运行论》月亮黄纬误差（1500—1510 年）

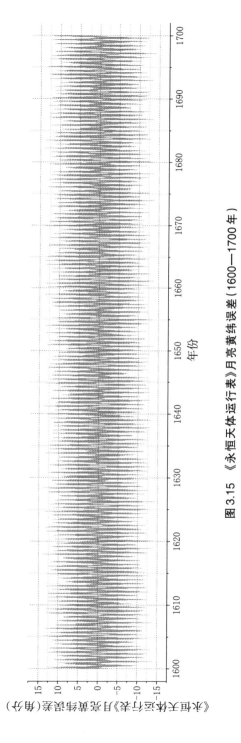

图 3.15 《永恒天体运行表》月亮黄纬误差 (1600—1700 年)

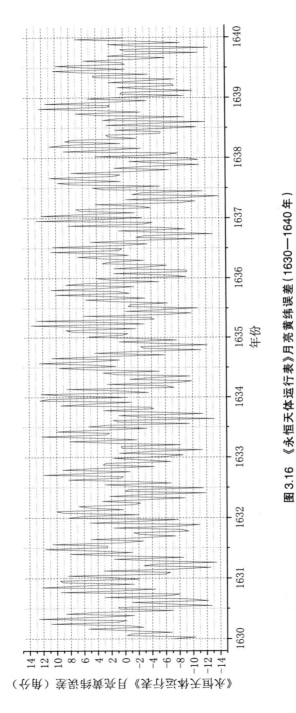

图 3.16 《永恒天体运行表》月亮黄纬误差（1630—1640 年）

3.2 《天步真原》中的月亮理论及其问题

  与太阳理论的情况类似,《天步真原》中的月亮理论主要集中在《太阳太阴部》,另外《历法部》中实际上也介绍了计算月亮运动的详细方法。

  《太阳太阴部》中的月亮理论大部分译自《永恒天体运行表》,其内容可分为五个部分。第一部分包括"月距日平行""月平行"和"月小圈有二"[①]三节,从整体上介绍了月亮经度的各种运动,译自《永恒天体运行表》中"实在的新天体运行理论"第三节。第二部分包括"月实行经度"[②]"求月实引数""求月加减均度""月实行"和"月最高行度",主要介绍了计算月亮黄经的算例,译自"实在的新天体运行理论"第四节。第三部分包括"求月纬正交度""求月大纬距度"和"求月小纬距度"三节,整体介绍了月亮纬度的各种运动,译自"实在的新天体运行理论"第五节。第四部分包括"算纬度"[③]"求天首经度"和"求月纬离黄道"三节,主要介绍了计算月亮黄纬的算例,译自"实在的新天体运行理论"第六节。第五部分包括"测月平行度"和"测月纬行度"两节,简要介绍了测算月亮运动的方法,这部分内容是《永恒天体运行表》中没有的[④]。

  另外,《历法部》的"步气朔"中也详细介绍了月亮经度各种运动的平行速度及其历元初始值。"求月朔"与"求定望"分别计算了"庚寅年顺治七年十月初一"日月实会与"癸巳年七月十六"日月实望,其中计算月亮运动的内容亦可算作月亮理论的算例。此外,《历法部》中计算日月食的部分也包含计算月亮运动的内容。可见,《天步真原》中有关月亮理论的内容其实也还是比较充实的。

  由于《天步真原》中的月亮理论与《永恒天体运行表》基本无异,因此本

---

  ① 《天步真原·太阳太阴部》的目录中并未出现此节标题。

  ② 《天步真原·太阳太阴部》的目录中此节标题为"月实行经度图"。与之类似,"求月实引数"和"求月纬正交度"在目录中分别为"月实引数"和"月纬正交度",后不赘述。

  ③ 《天步真原·太阳太阴部》的目录中未出现此节标题。

  ④ 该部分内容比较简略,且与月亮理论的其他部分关系不大,故本书对这些内容不做过多探讨。

节分析《天步真原》月亮理论时将重点讨论其中的文本问题,而不再重复介绍其中的月亮模型与算例。从篇幅来看,《天步真原》对月亮理论的介绍可谓翔实,然而,与太阳理论的情况类似,《天步真原》中的月亮理论同样充满各种问题。实际上,《天步真原》的月亮理论在文本与插图上都存在着一些错误。图3.17为《太阳太阴部》中的月亮经度模型,与图3.2比较可发现,两者基本相同。不过,图3.17中的圆戊丑辛壬不是很清楚,尤其壬、亥、巳等点分别是在什么位置都比较含糊,而在图3.2中圆 NPM 的位置则非常明确。此外,在介绍月亮经度模型时,《天步真原》还弄错了一些关键数据。例如,"月距日平行"中提到"癸辛一三三四〇〇"(薛凤祚,2008)[447],对比《永恒天体运行表》可知该数值应为13340(Lansbergi,1632)*Theoricae motvvm coelestivm novae,& genuinae*:5。再如,"月小圈有二"中提到"壬巳通弦一〇〇〇〇"(薛凤祚,2008)[447],对比《永恒天体运行表》可知该数值应为100000(Lansbergi,1632)*Theoricae motvvm coelestivm novae,& genuinae*:5;不仅如此,事实上,《太阳太阴部》月亮理论中所有提到通弦全数的地方,全部都少写了一个"〇"。另外,《天步真原》中所使用的天文术语往往也会出现一些问题。例如,"月小圈有二"中谈到子辰丑寅圈(即月平引修正轮)的运动时,言"其平行较月自行加4倍"(薛凤祚,2008)[447]。对比《永恒天体运行表》发现,此行度其实应为月距日平行的四倍。而"月自行"则是指月亮相对其轨道远地点的运动,《历法部》"步气朔"中曾明确说明"月自行一日行一十三度〇三分五十三秒五十七微一四"(薛凤祚,2008)[413],按此速率换算其周期即为近点月。可见,《天步真原》这里描述月平引修正轮运动时使用的名词出现了偏差。除此之外,虽然《天步真原》在介绍小轮的运动时说明了其运动方向(即"顺行"或"逆行"),但关于这些运动的起始位置,却都没有明确解释,这也是《天步真原》文字表述中的一大弊病。

《太阳太阴部》介绍月亮经度算例的内容同样存在一些问题。例如,"求月实引数"中提到"申酉变六八九八"(薛凤祚,2008)[448],其实应为6889(Lansbergi,1632)*Theoricae motvvm coelestivm novae,& genuinae*:7。再如,"月最高行度"中提到的"一率癸庚一二四九""四率癸角切线一四五五"(薛凤祚,2008)[449],其实应该分别为12490和14555(Lansbergi,1632)*Theoricae motvvm coelestivm novae,& genuinae*:7-8。此外,与太阳算例的情况①类似,《太阳太阴部》介绍月亮经度算例时同样没有交代该算例所在时间与历元之间的时间差。因此,读者必然同样无法理解"月离日平行四周纪五十五度三分一秒""月平最高行四十七度四分四秒为平引"等数据

---

① 详见本书2.2节。

是如何计算的。另外,"求月实引数"中提到的"月平最高行"实际上就是指月平引(即月自行),虽然该运动是指月亮相对于最高点(即远地点)的平均运动,但在《天步真原》这里翻译成"月平最高行"很容易使读者将之误解为月亮远地点的运动,因此,这个词汇的使用不太合适。《太阳太阴部》介绍月亮纬度算例的插图(图3.18)也存在问题,与图3.12对比可发现,卯丁与子辰两条线其实是有一定距离的,并非接近重合。

如本书2.2节所述,《天步真原》所使用哥斯时间与北京时间之间的时区差误差约10分钟,那么,《天步真原》计算月亮位置的精度如何呢? 如图3.19,《天步真原》计算17世纪的月亮黄经[①]误差在−89′~96′,与《永恒天体运行表》月亮黄经精度(−93′~92′)差别不大。《天步真原》月亮黄经平均误差为2.2626′,比《永恒天体运行表》的平均误差−3.31664′略优。计算同一时期的月亮黄纬,则《天步真原》误差在±15′之间(图3.20),平均误差为0.00556′,亦与《永恒天体运行表》精度相当。

相比之下,《西洋新法历书》的月亮理论则要精确得多,其误差大约只有《天步真原》的三分之一。如图3.21,《西洋新法历书》计算1627—1727年的月亮黄经[②]误差在−44′~31′,且大部分时候均在在−35′~25′。《西洋新法历书》月亮黄经的平均误差为−3.25396′,平均绝对值误差为9.51875′,显然比《天体运行论》《永恒天体运行表》以及《天步真原》都要精确。至于月亮黄纬的精度,《西洋新法历书》同样更胜一筹。如图3.22,《西洋新法历书》计算同一时期月亮黄纬的误差在−5.2′~4.8′,平均误差只有−0.00061′,平均绝对值误差为1.48184′。可见,第谷及其弟子隆格蒙塔努斯对月亮理论的发展确实贡献卓著,因此《西洋新法历书》才能够在月亮理论上遥遥领先于《天步真原》。[③]

---

① 此处根据《天步真原》编程模拟计算求出1600年1月1日北京时间子夜0点之后100年的月亮黄经,时间间隔取每10日计算一个数据。下文模拟计算1600—1700年月亮黄纬的情况相同,后不赘述。

② 此处根据《西洋新法历书》编程模拟计算求出1627年12月22日冬至北京时间子夜0点之后100年的月亮黄经,时间间隔取每10日计算一个数据。下文模拟计算1627—1727年月亮黄纬的情况相同,后不赘述。

③ 关于第谷与隆格蒙塔努斯对月亮理论的贡献以及《西洋新法历书》月亮理论的详细分析与讨论,参见相关文献(褚龙飞、石云里,2013)。

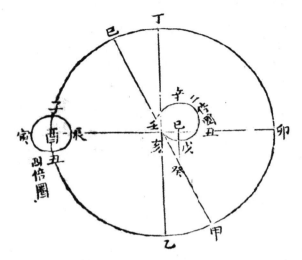

图3.17 《天步真原·太阳太阴部》中的月亮经度模型

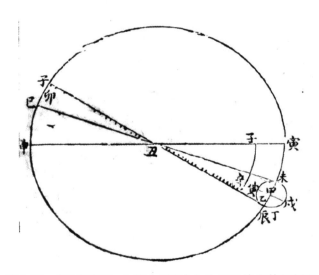

图3.18 《天步真原·太阳太阴部》中的月亮纬度算例插图

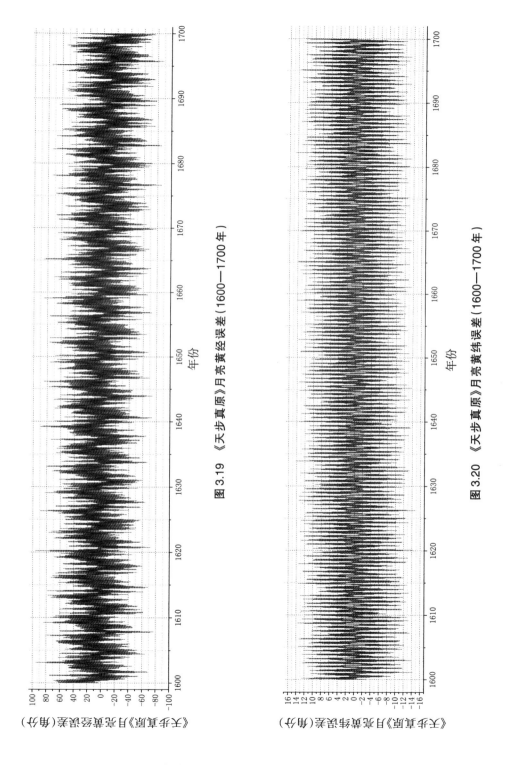

图 3.19 《天步真原》月亮黄经误差（1600—1700 年）

图 3.20 《天步真原》月亮黄纬误差（1600—1700 年）

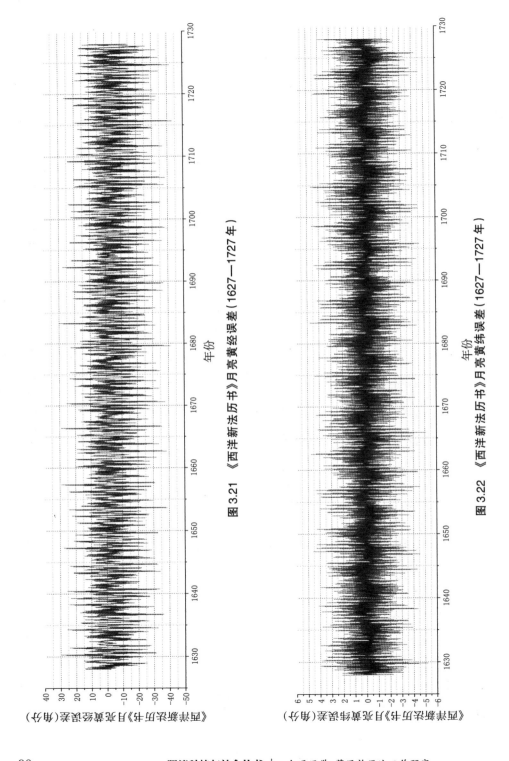

图 3.21 《西洋新法历书》月亮黄经误差（1627—1727 年）

图 3.22 《西洋新法历书》月亮黄纬误差（1627—1727 年）

3.3　薛凤祚对月亮理论的调整

薛凤祚在《历学会通》中对月亮理论也进行了一些调整。在《历学会通》中，月亮理论主要集中在《正集》第三卷《太阳太阴经纬法原》与第七卷《太阳太阴并四余》，第十一卷《辨诸法异同》中也包含一些与月亮理论相关的内容。

虽然《历学会通·太阳太阴经纬法原》中的月亮理论与《天步真原·太阳太阴部》本质上相同，但两者也还是存在着一定的差异。除了角度与时刻的数据被换算成百分制、百刻制之外[①]，《历学会通·太阳太阴经纬法原》中少了"测月平行度"一节，且在目录中出现了"月小圈有二"的标题（薛凤祚，1993）[685]。

在《正集·太阳太阴并四余》中，薛凤祚提出了自己"会通"过后的月亮理论。与太阳理论的情况类似，薛凤祚在月亮理论中使用了"闰余""天正经朔"以及"度应"等中国传统天文学名词，使之完全回归为中国传统历法的形式。"闰余"为历元与其所在月平朔之间相差的日数及分，"天正经朔"为"气应"与"闰余"之差，即历元所在月平朔与之前甲子日相差的日数及分。（张培瑜等，2008）[651]《正集·太阳太阴并四余》"天正经朔及闰余分"中指出：

> 乙未天正经朔一十七日七十四刻〇三八四四七，闰余二十三日〇十七刻六十七分〇二。乙未冬至实测四十〇日八十一刻六十七分六九，新法月策一十七日九十二刻〇六分二二，减中差十八分〇五五五，为十七日七十四分〇〇六七，减之得闰余二十三日〇十七刻六七〇二。（薛凤祚，1993）[746]

这段文字说明"会通中法"历元所在月的平朔在甲子日后 17.74038487 日，历元与其所在月的平朔相距 23.076702 日。不过，仔细推敲这段文字发现，其中的计算过程比较混乱。就这段文字所要表达的内容而言，正确的计

---

① 与《历学会通·正集》太阳理论的情况类似，薛凤祚似乎没有发现《天步真原》中的数据存在错误，而只是把错误的角度与时刻数据换算成百分制或百刻制，并未修改其数值。

算过程应该是这样的:按《天步真原》计算乙未冬至时刻月距日平行应为285.2117544°,将其换算为时间则为23.39575605日[①],该数值减去所谓"中差"0.319445日[②]即为闰余23.07631105日。气应40.816769减去闰余23.07631105日,即为天正经朔17.74045795日。可见,薛凤祚计算出的"天正经朔"与"闰余"数值都还比较准确,但其计算过程却实在无法让人理解。尤其其中所言"中差十八分〇五五五",与该卷其他部分提到的中差数值明显矛盾:在"月转终立成"和"交终立成"两节中,中差均为"三十一刻九四四五"(薛凤祚,1993)[750、752]。值得注意的是,31.9445刻与18.0555刻相加刚好等于50刻,即半日。或许薛凤祚在计算时出现了讹误,才导致中差数值前后不一。

在介绍完天正经朔与闰余后,薛凤祚讨论了朔望月的长度,并指出其值应为29.5305926116日(薛凤祚,1993)[746],与《天步真原》中的29.5305927894日仅差约0.015秒。然后,薛凤祚开始介绍月亮的各种运动,依次为月距日平行、月自行与月交行。与太阳理论的情况类似,薛凤祚还列出了这些运动经历一个"朔策"(即"月策")或"望策"甚至"弦策"或"平年""半年"等固定周期时所运行的行度。另外,薛凤祚还将月自行改名为"月转迟疾"。如图3.23(薛凤祚,[1664a]),在介绍每种平均运动时,薛凤祚列出了该运动的"历应""度应"等参数,并在其后分别列出了与之相关的平行表及均数表,且平行表也被命名为"立成"。除此之外,月亮理论中的所有角度也全部被换算为从冬至点起算。(薛凤祚,1993)[747-751]

然而,"会通中法"月亮理论各种平均运动的"度应"并非按照哥斯时间算得,而是换算到中国的数值,这一点与太阳理论的情况完全不同。在"月转终立成"和"交终立成"两节的最后,都有将数据换算到中国的数值的计算步骤。例如,在描述如何计算月自行的"度应"时,薛凤祚谈道:

> 《真原》根日至乙未冬至乙巳,积日六十万四千四百六十七日,行七百八十九万七千三百五十三度六十三分八七,除纪法得三十三度六十三分八七。加根数二百一十三度九十五分八〇,为二百四十七度五九六七。

---

① 按《天步真原》的参数,月距日每日平行12.19074749249°,有285.2117544°÷12.19074749249°=23.39575605。

② 在《历学会通·正集》中,"中差"是指北京与哥斯之间的时区差。不过,薛凤祚在不同地方给出的数值却大相径庭:《正集》第六卷中提到燕京中差为"三十〇刻六十六分六十四秒",第七卷月亮理论中所言中差又大多为"三十一刻九四四五",而第十一卷中计算交食所用中差又为"一十八刻〇五五五"。若按《天步真原》所言两地时区差7ʰ20ᵐ计算,应为三十〇刻五十五分五十五秒。本书此处所用"中差"数值为薛凤祚在月亮理论中使用最多者。

加三十一刻六七六九，行四度一三八五八三，得二百五十一度七三五三，加九十得三百四十一度七三五三。减中差三十一刻九四四五行四度一七三五四一，得三百三十七度五六一七五九。(薛凤祚，1993)[750]

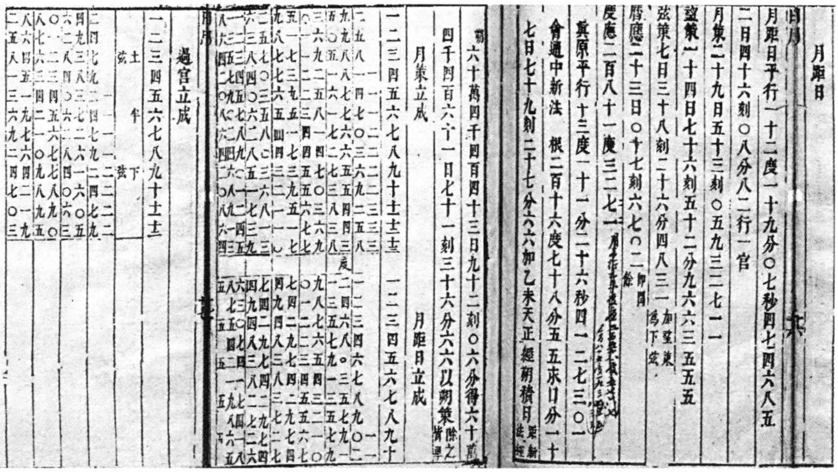

图3.23 《历学会通·正集·太阳太阴并四余》中的月距日平行及其历表

由这段文字可知，根据《天步真原》计算乙未冬至时刻月自行为251.7353°，换算成从冬至点起算需加90°，即为341.7353°。再减去中差（0.319445日）所对应的行度，即为月转迟疾的度应为337.561759°。与之类似，月交的度应也是这样计算而来的。虽然薛凤祚计算的度仍然存在一定误差，但最多不超过35″(表3.2)，对于月亮的运动而言，其影响非常微小。与之类似，月亮轨道偏心差以及月亮各种平均运动的速度等参数，在"会通中法"与《天步真原》中也都不存在明显差异。因此，"会通中法"与《天步真原》计算出的月亮位置基本不会有什么差别。

表3.2《历学会通·正集》月亮平均运动初始值计算误差

参　　数	《历学会通·正集》	《天步真原》	差值
月距日平行(月距日平行)	281.3271°	281.317481°	34.63″
月转迟疾(自行)	337.561759°	337.561358°	1.44″
交行(交行)	252.276653°	252.285947°	33.46″

注：因《历学会通·正集》与《天步真原》描述月亮各种运动所用名称不同，故笔者将两者并列于表中：括号前为《历学会通·正集》中的名称，括号内为《天步真原》中对应的名称。

第3章 《天步真原》中的月亮理论

虽然"会通中法"的日月理论历元同为1655年12月21.816769日冬至时刻,但两者其实并不相同:太阳理论中的度应都是按照哥斯时间计算的,而月亮理论中的度应则都是按照北京时间计算的。事实上,在"会通中法"中只有月亮理论中将度应换算到了北京时间,而太阳与五星理论中则没有这样做。为何薛凤祚会对月亮理论进行特殊处理,其中缘由尚待查明。值得注意的是,在有些版本的《历学会通·正集》第七卷中,"交终立成"最后又多出一页第二十七页①。如图3.24(薛凤祚,[1664a]),右为常见的第二十七页,左为多出的那一页,两者内容互无关联,却均可与上页承接。多出的这一页中计算了乙未冬至子时与丑时的月交行度,但其计算过程却十分古怪,让人无法得其要领。(薛凤祚,2008)[122]此外,薛凤祚为何要计算乙未冬至子时与丑时的月交行度,这与将月亮理论的度应换算到中国时间是否存在关联?目前尚无法解答这些疑问。

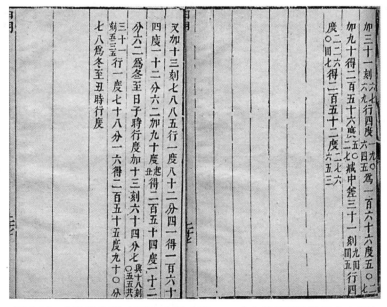

图3.24 《历学会通·正集·太阳太阴并四余》中的两页(第二十七页)

在"会通中法"月亮理论的最后,薛凤祚介绍了"四余"的运动。其中,月孛是月亮运动的远地点,罗睺、计都分别为月亮轨道的升、降交点,而紫气则无与其对应的天文学意义。笔者经过验算发现,"会通中法"中前三者的运

---

① 例如,北京大学图书馆藏清康熙刻本与美国国会图书馆藏清康熙刻本中均有此页。

动与《天步真原》并无实质差异,各项参数均基本无变化。至于紫气的运行,《天步真原》中并无此内容,或为薛凤祚根据中国传统历法推算而来。(薛凤祚,1993)[754-756]尽管《天步真原》确实可以计算"四余"中的三者,但显然对其并不重视,亦未专门讨论其运动。而在"会通中法"中,薛凤祚特意加入单独论述"四余"运动的内容,应主要是出于星占方面的考虑。

第4章 《天步真原》中的外行星理论

　　行星的视运动非常复杂,除了运行速度不均匀以外,还有很多其他奇怪的表现。有时这些行星会藏在太阳后面(即"上合"),有时则又重叠在太阳前面(即"下合"),有时会停止不前(即"留"),甚至向相反方向移动(即"逆行")。因此,如何确定行星的运动也一直是古代天文历法中的重要课题。不仅如此,由于天文历法中的行星模型还关系到宇宙体系的问题,所以,对行星运动的研究成为了推动天文学与力学发展的主要动力。鉴于行星理论的重要性,有必要对《天步真原》中的行星理论进行系统分析。不过,由于行星理论的内容比较多,故本书将其分为外行星与内行星两部分,分别在本章与下一章依次展开讨论。

4.1 《永恒天体运行表》中的外行星理论

与前两章类似,本节将首先讨论《永恒天体运行表》中的外行星理论,并探讨其与《天体运行论》中的外行星理论之间的关系。

4.1.1 《永恒天体运行表》与《天体运行论》中的外行星经度模型

《天体运行论》中哥白尼的外行星经度模型均为日心偏心圆与本轮–均轮叠加的模型。不过,值得注意的是,在哥白尼的体系中,行星运动的中心是平太阳,而非真太阳。如图 4.1(Swerdlow,Neugebauer,1984)[677],O 为地球,$\bar{S}$ 为太阳的平均位置(即平太阳),P 为外行星,A 为外行星轨道的远日点,M 为日心偏心圆的圆心,$\bar{S}M=e_1$,$PC=r'$,$O\bar{S}=r$。C 为外行星经度运动的中心(即本轮心),围绕 M 逆时针匀速运动,半径为 $MC=R=10000$。P 围绕 C 逆时

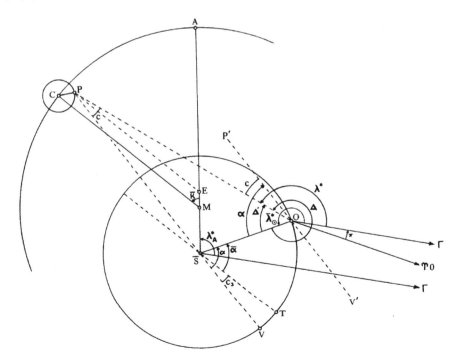

图 4.1 《天体运行论》中的外行星经度模型

针运动，$\angle PCM = \angle CMA = \bar{\kappa} = \bar{\lambda}_S - \bar{a} - \bar{\lambda}_A$，其中$\bar{\lambda}_S$为太阳平黄经，$\bar{a}$为外行星距日平行，$\bar{\lambda}_A$为外行星的远日点平黄经。由几何关系可求得外行星相对太阳的平实行差c_3，再根据地球的运动求得从日心换算到地心的均差c。那么，外行星的地心视黄经为$\lambda = \bar{\lambda}_S - \bar{a} + \delta_P + c_3 + c$，其中$\delta_P$为春分差。（Swerdlow，Neugebauer，1984）[452-453]

《永恒天体运行表》"实在的新天体运行理论"第九节"土木火三外行星经度的真实运动及其新理论"（Nova & vera motuum trium superiorum Planetarum, Saturni, Iovis, & Martis Theoria, in longitudinem）介绍了外行星的经度模型。如图4.2，该模型为带有心轮的日心偏心圆模型，其中A为太阳的平均位置，外行星在圆$FGHI$上逆时针运动，大圆$FGHI$的圆心E在小圆BDE上自B起逆时针运动，其速度为外行星平行与其远日点平行之差的两倍，地球在圆KL上运动。大圆$FGHI$半径为R，圆KL半径为r，AC为外行星轨道的平均偏心差e_1，BC为心轮半径r'。（Lansbergi，1632）[Theoricae motvvm coelestivm novae, & genuinae: 13–14]
然后，兰斯伯格在第十节"土木火三星视运动之例证"（Quomodo apparens motus Saturni, Iovis, & Martis, ex æqualibus datis demonstrentur）中分别列举了土木火三星经度的算例。其中，土星算例计算的是托勒密《至大论》第十一卷第七章中记载的一次古代观测记录（Lansbergi，1632）[Observationum astronomicarum thesaurus: 160]，

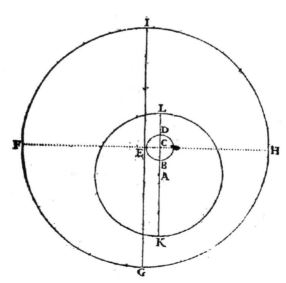

图4.2 《永恒天体运行表》中的外行星经度模型

其时间为纳波纳萨①（Nabonassar）即位后的第519年第5月（Tybi）②第22天午时后6小时（Lansbergi，1632）^{Theoricae motvvm coelestivm novae, & genuinae：14}，与纳波纳萨历元③相距518埃及年又141天6小时（按哥斯时间则为3小时40分钟）（Lansbergi，1632）^{Praecepta calcvli, motvvm coelestivm ex tabulis：43}。如图4.3，A为太阳的平均位置，M为太阳的视位置，K为土星，I为地球，O为土星远日点的平均位置，C为心轮圆心，E为大圆KOP的圆心。根据算例距历元时间差，可求得太阳平行为$\bar{\lambda}_S = 343°19'16''$，土星平行为$\bar{\lambda}=152°43'57''$，土星远日点平行为$\bar{\lambda}_A=226°3'47''$。土星平行减去土星远日点平行为平引$\overparen{OPK}=\bar{\kappa}=\bar{\lambda}-\bar{\lambda}_A=286°40'10''$，心轮行度为$\overparen{BDE}=2\bar{\kappa}=213°20'20''$。由几何关系可求得土星相对太阳的平实行差$\angle AKE=c_3=6°8'$，从日心换算到地心的均差$c = \angle IKA=-0°29.5'$。此时春分差$\delta_P=40'47''$，故土星的地心视黄经为$\lambda=\bar{\lambda}+c_3+c+\delta_P=159°3'14''$。（Lansbergi，1632）^{Theoricae motvvm coelestivm novae, & genuinae：14-15}

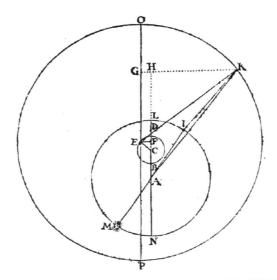

图4.3　《永恒天体运行表》中的土星经度算例插图

木星算例计算的是托勒密《至大论》第十一卷第三章中所记载的一次古代观测记录（Lansbergi，1632）^{Observationum astronomicarum thesaurus：163}，其时间为纳波纳萨即

---

① 纳波纳萨为古巴比伦国王，公元前747—前734年在位。

② 此处月份为古埃及历（Coptic calendar）中的第5月。

③ 在《永恒天体运行表》中，兰斯伯格还给出了日月五星各种运动以纳波纳萨元年为历元的初始值，后不赘述。

位后的第 507 年第 11 个月（Epephi）①第 17 天午时后 16 小时 40 分钟（Lansbergi，1632）^{Theoricae motvvm coelestivm novae, & genuinae : 16}，与纳波纳萨历元相距 506 埃及年又 316 天 16 小时 40 分钟（按哥斯时间则为 14 小时 20 分钟）（Lansbergi，1632）^{Praecepta calcvli, motvvm coelestivm ex tabulis : 44}。如图 4.4，A 为太阳的平均位置，M 为太阳的视位置，K 为木星，I 为地球，O 为木星远日点的平均位置，C 为心轮圆心，E 为大圆 KOP 的圆心。根据算例距历元时间差，可求得太阳平行为 $\bar{\lambda}_S$ = 159°6′50″，木星平行为 $\bar{\lambda}$ = 82°46′5″，木星远日点平行为 $\bar{\lambda}_A$ = 152°21′26″。木星平行减去木星远日点平行为平引 $\widehat{OPK}$ = $\bar{\kappa}$ = $\bar{\lambda}$ − $\bar{\lambda}_A$ = 290°24′39″，心轮行度为 $\widehat{BDE}$ = $2\bar{\kappa}$ = 220°49′18″。由几何关系可求得木星相对太阳的平实行差 $\angle AKE$ = c_3 = 4°49.5′，从日心换算到地心的均差 c = $\angle IKA$ = 9°15.5′。此时春分差 δ_P = 43′21″，故木星的地心视黄经为 λ = $\bar{\lambda}$ + c_3 + c + δ_P = 97°34′26″。（Lansbergi，1632）^{Theoricae motvvm coelestivm novae, & genuinae : 16—17}

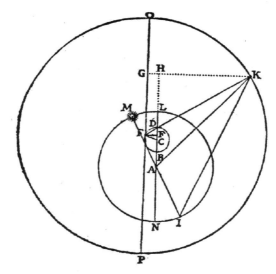

图 4.4　《永恒天体运行表》中的木星经度算例插图

火星算例计算的是托勒密《至大论》第十卷第九章中所记载的一次古代观测记录（Lansbergi，1632）^{Observationum astronomicarum thesaurus : 166}，其时间为纳波纳萨即位后的第 476 年第 3 个月（Athyr）②第 20 天午时后 18 小时（Lansbergi，

---

① 此处月份为古埃及历中的第 11 月。

② 此处月份为古埃及历中的第 3 月。

1632）*Theoricae motvvm coelestivm novae, & genuinae*: 17，与纳波纳萨历元相距 475 埃及年又 79 天 18 小时（按哥斯时间则为 15 小时 40 分钟）（Lansbergi，1632）*Praecepta calcvli, motvvm coelestivm ex tabulis*: 45。如图 4.5，A 为太阳的平均位置，M 为太阳的视位置，K 为火星，I 为地球，O 为火星远日点的平均位置，C 为心轮圆心，E 为大圆 KOP 的圆心。根据算例距历元时间差，可求得太阳平行为 $\overline{\lambda}_S=292°58'29''$，火星平行为 $\overline{\lambda}=182°32'18''$，火星远日点平行为 $\overline{\lambda}_A=103°51'55''$。火星平行减去火星远日点平行为平引 $\overset{\frown}{OK}=\overline{\kappa}=\overline{\lambda}-\overline{\lambda}_A=78°40'23''$，心轮行度为 $\overset{\frown}{BE}=2\overline{\kappa}=157°20'46''$。由几何关系可求得火星相对太阳的平实行差 $\angle AKE=c_3=-10°35'$，从日心换算到地心的均差 $c=\angle IKA=38°59.5'$。此时春分差 $\delta_P=50'2''$，故火星的地心视黄经为 $\lambda=\overline{\lambda}+c_3+c+\delta_P=211°46'50''$。（Lansbergi，1632）*Theoricae motvvm coelestivm novae, & genuinae*: 16-17

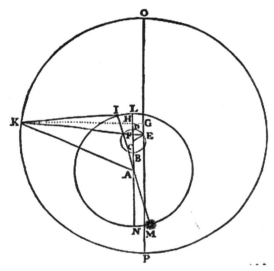

图 4.5　《永恒天体运行表》中的火星经度算例插图

　　由这三个算例可以看出，《永恒天体运行表》的外行星经度模型除了具体参数存在差别之外，本质上是相同的。与哥白尼的外行星经度模型相比，兰斯伯格虽然将外行星经度运动的本轮转换成为心轮，但两者实际上是等价的。如表 4.1，其实两种模型的参数也相差不大，尤其是平行每日行度、平均偏心差、心轮（本轮）半径等基本上完全相同。显然，《永恒天体运行表》外行星经度理论直接继承自《天体运行论》。值得注意的是，兰斯伯格将外行星经度模型中的平均偏心差与心轮（本轮）半径的比例调整为严格的 3∶1。

表 4.1 《天体运行论》与《永恒天体运行表》中的外行星经度模型参数比较

参　　数		《天体运行论》	《永恒天体运行表》
土星	平行每日行度	2′0″35‴32⁗	2′0″35‴22⁗46^{v}34^{vi}
	高行每日行度	14‴10⁗12^{v}*	12‴53⁗18^{v}50^{vi}
	大圆半径 R	10000	10000
	平均偏心差 e_1	854	855
	心轮（本轮）半径 r'	285	285
	地球轨道半径 r	1090	1007
木星	平行每日行度	4′59″15‴58⁗	4′59″15‴54⁗46^{v}23^{vi}
	高行每日行度	10‴13⁗30^{v}	9‴53⁗41^{v}3^{vi}
	大圆半径 R	10000	10000
	平均偏心差 e_1	687	687
	心轮（本轮）半径 r'	229	229
	地球轨道半径 r'	1916	1852
火星	平行每日行度	31′26″39‴15⁗	31′26″39‴28⁗13^{v}20^{vi}
	高行每日行度	12‴52⁗57^{v}**	13‴9⁗51^{v}4^{vi}
	大圆半径 R	10000	10000
	平均偏心差 e_1	1460	1455
	心轮（本轮）半径 r'	500	485
	地球轨道半径 r	6580	6586

*《天体运行论》中给出的土星远日点运动为相对恒星背景的速度，笔者将其换算成为相对平春分的速度。表中木星与火星远日点运动速度的情况类似，后不赘述。

** 在《天体运行论》中，哥白尼并没有说明火星远日点的运动是均匀的，因此他也没有给出火星远日点的历元位置。不过，这样便无法计算火星远日点的运动，所以，为了可以正常进行计算，使用哥白尼的理论时一般还是会假设火星远日点运动是均匀的。例如，莱茵霍尔德（Erasmus Reinhold，1511—1553 年）在《普鲁士星表》（*Prutenicae tabulae coelestium motuum*，1551）中就是按照火星远日点均匀运动来计算的。本书此处数值即按照火星远日点均匀运动的数据换算而来（Swerdlow，Neugebauer，1984）[363]。

不过，由于火星的运动比较复杂，兰斯伯格在实际计算火星位置的时候进行了一些修正。在《永恒天体运行表》"天体运动的计算规则"第十四节"火星在宝瓶、双鱼、白羊、金牛四宫时的运动修正"（De correctione motus Martis in Acronychiis，& circà Acronychias，quæ fiunt in Aquario，Piscibus，Ariete & Tauro）中，兰斯伯格介绍了他的火星修正理论。他指出，当火星位于宝瓶、双鱼、白羊、金牛四宫时，如果与地球的位置邻近，即与视太阳的位置相冲，则火星相对太阳的视经度要加上一个修正差。换言之，此时火星相对太阳的视黄经即为$\lambda' = \bar{\lambda}+c_3+c'+\delta_P$，而火星的地心视黄经则为$\lambda = \bar{\lambda}+c_3+c'+c+\delta_P$，其中$c'$为火星冲日修正差，可由专用历表计算。(Lansbergi，1632)[Praecepta calcvli, motvvm coelestivm ex tabulis: 46] 图4.6为计算火星冲日修正差所用的两个算表，由此两表可得，当火星位于春分点附近（双鱼宫末、白羊宫初），且与太阳相距约180°时，该修正差达到最大值1°7′。(Lansbergi，1632)[Tabulae Motvum Coelestium Perpetua: 128] 事实上，火星冲日修正差不仅直接加到火星的黄经上，而且还会影响从日心换算到地心的均差c，其对火星经度的影响不可小觑。例如，在“火星在宝瓶、双鱼、白羊、金牛四宫时的运动修正”列举的算例中火星地心视黄经修正前为339°1′23″，修正后则变成

128 P. LANSBERGI

Prosthaphæreſes Longitudinis Centricæ Martis in Acronychiis.

Sig. grad.	♑ Adde. gr.	♑ Adde. ′	♒ Adde. gr.	♒ Adde. ′	♓ Adde. gr.	♓ Adde. ′	♈ Adde. gr.	♈ Adde. ′	♉ Adde. gr.	♉ Adde. ′	♊ Adde. gr.	♊ Adde. ′
0	0	0	0	27	0	53	1	7	1	1	0	38
1	0	0	0	28	0	54	1	7	1	0	0	36
2	0	0	0	29	0	54	1	7	1	0	0	35
3	0	0	0	30	0	55	1	7	0	59	0	34
4	0	0	0	31	0	55	1	7	0	59	0	33
5	0	0	0	33	0	56	1	7	0	58	0	32
6	0	0	0	34	0	56	1	7	0	57	0	31
7	0	1	0	35	0	57	1	7	0	56	0	30
8	0	2	0	36	0	57	1	7	0	56	0	29
9	0	3	0	37	0	58	1	7	0	55	0	28
10	0	4	0	38	0	58	1	6	0	55	0	27
11	0	5	0	39	0	59	1	6	0	54	0	26
12	0	6	0	40	0	59	1	6	0	53	0	25
13	0	7	0	41	1	0	1	6	0	53	0	24
14	0	8	0	42	1	0	1	6	0	52	0	23
15	0	9	0	42	1	1	1	6	0	52	0	22
16	0	11	0	43	1	1	1	6	0	51	0	21
17	0	12	0	43	1	2	1	6	0	51	0	20
18	0	13	0	44	1	2	1	6	0	50	0	19
19	0	14	0	44	1	3	1	5	0	50	0	18
20	0	15	0	45	1	3	1	5	0	49	0	17
21	0	16	0	46	1	4	1	5	0	48	0	16
22	0	17	0	47	1	4	1	4	0	47	0	15
23	0	18	0	47	1	5	1	4	0	45	0	14
24	0	19	0	48	1	5	1	4	0	44	0	12
25	0	20	0	49	1	6	1	3	0	43	0	10
26	0	22	0	50	1	6	1	3	0	42	0	8
27	0	23	0	51	1	7	1	3	0	41	0	6
28	0	24	0	52	1	7	1	2	0	40	0	4
29	0	25	0	53	1	7	1	2	0	39	0	2
30	0	27	0	53	1	7	1	1	0	38	0	0

Scrupula proportionalia competentia Anomaliæ Orbis.

Anom. Orbis. Sex.	Anom. Orbis. gr.	ſcr. prop. ′	Anom. Orbis. Sex.	Anom. Orbis. gr.	Anom. Orbis. Sex.	Anom. Orbis. gr.	ſcr. prop. ′	Anom. Orbis. Sex.	Anom. Orbis. gr.
2	15	0	3	45	2	45	52	3	15
2	16	2	3	44	2	46	53	3	14
2	17	4	3	43	2	47	54	3	13
2	18	6	3	42	2	48	55	3	12
2	19	8	3	41	2	49	55	3	11
2	20	10	3	40	2	50	56	3	10
2	21	12	3	39	2	51	57	3	9
2	22	14	3	38	2	52	58	3	8
2	23	16	3	37	2	53	58	3	7
2	24	18	3	36	2	54	59	3	6
2	25	20	3	35	2	55	59	3	5
2	26	22	3	34	2	56	59	3	4
2	27	24	3	33	2	57	59	3	3
2	28	26	3	32	2	58	60	3	2
2	29	28	3	31	2	59	60	3	1
2	30	30	3	30	3	0	60	3	0
2	31	32	3	29					
2	32	33	3	28					
2	33	35	3	27					
2	34	37	3	26					
2	35	39	3	25					
2	36	40	3	24					
2	37	41	3	23					
2	38	43	3	22					
2	39	44	3	21					
2	40	45	3	20					
2	41	46	3	19					
2	42	48	3	18					
2	43	50	3	17					
2	44	51	3	16					

Loca apparentia Martis; quando motu eccentrico in Leone verſatur, à ſexto gradu, in Virginis initium, ſunt anteriora ſcrupulis primis 9′: in principio Scorpij, ſcrupulis 12′; & in principio Sagittarij ſcrupulis 8′.

图4.6 《永恒天体运行表》中的火星冲日修正差表

342°37′32″，两者竟相差 3°30′以上。(Lansbergi, 1632) *Praecepta calcvli, motvvm coelestivm ex tabulis*: 46–47

除此之外，兰斯伯格还对火星理论进行了一项微调：当火星位于狮子宫 6°到室女宫 1°时，火星的经度加 9′；位于天蝎宫初，加 12′；位于人马宫初，则加 8′。图 4.6 中历表下面的那段文字，其实就是在解释该项调整。(Lansbergi, 1632) *Tabulae Motvvm Coelestium Perpetua*: 128 可见，兰斯伯格在火星经度理论上耗费的精力远比土、木二星要多，虽然他的外行星经度理论整体上与哥白尼的非常相似，但他的火星理论表明，他确实花了相当大的功夫来改进哥白尼的理论。

就精度而言，《永恒天体运行表》的外行星经度理论整体上确实比《天体运行论》要更好。如图 4.7，通过模拟计算 16 世纪的土星位置发现[①]，《天体运行论》计算土星黄经的误差大部分在 −50′～40′，其最小值为 −50.03869′，最大值为 45.17109′，误差平均值为 1.46757′，平均绝对值为 16.51831′。相比之下，《永恒天体运行表》计算的土星经度则要精确一些。如图 4.8，模拟计算 17 世纪的土星位置发现[②]，《永恒天体运行表》计算土星黄经的误差大部分在 −35′～20′，其最小值为 −36.38717′，最大值为 21.31181′，误差平均值为 −8.85763′，平均绝对值为 12.85294′。显然，无论误差的幅度还是平均绝对值，都是《永恒天体运行表》计算的土星黄经更加精确；不过，单看平均误差的话，兰斯伯格的理论反倒逊色了一些。

然而，《永恒天体运行表》的木星经度理论要比《天体运行论》略差一些。如图 4.9，通过模拟计算 16 世纪的木星位置发现，《天体运行论》计算木星黄经的误差并不稳定，呈现下滑趋势，这段时期总体上可以维持在 ±50′ 之间，其最小值为 −51.72688′，最大值为 49.3109′，误差平均值为 2.15625′，平均绝对值为 17.19345′。模拟计算 17 世纪的木星位置发现（图 4.10），《永恒天体运行表》计算木星黄经的误差同样呈现下滑趋势，整个 17 世纪总体上可以维持在 −70′～50′，其最小值为 −74.65936′，最大值为 53.09717′，误差平均值为 −10.38194′，平均绝对值为 21.11059′。可见，无论误差的幅度还是平均值或平均绝对值，《永恒天体运行表》中的木星黄经精度都比不上《天体运行论》。

尽管如此，兰斯伯格在外行星经度理论上的成就仍然丝毫不受影

---

　　① 此处根据《天体运行论》编程模拟计算求出 1500 年 1 月 1 日克拉科夫时间子夜 0 点之后 100 年的土星位置，时间间隔取每 100 日计算一个数据。下文模拟计算 1500—1600 年木星、火星黄经以及土星、木星、火星黄纬的情况相同，后不赘述。

　　② 此处根据《永恒天体运行表》编程模拟计算求出 1600 年 1 月 1 日哥斯时间子夜 0 点之后 100 年的土星黄经，时间间隔取每 100 日计算一个数据。下文模拟计算 1600—1700 年木星、火星黄经以及土星、木星、火星黄纬的情况相同，后不赘述。

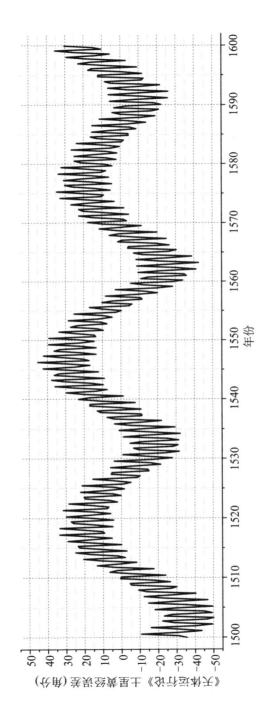

图 4.7 《天体运行论》土星黄经误差（1500—1600 年）

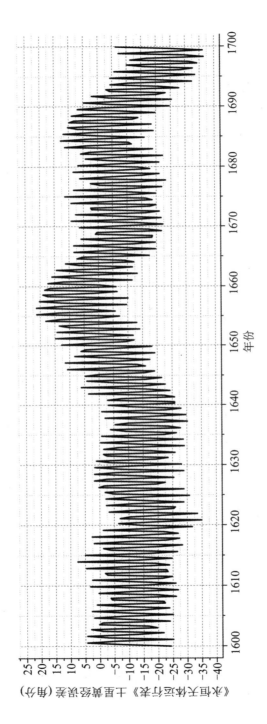

图 4.8 《永恒天体运行表》土星黄经误差（1600—1700 年）

明清科技与社会丛书 | 会通历学：薛凤祚历法工作研究

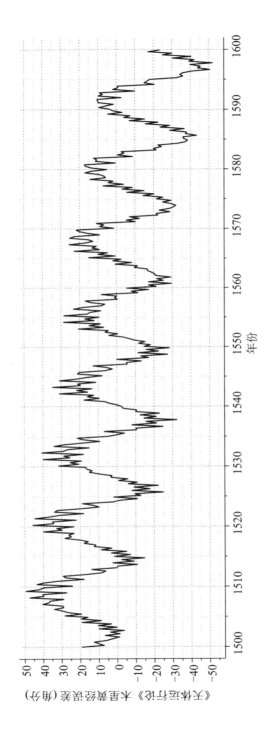

图 4.9 《天体运行论》木星黄经误差（1500—1600 年）

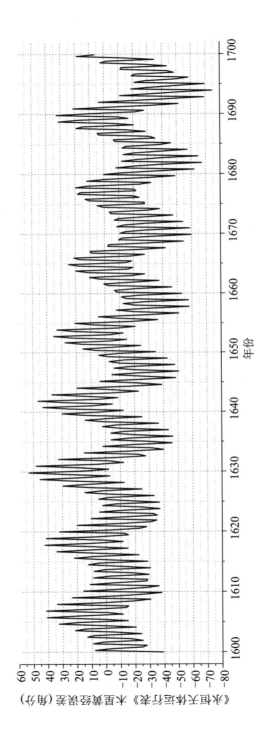

图 4.10 《永恒天体运行表》木星黄经误差（1600—1700 年）

响——他的火星经度理论的精度超越了哥白尼。如图4.11，模拟计算16世纪的火星位置发现，《天体运行论》计算火星黄经的误差最小值为-238.58522′(接近-4°)，最大值为138.01483′，误差平均值为2.14983′，平均绝对值为34.96129′。与之相比，《永恒天体运行表》计算的火星经度则要精确许多。如图4.12，模拟计算17世纪的火星位置发现，《永恒天体运行表》计算火星黄经的误差大部分在-60′~30′，其最小值为-62.49377′，最大值为33.42654′，误差平均值为-12.13964′，平均绝对值为20.16136′。显而易见，兰斯伯格对火星经度理论的修正与调整带来了巨大的成效，正是他的不懈努力，才得以成功将火星经度的误差基本控制在1°以内，比《天体运行论》中的火星经度理论的精度提高了许多。

综上所述，《永恒天体运行表》中的外行星经度理论与《天体运行论》关系密切，两者从模型到参数都比较接近，不过，兰斯伯格对火星经度理论进行了较大调整。从精度来看，《永恒天体运行表》整体上要比《天体运行论》更加精确：虽然其木星黄经精度比《天体运行论》略差，但其土星黄经精度高于《天体运行论》，尤其火星黄经的精度，《永恒天体运行表》更是遥遥领先于《天体运行论》。

4.1.2　《永恒天体运行表》与《天体运行论》中的外行星纬度模型

《天体运行论》中的外行星纬度模型与内行星纬度模型基本相同，两者的唯一区别就是地球的位置不同：前者地球在外行星轨道半径内，后者地球在内行星轨道半径外。如图4.13(Swerdlow, Neugebauer, 1984)[682]，S为太阳，O为地球，P为行星，行星轨道与黄道的夹角为i，行星距其轨道升交点为ω'，则其日心视黄纬为$b = \arcsin(\sin i \sin \omega')$，由几何关系换算为地心视黄纬$\beta = \arcsin[(SP/OP)\sin b] = \arcsin[(SP/OP)\sin i \sin \omega']$。(Swerdlow, Neugebauer, 1984)[487-488]

《永恒天体运行表》"实在的新天体运行理论"第十五节"三外行星纬度的真实运动及其新理论"(Nova & vera Theoria motuum trium superiorum Planetarum in Latitudinem)介绍了外行星的纬度模型，如图4.14，A为太阳，O为地球，M为外行星，圆$EFCG$为黄道、圆$EBCD$为外行星轨道，外行星在其轨道上逆时针运动，E为升交点，C为降交点。然后，由外行星距其升交点的距离可求得其日心视黄经，再由几何关系可换算得其地心视黄经。(Lansbergi, 1632) *Theoricae motuum coelestium novae, & genuinae*: 24-25

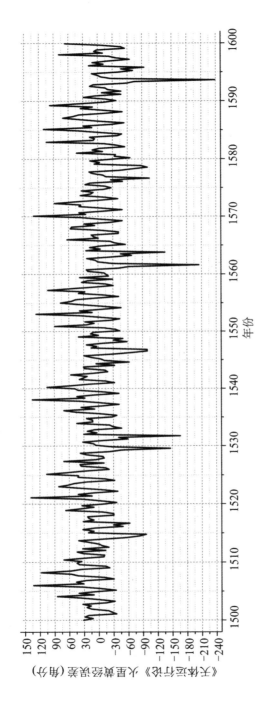

图 4.11 《天体运行论》火星黄经误差（1500—1600 年）

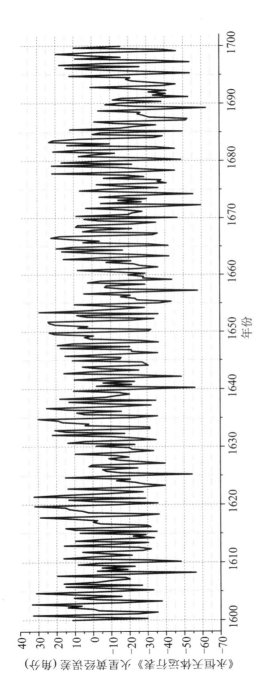

图 4.12 《永恒天体运行表》火星黄经误差（1600—1700 年）

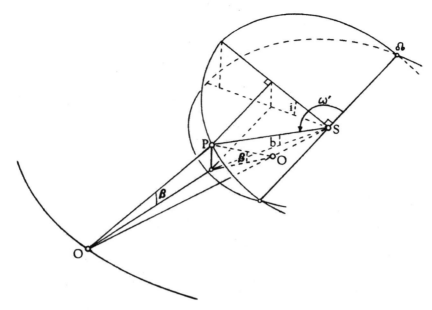

图 4.13 《天体运行论》中的行星纬度模型

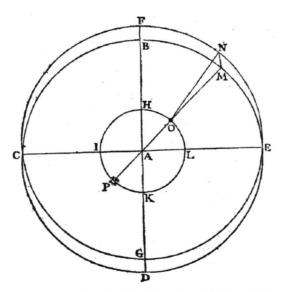

图 4.14 《永恒天体运行表》中的外行星纬度模型

"实在的新天体运行理论"第十六节"三外行星纬度视运动之例证"
（Quomodo trium superiorum Planetarum Latitudines demonstrentur）分别列举
了计算土、木、火三星纬度的实例。首先，兰斯伯格介绍的是土星纬度的算
例。如图4.15，A为太阳，O为地球，M为土星，该算例的时间与前面土星经
度算例相同，此时太阳平行为$\overline{\lambda}_s=343°19'16''$，土星升交点黄经为$\overline{\lambda}_N=81°0'0''$，
土星的日心视黄经为$\lambda'=158°51'57''$，土星距其升交点为$\overparen{EM}=\omega'=77°51'57''$，
则土星的地心视黄纬为$\angle MON=\beta=\arcsin[(R/OM)\sin i\sin\omega']=2°42'$，其中$R=$
10000为土星轨道半径，$OM=9105$为土星与地球的距离（可由几何关系求得），
$i=2°31'$为土星轨道与黄道的夹角。（Lansbergi，1632）*Theoricae motvvm coelestivm novae, & genuinae:26-27*

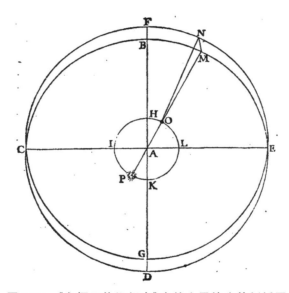

图4.15　《永恒天体运行表》中的土星纬度算例插图

　　然后，兰斯伯格介绍了木星纬度的算例。如图4.16，A为太阳，O为地
球，M为木星，该算例的时间与前面木星经度算例相同，此时太阳平行为$\overline{\lambda}_s=$
$159°6'50''$，木星升交点黄经为$\overline{\lambda}_N=95°30'0''$，木星的日心视黄经为$\lambda'=87°35'35''$，
木星距其升交点为$\overparen{ECM}=\omega'=352°6'$，则木星的地心视黄纬为$\angle MON=\beta=$
$\arcsin[(R/OM)\sin i\sin\omega']=2°42'$，其中$R=10000$为木星轨道半径，$OM=10916$为
木星与地球的距离（可由几何关系求得），$i=1°20'$为木星轨道与黄道的夹角。
（Lansbergi，1632）*Theoricae motvvm coelestivm novae, & genuinae:27*

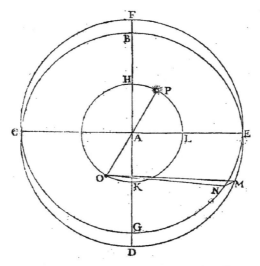

图4.16　《永恒天体运行表》中的木星纬度算例插图

　　最后,兰斯伯格介绍了火星纬度的算例。如图4.17,A为太阳,O为地球,M为火星,该算例的时间与前面火星经度算例相同,此时太阳平行为$\bar{\lambda}_s=292°58'29''$,火星升交点黄经为$\bar{\lambda}_N=26°28'35''$,火星的日心视黄经为$\lambda'=171°57'18''$,火星距其升交点为$\widehat{EBM}=\omega'=145°28'43''$,则火星的地心视黄纬为$\angle MON=\beta=\arcsin[(R/OM)\sin i \sin \omega']=1°10'$,其中$R=10000$为火星轨道半径,$OM=8970$为火星与地球的距离(可由几何关系求得),$i=1°50'$为火星轨道与黄道的夹角。(Lansbergi,1632)^{Theoricae motvvm coelestivm novae, & genuinae:28}

　　由这三个算例可以看出,《永恒天体运行表》的外行星纬度模型除了具体参数存在差别之外,本质上与《天体运行论》是相同的。如表4.2所示,与《天体运行论》相比,《永恒天体运行表》中的外行星纬度模型最大的变化就是外行星轨道与黄道夹角的数值以及升交点的位置。关于外行星轨道与黄道的夹角,哥白尼并没有提供统一的数值,而是分别给出了外行星与太阳相冲和相合时的夹角(哥白尼,2005)[236-238],而兰斯伯格则给出了统一的夹角(Lansbergi,1632)^{Theoricae motvvm coelestivm novae, & genuinae:25}。关于外行星升交点的运动,哥白尼只是通过外行星远日点$\bar{\lambda}_A$加减某一固定数值来得到升交点位置(Swerdlow,Neugebauer,1984)[495-498],而兰斯伯格则将外行星升交点的运动精确化,并给出其每日行度(Lansbergi,1632)^{Theoricae motvvm coelestivm novae, & genuinae:25}。

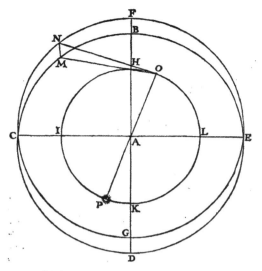

图 4.17　《永恒天体运行表》中的火星纬度算例插图

表 4.2　《天体运行论》与《永恒天体运行表》外行星纬度模型参数比较

	参　数	《天体运行论》	《永恒天体运行表》
土星	轨道与黄道夹角 i	2°44′; 2°16′*	2°31′
	升交点运动 $\bar{\lambda}_N$	$\bar{\lambda}_A$−50°	每日行 11‴0″″24ᵛ20ᵛⁱ
木星	轨道与黄道夹角 i	1°42′; 1°18′	1°20′
	升交点运动 $\bar{\lambda}_N$	$\bar{\lambda}_A$+20°	升交点位置固定（黄经 95°30′）
火星	轨道与黄道夹角 i	1°51′; 0°9′	1°50′
	升交点运动 $\bar{\lambda}_N$	$\bar{\lambda}_A$	每日行 6‴34″″31ᵛ14ᵛⁱ

　　*本表中两数值前为外行星与太阳相冲时轨道与黄道的夹角,后为外行星与太阳相合时轨道与黄道的夹角。

　　事实上,《永恒天体运行表》的外行星纬度理论也比《天体运行论》要精确。如图 4.18,通过模拟计算 16 世纪的土星位置发现,《天体运行论》计算的土星黄纬与现代理论计算的结果相比明显存在"滞后"现象,这可能与其计算土星升交点的方法比较粗糙有关。如图 4.19,《天体运行论》计算土星黄纬的误差保持在±60′之间,其最小值为−59.94659′,最大值为 57.70472′,误差平均值为−2.47494′,平均绝对值为 31.72779′。相比之下,《永恒天体运行表》计算的土星纬度则要精确一些。如图 4.20,模拟计算 17 世纪的土星位置发现,《永恒天体运行表》计算的土星黄纬与现代理论计算的结果比较接近,不

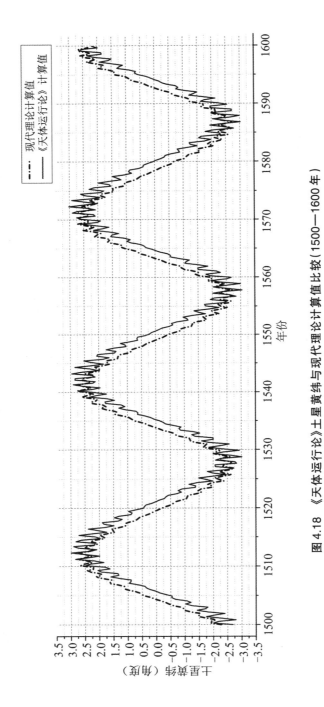

图 4.18 《天体运行论》土星黄纬与现代理论计算值比较（1500—1600 年）

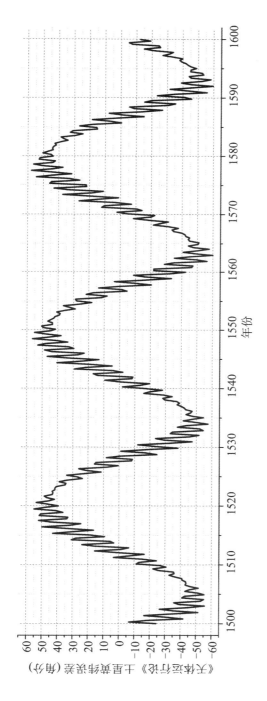

图 4.19 《天体运行论》土星黄纬误差（1500—1600 年）

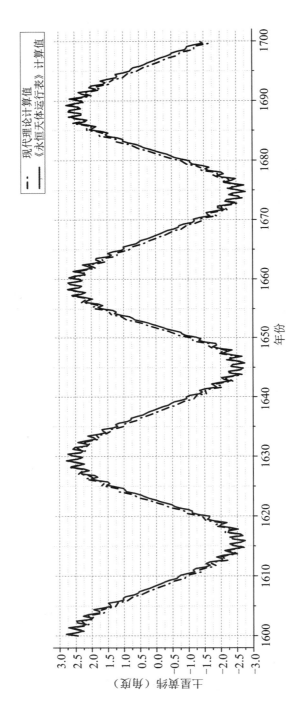

图 4.20 《永恒天体运行表》土星黄纬与现代理论计算值比较（1600—1700 年）

存在明显的"滞后"或"提前"现象,这一点要优于《天体运行论》,可能与兰斯伯格调整土星升交点的算法有关。如图 4.21,《永恒天体运行表》计算土星黄纬的误差在 ±20′ 之间,其最小值为 −16.96299′,最大值为 17.45794′,误差平均值为 1.91501′,平均绝对值为 9.59101′。可见,无论误差的幅度还是平均值或平均绝对值,《永恒天体运行表》的土星黄纬精度都比《天体运行论》要精确不少。

实际上,《永恒天体运行表》的木星纬度理论也比《天体运行论》要精确。如图 4.22,通过模拟计算 16 世纪的木星位置发现,《天体运行论》计算的木星黄纬同样存在一定程度的"滞后",这可能也是由于与其计算木星升交点的方法比较粗糙。如图 4.23,《天体运行论》计算木星黄纬的误差保持在 ±50′ 之间,其最小值为 −48.12773′,最大值为 45.76108′,误差平均值为 −0.78796′,平均绝对值为 21.58381′。如图 4.24,模拟计算 17 世纪的木星位置发现,《永恒天体运行表》计算的木星黄纬与现代理论计算的结果非常吻合,这一点同样明显优于《天体运行论》,可能也正是兰斯伯格调整木星升交点的算法产生了作用。如图 4.25,《永恒天体运行表》计算木星黄纬的误差在 ±3′ 之间,其最小值为 −2.90499′,最大值为 2.57513′,误差平均值为 −0.15859′,平均绝对值为 1.03681′。显然,《永恒天体运行表》计算的木星纬度要比《天体运行论》精确得多。

此外,《永恒天体运行表》的火星纬度理论同样比《天体运行论》要精确。通过模拟计算 16 世纪的火星位置发现,《天体运行论》计算的火星黄纬与现代理论计算的结果相比存在一定的偏差(图 4.26)。如图 4.27,《天体运行论》计算火星黄纬的误差在 −90′~60′,其最小值为 −89.00989′,最大值为 60.51055′,误差平均值为 −3.83971′,平均绝对值为 31.56782′。与之相比,《永恒天体运行表》的火星纬度理论则要精确很多。如图 4.28,模拟计算 17 世纪的火星位置发现,《永恒天体运行表》计算的火星黄纬与现代理论计算的吻合程度明显高于《天体运行论》,这可能与其计算火星黄经比较准确存在一定关系。如图 4.29,《永恒天体运行表》计算火星黄纬的误差大部分在 −15′~10′,其最小值为 −22.41866′,最大值为 13.29303′,误差平均值为 0.40046′,平均绝对值为 2.72522′。很明显,《永恒天体运行表》的火星纬度精度要比《天体运行论》高出很多。

综上所述,《永恒天体运行表》中的外行星纬度理论同样与《天体运行论》关系密切,两者最重要的差别是外行星轨道与黄道夹角的数值以及升交点的位置。从精度来看,《永恒天体运行表》整体上要比《天体运行论》精确,尤其

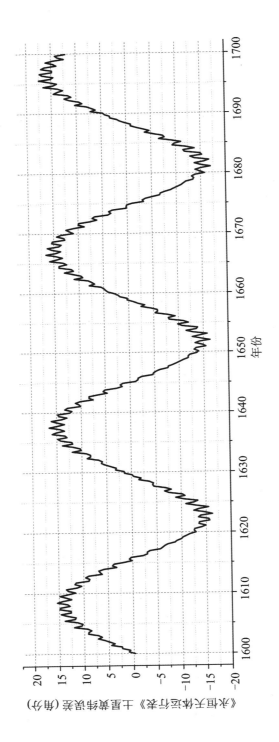

图 4.21 《永恒天体运行表》土星黄纬误差（1600—1700 年）

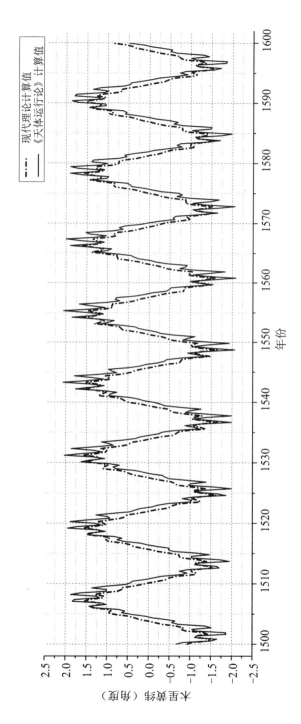

图 4.22 《天体运行论》木星黄纬与现代理论计算值比较（1500—1600 年）

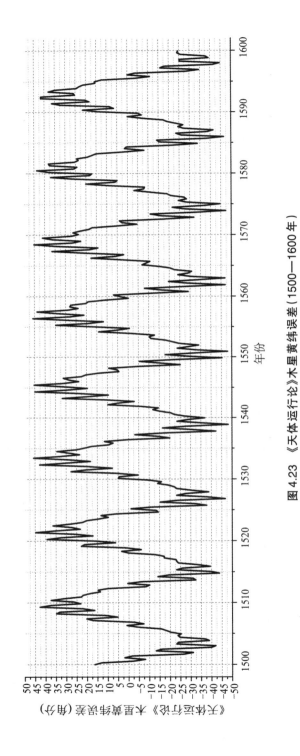

图 4.23 《天体运行论》木星黄纬误差（1500—1600 年）

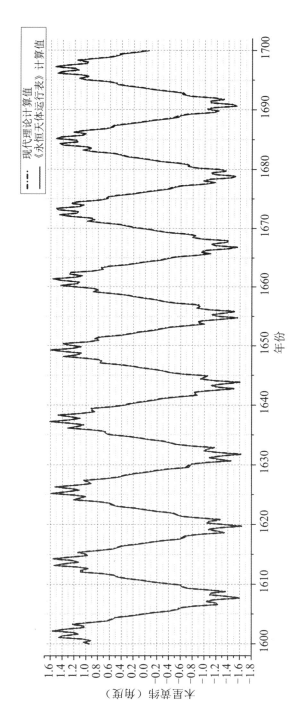

图 4.24 《永恒天体运行表》木星黄纬与现代理论计算值比较（1600—1700 年）

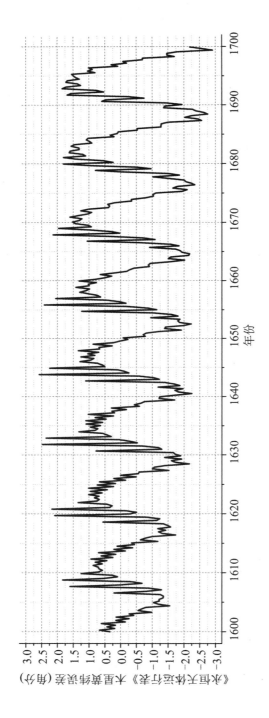

图 4.25 《永恒天体运行表》木星黄纬误差（1600—1700 年）

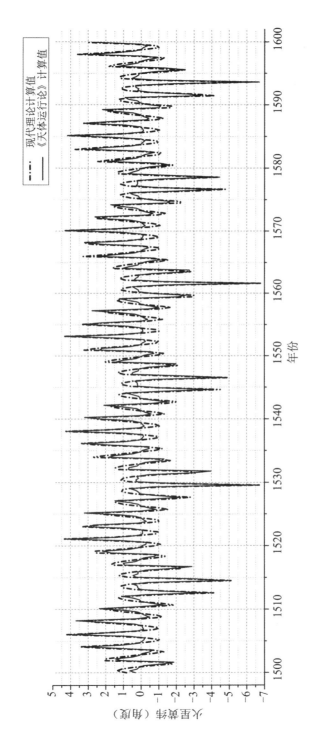

图 4.26 《天体运行论》火星黄纬与现代理论计算值比较（1500—1600 年）

第 4 章 《天步真原》中的外行星理论

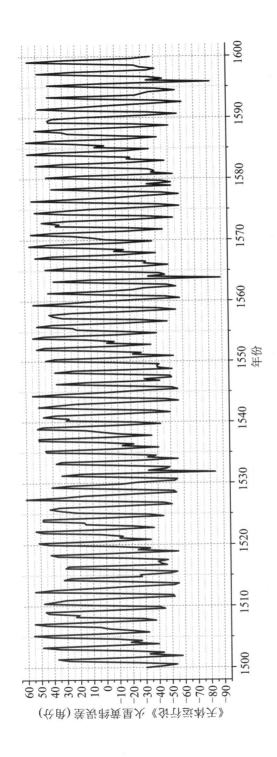

图 4.27 《天体运行论》火星黄纬结误差（1500—1600 年）

明清科技与社会丛书 | 会通历学:薛凤祚历法工作研究

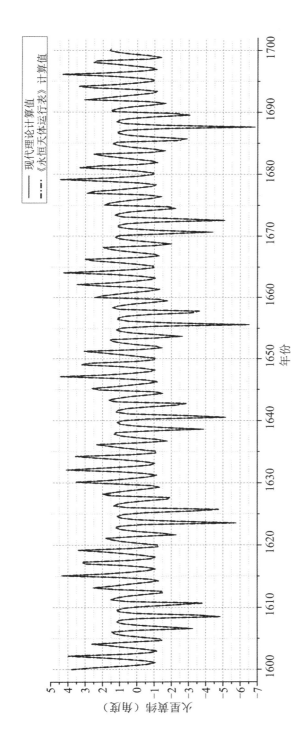

图 4.28 《永恒天体运行表》火星黄纬与现代理论计算值比较（1600—1700 年）

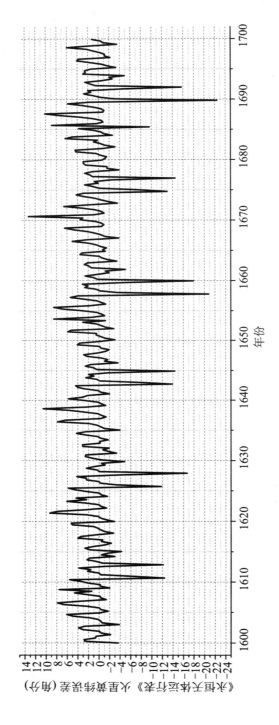

图 4.29 《永恒天体运行表》火星黄纬误差（1600—1700 年）

火星黄纬的精度,《永恒天体运行表》几乎比《天体运行论》精确一个数量级。

4.2 《天步真原》中的外行星理论及其问题

　　《天步真原》中的外行星理论主要集中在《五星经纬部》。《五星经纬部》中的外行星理论全部译自《永恒天体运行表》,其内容可分为两个部分。第一部分主要介绍外行星经度理论,其中第一节"土木火三星经行诸率"①从整体上介绍了外行星经度的运动,译自《永恒天体运行表》"实在的新天体运行理论"第九节。随后的"土星经度""求土星心差""求土星引数""土星实经度""求土星次均度"和"土星离黄道"六节,主要介绍计算土星黄经的算例,译自《永恒天体运行表》"实在的新天体运行理论"第十节。然后的"火星经度""火星心差""求火星引数""火星实经度""求火星次均"和"求火星离黄道"六节,主要介绍计算火星黄经的算例,同样译自《永恒天体运行表》"实在的新天体运行理论"第十节。第二部分主要介绍外行星纬度理论,其中第一节"算土木火上三星纬行诸率"从整体上介绍了外行星纬度的运动,译自《永恒天体运行表》"实在的新天体运行理论"第十五节。随后的"土星纬度"一节主要介绍计算土星黄纬的算例,译自《永恒天体运行表》"实在的新天体运行理论"第十六节。此外,《历法部》"算火星"中列举了计算火星经度的详细过程,尤其重点介绍了兰斯伯格对火星经度理论的修正与调整。

　　由于《天步真原》中的外行星理论与《永恒天体运行表》基本无异,因此本节分析《天步真原》外行星理论时将重点讨论其中的文本问题,而不再重复介绍其中的外行星模型与算例。与日月理论的情况②类似,《天步真原》中的外行星理论同样存在各种问题,其中最严重者莫过于外行星理论中的日地位置被颠倒③。图4.30为《五星经纬部》中的外行星经度模型,与图4.2比较可发现,两者虽然表面上看起来区别不大,但实际上却存在着严重的差

---

　　① 《天步真原·五星经纬部》的目录中此节标题为"土木火上三星经行诸率"。与之类似,"火星心差""求火星次均"和"求火星离黄道"在目录中分别为"求火星心差""求火星次均度"和"火星离黄道",后不赘述。

　　② 详见本书2.2节与3.2节。

　　③ 关于这一问题,前人已有不少论述,故本书不再就此展开,只对其进行简要介绍。

异。图4.30中的丁甲癸庚圈被称为"太阳天",而在兰斯伯格的理论中,这个圆其实应该是地球运动的轨道。另外,《五星经纬部》中介绍外行星运动的算例时,也颠倒了太阳和地球的位置。图4.31为《五星经纬部》中土星经度算例的插图,与图4.3相比发现,图4.31同样颠倒了日地位置,且将地球运动的轨道也称为"太阳天"。不仅如此,《五星经纬部》外行星理论的文字部分也完全颠倒了日地位置。显然,这样的改动不仅使《天步真原》中的外行星理论变得自相矛盾,令读者感到无法理解,而且还掩盖了兰斯伯格理论的日心体系本质,进而影响了日心地动说在中国的传播。(胡铁珠,1992;Shi Yunli,2007)值得注意的是,现存《五星经纬部》一卷的标题为"天学会通",而同为原理部分的《太阴太阳部》和《日月食原理》两卷标题则均为"天步真原",可见《五星经纬部》是经过薛凤祚调整的。(薛凤祚,2008)[440-441,452,482]因此,相较于穆尼阁,笔者认为薛凤祚颠倒日地位置的可能性更大。

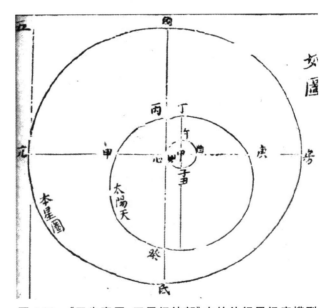

图4.30 《天步真原·五星经纬部》中的外行星经度模型

事实上,除了颠倒日地位置之外,《天步真原》外行星理论中还存在很多其他的问题。首先,与日月理论的情况类似,《天步真原》外行星经纬度的算例中都没有明确说明算例所在时间与历元之间的时间差。因此,读者必然无法理解土星算例中"太阳平行五周纪四十三度一十九分一十六秒""土星平行二周纪三十二度四十三分五十七秒""土星最高平行三周纪四十六度三分四十七秒"以及火星算例中"日平行四周纪五十二度五十八分二十九秒"
"火星平行三周纪二度三十二分十八秒""火星最高一周纪四十三度五十一
分五十五秒"等数据是如何计算的。(薛凤祚,2008)[453、455]值得注意的是,《五
星经纬部》删去了木星经度和木、火二星纬度的算例;这样做可能是为了减
少篇幅,毕竟外行星理论本质上都是相同的,三星分别列举算例确实有些显
得累赘。

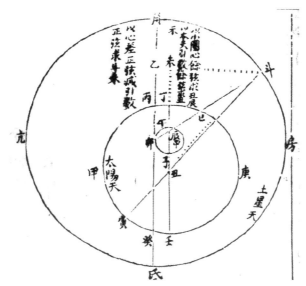

图4.31 《天步真原·五星经纬部》中的土星经度算例插图

其次,《天步真原》外行星理论中存在很多错误的数据。例如,"土木火
三星经行诸率"中介绍土木火三星平行的历元初始值时,《天步真原》竟然
将三者全部弄错!《天步真原》土木火三星的平行"根数"分别为"一周纪〇
二度十五分""二周纪三十九度四十八分三秒"和"一十九度十六分二十七
秒"(薛凤祚,2008)[452],即 62°15′、159°48′3″和 19°16′27″;对比《永恒天体运行
表》则发现,这三个数值分别应该为 72°15′、179°48′2″和 39°16′27″(Lansbergi,
1632)^{Theoricae motvvm coelestivm novae, & genuinae: 105, 113, 121}。此外,《天步真原》还将土星升交点的
历元初始值弄错:在《永恒天体运行表》中,该数值为 85°15′32″(Lansbergi,
1632)^{Theoricae motvvm coelestivm novae, & genuinae: 130},而《天步真原》该数值为"一周纪二十五度一
十一分三十二秒"(薛凤祚,2008)[462],少了 4′。不仅如此,《五星经纬部》在介
绍土木火三星轨道偏心差时,也将数据都搞错了。《天步真原》记载:

土星半径定心角一〇〇〇〇,太阳半径定丑丁一〇〇七,大心差丑午一一四,小心差丑五七〇,全径五七,丑子半径二八五。木星半径心角一〇〇〇〇,太阳半径丑丁定一八五二,大心差九八三二,小心差九六,半径四五八,全径九一六。火星半径心角定一〇〇〇〇,太阳半径丑丁定六五八六,大心差一九四,小心差九七,全径九七,半径五四八。(薛凤祚,2008)[452]

然而,就是这么短短一段文字,其中的数据错误竟多到令人惊讶的地步! 对比《永恒天体运行表》发现,木星大心差应为1140,心轮全径应为570,《天步真原》中的相应数据都少了一个"〇";木星大心差应为916,小心差应为458,心轮全径应为458,半径应为229,而《天步真原》中给出的数据无一正确,令人匪夷所思;火星大心差应为1940,小心差应为970,心轮全径应为970,《天步真原》中这三个数据都少了一个"〇",火星心轮半径应为485,《天步真原》则误将其写作"五四八"! 外行星轨道的偏心差是外行星理论中至关重要的参数之一,《天步真原》中出现这么多严重的错误,实在让人难以理解。此外,《五星经纬部》介绍外行星算例的行文中也存在不少讹误,本书不再一一列举。

《天步真原》在使用天文名词的时候也有不太恰当的地方。例如,"求土星引数"中提到的"土星最高行"实际上是指土星平引,即土星相对其轨道最高点(即远日点)的平均运动,将其翻译为"最高行"则很容易使读者将之误解为土星远日点的运动。在介绍土星纬度的算例时,《天步真原》提到"太阳实经五周纪四十三度十九分十六秒"(薛凤祚,2008)[462],然而,对比《永恒天体运行表》发现,该数值所对应的其实应是太阳平行! 尽管如此,却并不能简单地认为这是由于穆尼阁在翻译时理解有误所致。首先,在土星经度算例中明确指出"太阳平行五周纪四十三度十九分十六秒"(薛凤祚,2008)[453];其次,事实上,《天步真原》在实际计算外行星位置时,对于究竟应该采用太阳的平均位置还是真实位置,与《永恒天体运行表》并不一致。

虽然在《五星经纬部》土、火二星经度的算例中,《天步真原》与《永恒天体运行表》一样,是按照太阳的平均位置进行计算的。但是,在《历法部》"算火星"中,则明确指出"太阳实经二周纪三十〇度〇四分内减去火星心圈实行,得三周纪五十七度三十八分为次引数"(薛凤祚,2008)[433]。笔者经过验算发现,按该算例时间计算,当时的太阳实经确实应为150°4′。不仅如此,《天步真原·表中卷》"蒙求"中也指出:"火实经内减本日太阳实经为次引数,入表求次均";"以太阳实经减火冲日实行得数为次引,入加减表得次均及余分"。(薛凤祚,2008)[494]《天步真原》中的表"蒙求"是专门介绍表的使用方法的,这么重要的地方一般不应该出现错误。不过,考虑到《天步真原》中严重的错误同样屡见不鲜,也不能完全相信《表中卷》"蒙求"中的描述。然而,就《天步真原》文本本身而言,仍应认为其外行星理论是根据太阳的真实位置来计算的。换言之,《天步真原》的读者应该会认为外行星理论要根据"太阳实经"来计算。那么,这一差异究竟是穆尼阁在翻译时误解所致,还是有意为之? 抑或穆尼阁如实翻译了兰斯伯格的理论,而薛凤祚对之进行了改动?这些问题目前尚无法回答。不过,笔者倾向于认为这是穆尼阁有意进行的改动。开普勒对哥白尼理论最重要的发展之一便是将宇宙的中心从"平太阳"(mean sun)转移到"真太阳"(true sun)(Cohen,1975),或许穆尼阁曾受到过开普勒思想的影响,所以才对《永恒天体运行表》的行星理论进行了调整。

不过,关于兰斯伯格对火星理论的修正与调整,穆尼阁倒是原原本本如实翻译进了《天步真原》。《历法部》"算火星"中明确指出:

> 火星零差上言火星诸行此外又有觉差:从狮子六度至双女(即室女宫)一度,火星视行加九分;天蝎第一度第二度加十二分;人马第一度第二度加八分。(薛凤祚,2008)[433]

另外,《表中卷》"蒙求"中也曾指出:

> 火星零差上言火星诸行此外又有觉差:午宫(即狮子宫)六度至巳(即室女宫)一度火视行加九分,卯(即天蝎宫)一度二度加十二分,寅(即人马宫)一度二度加八分。(薛凤祚,2008)[494]

与《永恒天体运行表》相比,《天步真原》中对该项调整的描述基本无异。关于火星冲日修正差,《历法部》"算火星"中指出:

> 火星到宝瓶、双鱼、白羊、金牛,若与太阳相对,前后七日要改。火星诸行表中有丑申二宫,乃恐二宫内有火星对日者,四宫内不与太阳冲,亦不改算。(薛凤祚,2008)[434]

《表中卷》"蒙求"中亦言:

> 改火星心圈平行:火星到子(即宝瓶宫)、亥(即双鱼宫)、戌(即白羊宫)、酉(即金牛宫)若冲太阳,前后七日当改火星诸行表中有丑申二宫,恐二宫有冲日者。(薛凤祚,2008)[494]

不难发现,《天步真原》中对火星冲日修正差的描述与兰斯伯格的理论基本没有差别。

既然《天步真原》是根据"太阳实经"来计算外行星位置的,那么,其精度与《永恒天体运行表》按照太阳平均位置计算外行星运动的精度有没有差别呢? 如图4.32,《天步真原》计算17世纪的土星位置[①],发现其黄经误差在−37′~21′,与《永恒天体运行表》土星黄经精度基本相同。《天步真原》土星黄经平均误差为−8.98243′,误差平均绝对值为12.67502′,均与《永恒天体运行表》差别甚微。计算同一时期的土星黄纬,则《天步真原》误差(图4.33)约在±17′之间,平均误差为1.91459′,误差平均绝对值为9.59027′,亦与《永恒天体运行表》精度相当。

与《天步真原》相比,《西洋新法历书》的土星黄经误差稍大一些,但黄纬误差却要小得多。如图4.34,按《西洋新法历书》计算1627—1727年的土星位置[②],其黄经误差在−6′~55′,其误差平均值为20.65873′,平均绝对值为20.78621′。显然,《西洋新法历书》计算土星经度的误差要比《天步真原》大一些。不过,《西洋新法历书》计算同一时期土星黄纬的误差(图4.35)基本保持在±2′之间,平均误差只有0.18142′,平均绝对值误差也仅有0.62153′,比《天步真原》和《永恒天体运行表》的精度几乎要高出一个数量级。

与土星的情况类似,《天步真原》计算木星的运动与《永恒天体运行表》差异不大。如图4.36,《天步真原》计算17世纪的木星黄经误差在−71′~50′,与《永恒天体运行表》木星黄经精度基本无异。《天步真原》木星黄经平均误差为−10.99949′,误差平均绝对值为24.07818′,均与《永恒天体运行表》相差不大。计算同一时期的木星黄纬,《天步真原》误差(图4.37)在±3′之间,平均误差为−0.15905′,误差平均绝对值为1.03766′,亦与《永恒天体运行表》精度相同。

相比之下,《西洋新法历书》的木星理论整体要精确一些。如图4.38,《西洋新法历书》计算1627—1727年的木星黄经误差在−34′~14′,其误差平均值为−7.11907′,平均绝对值为10.10558′。显然,《西洋新法历书》计算木星

---

① 本书此处根据《天步真原》编程模拟计算求出1600年1月1日北京时间子夜0点之后100年的土星位置,时间间隔取每100日计算一个数据。下文模拟计算1600—1700年木星与火星位置的情况相同,后不赘述。

② 本书此处根据《西洋新法历书》编程模拟计算求出1627年12月22日冬至北京时间子夜0点之后100年的土星位置,时间间隔取每100日计算一个数据。下文模拟计算1627—1727年木星与火星位置的情况相同,后不赘述。

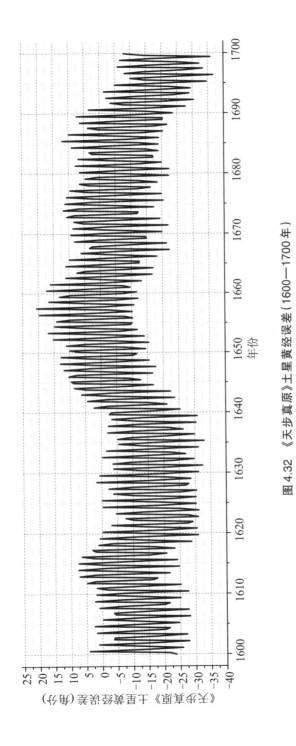

图 4.32 《天步真原》土星黄经误差（1600—1700 年）

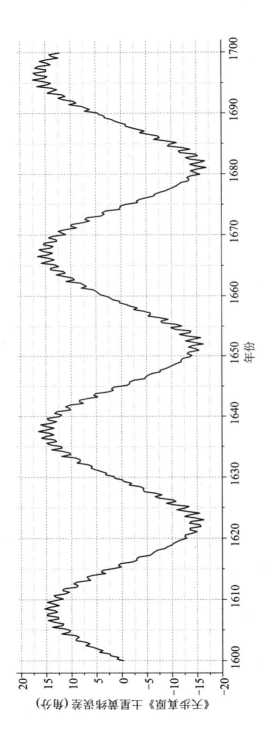

图 4.33 《天步真原》土星黄纬误差（1600—1700 年）

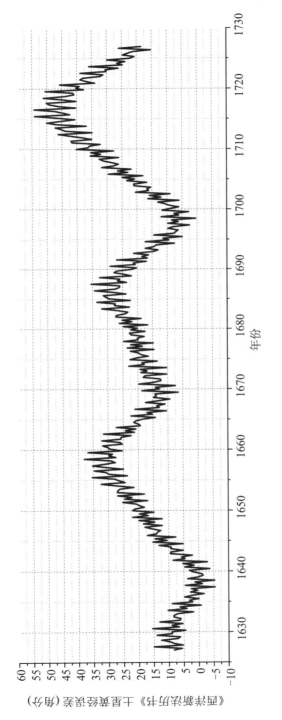

图 4.34 《西洋新法历书》土星黄经误差（1627—1727 年）

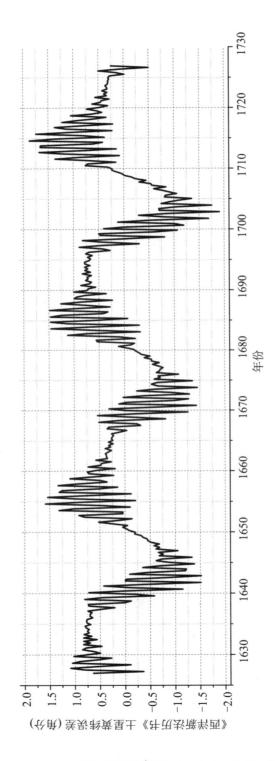

图 4.35 《西洋新法历书》土星黄经纬误差（1627—1727 年）

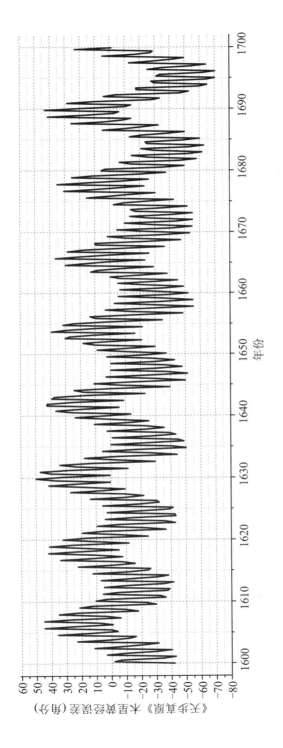

图 4.36 《天步真原》木星黄经误差（1600—1700 年）

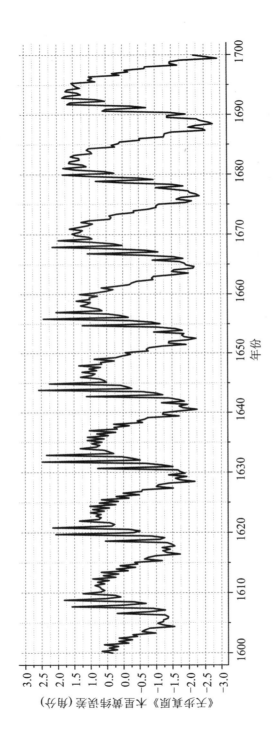

图 4.37 《天步真原》木星黄纬误差（1600—1700 年）

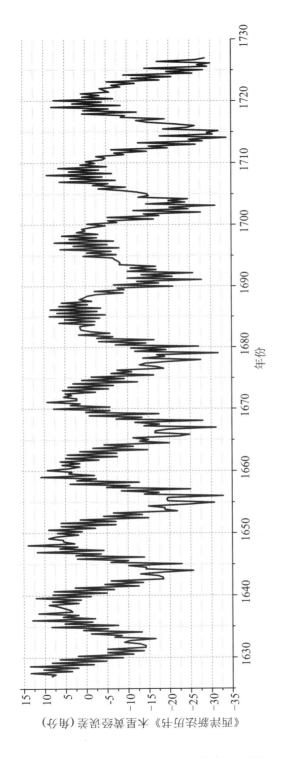

图 4.38 《西洋新法历书》木星黄经误差（1627—1727 年）

经度的误差要比《天步真原》小一半。计算同一时期的木星黄纬,《西洋新法历书》的误差(图4.39)保持在−1.6′~1′,平均误差为−0.05952′,平均绝对值误差为0.44729′。可见,《西洋新法历书》木星黄纬的误差亦约为《天步真原》的一半。

虽然《天步真原》计算土、木二星黄经的误差与《永恒天体运行表》基本无异,但可能由于火星轨道的偏心率比较大,《天步真原》计算火星运动的误差与《永恒天体运行表》的差异比较明显。如图4.40,《天步真原》计算17世纪的火星黄经误差在−176′~268′,平均误差为−14.13934′,误差平均绝对值为30.61479′,比《永恒天体运行表》火星黄经的误差大了不少。可见,按照太阳真实位置计算外行星运动不仅未能提高其精度,反而使其误差增大。如果《天步真原》也按照太阳平均位置来计算火星运动,则其误差可与《永恒天体运行表》基本相同。计算同一时期的火星黄纬,《天步真原》误差(图4.41)在−23′~14′,平均误差为0.40067′,误差平均绝对值为2.72039′,与《永恒天体运行表》精度基本相同。

《西洋新法历书》火星理论的精度整体上高于《天步真原》。如图4.42,《西洋新法历书》计算1627—1727年的火星黄经误差大部分在−43′~37′,其误差平均值为−0.36853′,平均绝对值为7.36615′。显然,《西洋新法历书》火星经度的精度比《天步真原》和《永恒天体运行表》都要更好一些。计算同一时期的火星黄纬,《西洋新法历书》的误差(图4.43)在−19′~11′,平均误差为−1.24433′,平均绝对值误差为2.46282′。虽然平均误差略差,但《西洋新法历书》计算火星黄纬误差的平均绝对值比《天步真原》和《永恒天体运行表》更小一些。

总体而言,《西洋新法历书》外行星理论的精度比《永恒天体运行表》和《天步真原》更胜一筹。《西洋新法历书》不仅在计算外行星纬度方面完胜《永恒天体运行表》和《天步真原》,而且在经度方面也只有计算土星方面表现略差。另外,由于《天步真原》计算外行星运动调整了次引数算法,导致火星经度误差明显变大,因而也影响了外行星理论整体的精度水平。

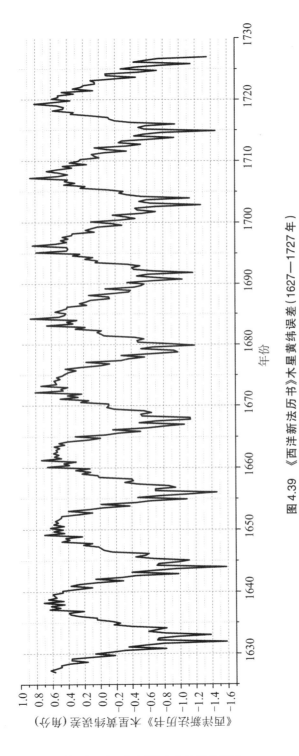

图 4.39 《西洋新法历书》木星黄纬误差（1627—1727 年）

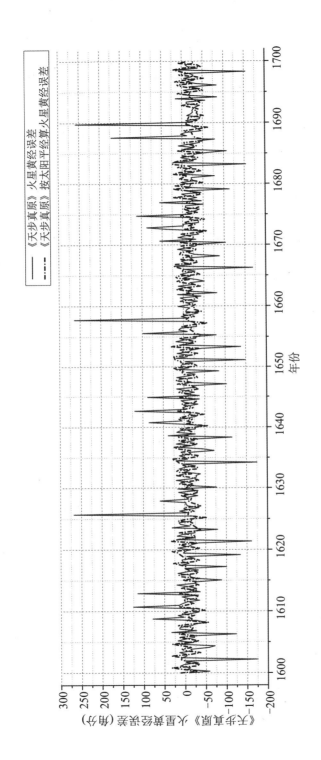

图 4.40 《天步真原》火星黄经误差（1600—1700 年）

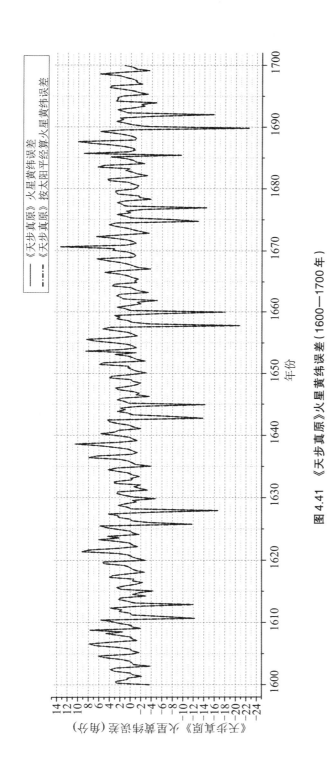

图 4.41 《天步真原》火星黄纬误差（1600—1700 年）

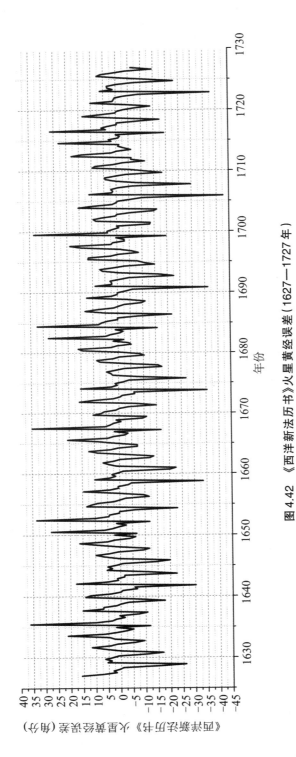

图 4.42 《西洋新法历书》火星黄经误差（1627—1727 年）

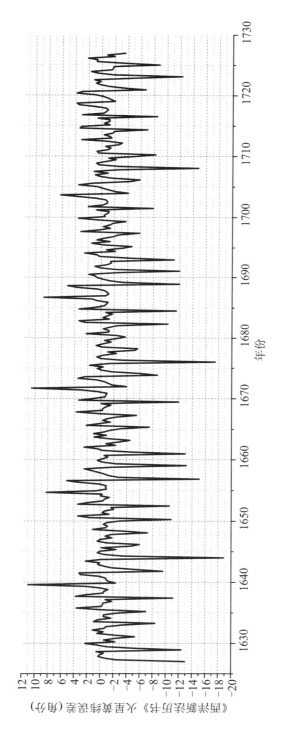

图 4.43 《西洋新法历书》火星黄纬误差（1627—1727 年）

4.3 薛凤祚对外行星理论的调整

在《历学会通》中,薛凤祚对外行星理论也进行了一些调整。《历学会通》中的外行星理论主要集中在《正集》第四卷《五星经纬法原》与第八卷《五星立成》,虽然《历学会通·五星经纬法原》中的外行星理论与《天步真原·五星经纬部》本质上相同,但两者之间也存在着一定的差异。除了角度与时刻的数据被换算成百分制、百刻制之外,《历学会通·五星经纬法原》并未改正《天步真原》外行星理论中的错误数据,尤其是土木火三星轨道的偏心差,全部与《天步真原·五星经纬部》一模一样。此外,薛凤祚在《历学会通·五星经纬法原》中还删除了火星经度的算例,这样做可能是为了节省篇幅,毕竟火星经度的算例在原理上与土星无异,薛凤祚将其删除也是可以理解的。不过,值得注意的是,在介绍完土星经度算例之后,薛凤祚在《历学会通·五星经纬法原》中增加了两页《天步真原》中所没有的内容(薛凤祚,1993)[695-696]。

如图4.44(薛凤祚,[1664a]),新增页面版式与该卷其他部分明显不同:不仅其字行之间无栏线,且其版心还有单黑鱼尾;另外,其页码为"又五"与"六",夹在《五星经纬法原》第五页和第六页之间。这些都表示,这两页应为后来所插入的。就内容而言,这后来插入的两页可谓"古怪"。首先,其最开始便说明道:"五星用图算有四则,其义可以全见,今再求前算对宫对度及前后九十度三则。"此处"用图算"即指《五星经纬法原》前面用几何模型计算土星经度,但这里为何言其"有四则"? 令人甚是费解。至于所谓"前算对宫对度"以及"前后九十度"三则,更是不知所云。随后,薛凤祚又言:"前法对宫对度算法全同,但有加减之异,今不另推。"因此,这两页新增内容便主要介绍了"求前法九十度实行视行"。事实上,在用几何方法计算过土星经度之后,薛凤祚还用历表计算了同一内容。纵观其计算过程发现,薛凤祚这里所计算的实际上是另一时间的土星位置,即将前面土星经度算例中的土星平行向前推算90°,并求出其所对应的时间,然后再求出此时的土星位置。值得注意的是,在其计算过程中的土星次引数是根据"太阳实经"计算的(薛凤祚,1993)[696],不同于前面算例中使用的是"太阳平行"(薛凤祚,1993)[694]。如此明显的差别,不知薛凤祚是未能察觉,还是有意忽视? 更加令人诧异的

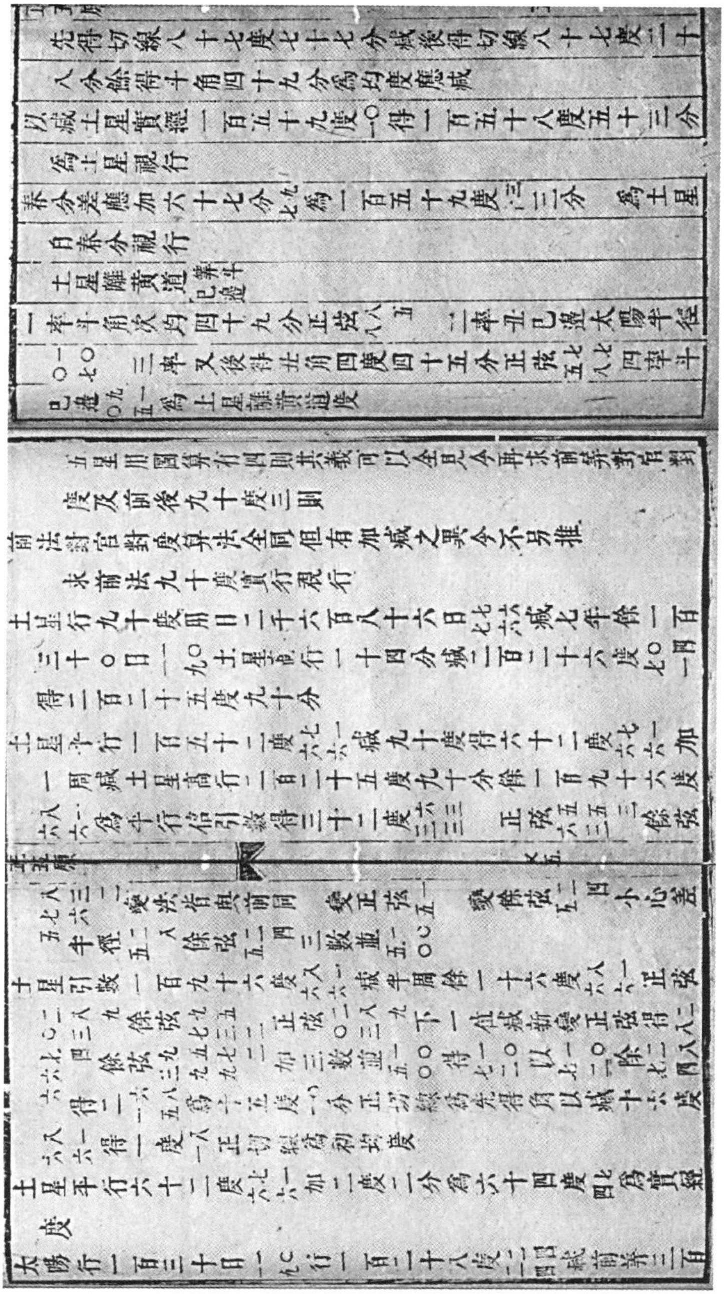

图4.44 《历学会通·正集·五星经纬法原》土星经度算例后的插入页

是,在这两页新增内容的最后,薛凤祚指出:"图算比表算多四十三分。"(薛凤祚,1993)[696]对于土星经度而言,43′的误差已经算是很大了,然而,面对这么大的差异,薛凤祚并没有发表任何看法。尽管这两页所计算的内容笔者基本已经可以厘清,但薛凤祚为什么要增加这些内容,以及这种计算到底有何用处,目前笔者尚无更多线索[①]。

《正集·五星立成》是薛凤祚"会通"过后的行星理论,是他"会通中法"中的一部分。与日月理论的情况类似,薛凤祚"会通中法"的外行星部分使用了"历应""度应"等中国传统天文学名词。不过,从篇幅来看,《正集·五星立成》中的外行星理论比较简短,不如《正集·太阳太阴并四余》中的日月理论那样翔实。如图4.45,《正集·五星立成》开卷便直接介绍外行星的各种行度,没有像《正集·太阳太阴并四余》那样先讨论日月平均运动的周期,这可能是因为五星运动与步气朔没有太大关系。在介绍外行星每种平均运动时,薛凤祚列出了该运动的"历应""度应"等参数,并在其后分别列出了与之相关的平行表及均数表,且平行表也被命名为"立成"。除此之外,外行星理论中的所有角度也全部被换算为从冬至点起算。(薛凤祚,1993)[759-772]此外,《天步真原》中的外行星初均表与次均表,在"会通中法"中分别被改名为"盈缩加减度立成"与"距日加减度立成"。另外,火星冲日修正差表被命名为"火星冲日加分立成"(薛凤祚,1993)[761-772],而在《天步真原》中该表并没有专门的名称(薛凤祚,2008)[523]。

"会通中法"外行星理论各种平均运动的"度应"均按照哥斯时间算得,并未换算到中国,这一点与太阳理论的情况相同。事实上,薛凤祚在介绍外行星每种平行时都给出了其"度应"的计算过程,据此计算便可判断这些数据并未换算到中国。以木星平行为例,薛凤祚先按照"真原法"计算乙未冬至时刻木星平行为28.6888°,在此基础上加90°即为"度应"118.6888°。加90°其实就是将角度从春分点起算换算为冬至点起算,可见,在这里薛凤祚并没有像月亮理论那样再按照中差将平均运动"度应"换算到中国[②]。值得注意的是,在用"真原法"计算木星平行时,薛凤祚纠正了《天步真原》中的错误根数:他使用的数值为179°48′3″,而非159°48′3″。不仅如此,《天步真原》中土、火二星平行的错误根数也得到了更正。至于薛凤祚是如何发现并纠正这些错误的,目前尚无法得知。

---

① 笔者推测,这两页新增内容或许与星占有关,不过,目前尚无证据表明两者之间确实存在关联。

② 详见本书3.3节。

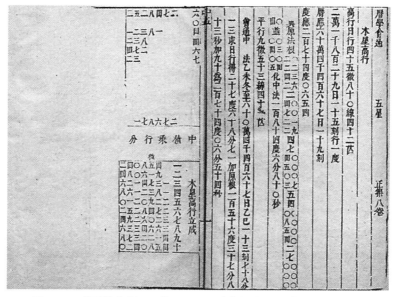

图4.45 《历学会通·正集·五星立成》中的木星高行及其历表

　　如表4.3,虽然薛凤祚计算的度应仍存在一定误差,但除土星交行外,最多不超过46″,对于外行星的运动而言,其影响非常微小。虽然"会通中法"的土星交行与《天步真原》相差接近4′,但升交点的位置只会影响纬度的计算,而4′的差别对计算土星纬度的影响也是微乎其微的。不仅如此,外行星轨道偏心差以及各种平均运动的速度等参数,在"会通中法"与《天步真原》中也都不存在明显差异。因此,"会通中法"与《天步真原》计算外行星的位置基本不会存在差别。

表4.3 《历学会通·正集》外行星平均运动初始值计算误差

参　　数	《历学会通·正集》	《天步真原》	差值
木星高行	274.0654°	274.068355°	10.64″
木星平行	118.6888°	118.701487°	45.67″
火星高行	236.7576°	236.758610°	3.64″
火星交行	137.9061°	137.909165°	11.03″
火星平行	113.4447°	113.441363°	12.02″
土星高行	357.1168°	357.118130°	4.79″
土星交行	205.9943°	206.060862°	3′59″
土星平行	250.1677°	250.168952°	4.51″

第5章 《天步真原》中的内行星理论

上一章讨论过了《天步真原》中的外行星理论,本章将主要对《天步真原》中的内行星理论进行分析。

5.1 《永恒天体运行表》中的内行星理论

本节将首先分析《永恒天体运行表》中的内行星理论,同时探讨其与《天体运行论》中的内行星理论之间的关系。

5.1.1 《永恒天体运行表》与《天体运行论》中的内行星经度模型

由于哥白尼体系中金、水二星的经度模型并不相同,故以下将对两者分别进行单独讨论。

5.1.1.1 《永恒天体运行表》与《天体运行论》中的金星经度模型

《天体运行论》中哥白尼的金星经度模型为带有心轮的日心偏心圆模型,且金星运动的中心也是平太阳,与外行星经度模型的情况相同。如图 5.1(Swerdlow,Neugebauer,1984)[650],O 为地球,$\bar{S}$ 为太阳的平均位置,P 为金星,A 为金星轨道的远日点,A' 为金星轨道的近日点。平太阳与金星远日点之间的距离为 $\angle A O \bar{S} = \angle A' \bar{S} O = \bar{\kappa} = \bar{\lambda}_S - \bar{\lambda}_A$,其中 $\bar{\lambda}_S$ 为太阳平黄经,$\bar{\lambda}_A$ 为金星的远日点平黄经。M 为心轮圆心,C 为日心偏心圆的圆心,围绕 M 逆时针匀速运动,$\angle \bar{S} M C = 2 \bar{\kappa}$,$\bar{S} M = e_1 = 246$,$M C = e_2 = 104$,$O \bar{S} = R = 10000$。$P$ 围绕 C 逆时针运动,半径为 $P C = r = 7193$。由几何关系可求得平太阳与日心偏心圆圆心相对地球的均差 c_3,再求得金星与日心偏心圆圆心相对地球的均差 c。那么,金星的地心视黄经为 $\lambda = \bar{\lambda}_S + \delta_P + c_3 + c$,其中 δ_P 为春分差。(Swerdlow,Neugebauer,1984)[374]

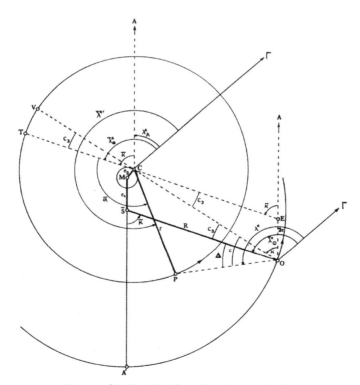

图 5.1 《天体运行论》中的金星经度模型

《永恒天体运行表》"实在的新天体运行理论"第十一节"金星经度的真实运动及其新理论"(Nova & vera Theoria motus stellæ Veneris in longitudinem)介绍了金星的经度模型。如图5.2,该模型亦为带有心轮的日心偏心圆模型,其中 A 为太阳的平均位置,金星在圆 EF 上逆时针运动,地球在大圆 GH 上。圆 EF 的圆心在小圆 BD 上自 B 起逆时针运动,其速度为太阳平行与金星远日点平行之差的两倍。圆 EF 半径为 $r = 7193$,大圆 GH 半径为 $R = 10000$,AC 为金星轨道的平均偏心差 $e_1 = 247$,BC 为心轮半径 $e_2 = 102$。(Lansbergi,1632)*Theoricae motvvm coelestivm novae, & genuinae*: 19–20

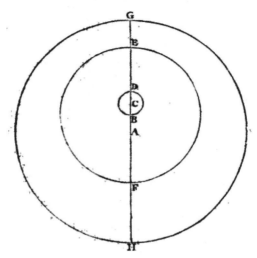

图5.2 《永恒天体运行表》中的金星经度模型

随后,兰斯伯格在"实在的新天体运行理论"第十二节"金星视运动之例证"(Quomodo apparens motus Veneris ex æqualibus datis demonstretur)中列举了金星经度的算例。该算例计算的是托勒密《至大论》第十卷第四章中记载的一次古代观测记录(Lansbergi,1632)*Observationum astronomicarum thesaurus*: 172,其时间为纳波纳萨即位后的第476年第12月(Mesori)[①]第17天午时后17小时(Lansbergi,1632)*Theoricae motvvm coelestivm novae, & genuinae*: 20,与纳波纳萨历元相距475埃及年11埃及月又16天17小时(按哥斯时间则为14小时40分钟)(Lansbergi,1632)*Praecepta calcvli, motvvm coelestivm ex tabulis*: 48。如图5.3,A 为太阳的平均位置,M 为太阳的视位置,K 为金星,I 为地球,P 为金星远日点的平均位置,C 为心轮圆心,E 为圆 KNL 的圆心。根据算例距历元时间差,可求得太阳平行为 $\overline{\lambda}_s = 196°6'5''$,金星距日平行为 $\overline{\alpha} = 248°10'32''$,金星远日点平行为 $\overline{\lambda}_A = 46°14'40''$。太阳平行减去金星远日点平行为平引 $\angle HEN = \overline{\kappa} = \overline{\lambda}_s - \overline{\lambda}_A = 149°51'25''$,心轮行度

[①] 此处月份为古埃及历中的第12月。

为 $\overline{BDE}=2\bar{\kappa}=299°42'50''$。由几何关系可求得平太阳与日心偏心圆圆心相对地球的均差为 $c_3 = \angle AIE = -1°1'$，金星与日心偏心圆圆心相对地球的均差 $c=\angle EIK=-42°33.25'$。此时春分差 $\delta_P = 49'52''$，故金星的地心视黄经为 $\lambda = \bar{\lambda}_S + c_3 + c + \delta_P = 153°21'42''$。（Lansbergi，1632）*Theoricae motvvm coelestivm novae，& genuinae*：20–21

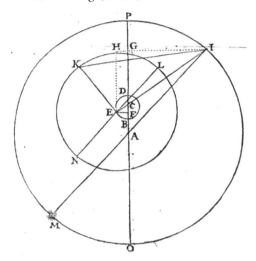

图 5.3 《永恒天体运行表》中的金星算例插图

通过比较不难发现，兰斯伯格的金星经度模型与《天体运行论》基本相同。而且，如表 5.1 所示，两个模型的参数也非常接近，尤其偏心圆半径、平均偏心差、心轮半径等几何参数，《永恒天体运行表》几乎完全沿袭了《天体运行论》中的数据。不过，兰斯伯格对金星远日点的运动进行了调整，没有沿用哥白尼固定金星远日点位置的做法，并确定了其平均速率。

表5.1 《天体运行论》与《永恒天体运行表》金星经度模型参数比较

参　　数	《天体运行论》	《永恒天体运行表》
距日平行每日行度	$36'59''28'''35''''$	$36'59''29'''29''''11'''''6^{vi}$
高行每日行度	$8'''15''''$ *	$14'''5''''59'''''30^{vi}$
偏心圆半径 r	7193	7193
平均偏心差 e_1	246	247
心轮半径 e_2	104	102
地球轨道半径 R	10000	10000

*《天体运行论》中金星远日点的位置相对恒星背景是固定不变的，故其相对平春分的速率与恒星背景相对春分点的速率相同。（哥白尼，2005）[206]（Swerdlow，Neugebauer，1984）[379–381,546]。

5.1.1.2 《永恒天体运行表》与《天体运行论》中的水星经度模型

《天体运行论》中的水星经度模型为带有心轮的日心偏心圆与本轮－均轮叠加的模型，且水星运动的中心也是平太阳。如图5.4（Swerdlow，Neugebauer，1984）[658]，O 为地球，$\bar{S}$ 为太阳的平均位置，P 为水星，$\bar{S}A$ 为水星轨道的远日点方向，A' 为水星轨道的近日点。平太阳与水星远日点之间的距离为 $\angle A'\bar{S}O = \angle AO\bar{S} = \bar{\kappa} = \bar{\lambda}_S - \bar{\lambda}_A$，其中 $\bar{\lambda}_S$ 为太阳平黄经，$\bar{\lambda}_A$ 为水星的远日点平黄经。M 为心轮圆心，C 为日心偏心圆的圆心，围绕 M 逆时针匀速运动，$\angle AMC = 2\bar{\kappa}$，$\bar{S}M = e_1 = 736$，$MC = e_2 = 212$，$O\bar{S} = R = 10000$。水星本轮中心 $\bar{P}$ 围绕 C 逆时针运动，半径为 $\bar{P}C = r = 3763$。PC 的长度由 Q 的位置决定，Q 从 CP 起沿本轮逆时针运动，本轮半径为 $r' = 190$，则 $PC = r - r'\cos 2\bar{\kappa}$。由几何关系可求得平太阳与日心偏心圆圆心相对地球的均差 c_3，再求得水星与日心偏心圆圆心相对地球的均差 c。那么，水星的地心视黄经为 $\lambda = \bar{\lambda}_S + \delta_P + c_3 + c$，其中 δ_P 为春分差。（Swerdlow，Neugebauer，1984）[410-411]

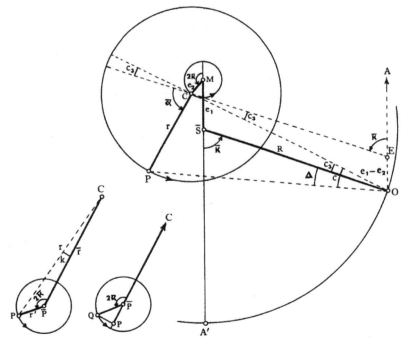

图5.4 《天体运行论》中的水星经度模型

《永恒天体运行表》"实在的新天体运行理论"第十三节"水星经度的真实运动及其新理论"（Nova & genuina Theoria motus stellæ Mercurij in longitudinem）介绍了水星的经度模型。如图5.5，该模型亦为日心偏心圆与本轮-均轮叠加的模型，其中 A 为太阳的平均位置，地球在大圆 IL 上。圆 EF 的圆心在小圆 BD 上自 D 起逆时针运动，其速度为太阳平行与水星远日点平行之差的两倍，水星本轮 GH 沿圆 EF 逆时针运动。与哥白尼模型相同，水星与偏心圆圆心的距离由本轮的运动决定。圆 EF 半径为 r = 3573，大圆 IL 半径为 R = 10000，AC 为水星轨道的平均偏心差 e_1 = 735，BC 为心轮半径 e_2 = 212，本轮半径为 r' = 190。（Lansbergi，1632）^{Theoricae motvvm coelestivm novae, & genuinae : 22}

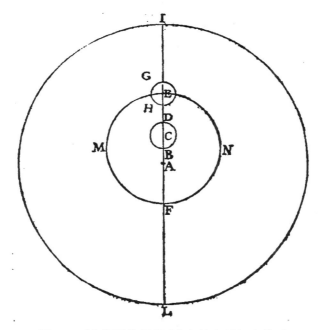

图5.5 《永恒天体运行表》中的水星经度模型

兰斯伯格在"实在的新天体运行理论"随后的第十四节"水星视运动之例证"（Quomodo apparens motus Mercurij ex æqualibus datis demonstretur）中列举了水星经度的算例。该算例计算的是托勒密《至大论》第九卷第七章中记载的一次古代观测记录（Lansbergi，1632）^{Observationum astronomicarum thesaurus : 180}，其时间为纳波纳萨即位后的第 486 年第 10 月（Paoni）①第 30 天午时后 8 小时 20 分

---

① 此处月份为古埃及历中的第 10 月。

钟（Lansbergi，1632）*Theoricae motvvm coelestivm novae，& genuinae：23*，与纳波纳萨历元相距 485 埃及年 9 埃及月又 29 天 8 小时 20 分钟（按哥斯时间则为 6 小时）（Lansbergi，1632）*Praecepta calcvli，motvvm coelestivm ex tabulis：49*。如图 5.6，A 为太阳的平均位置，M 为太阳的视位置，K 为水星，I 为地球，O 为水星远日点的平均位置，C 为心轮圆心，E 为圆 KNL 的圆心。根据算例距历元时间差，可求得太阳平行为 $\bar{\lambda}_S=147°1'53''$，水星距日平行为 $\bar{\alpha}=114°16'52''$，水星远日点平行为 $\bar{\lambda}_A=179°4'59''$。太阳平行减去水星远日点平行为平引 $\angle O'EL=\bar{\kappa}=\bar{\lambda}_S-\bar{\lambda}_A=327°56'54''$，心轮行度为 $\overparen{DBE}=2\bar{\kappa}=295°53'48''$。由几何关系可求得平太阳与日心偏心圆圆心相对地球的均差为 $c_3=\angle AIE=1°28'$，水星与日心偏心圆圆心相对地球的均差 $c=\angle EIK=19°53.5'$。此时春分差 $\delta_P=47'51''$，故水星的地心视黄经为 $\lambda=\bar{\lambda}_S+c_3+c+\delta_P=169°11'14''$。（Lansbergi，1632）*Theoricae motvvm coelestivm novae，& genuinae：23-24*

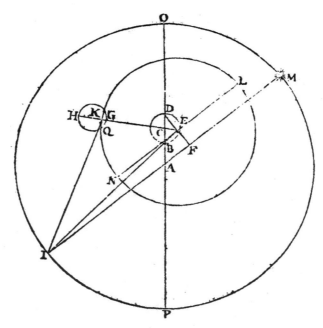

图 5.6　《永恒天体运行表》中的水星算例插图

通过比较不难发现，兰斯伯格的水星经度模型也与《天体运行论》基本相同。如表 5.2 所示，两个模型的参数也非常接近，尤其平均偏心差、心轮半径、本轮半径等几何参数，《永恒天体运行表》基本沿袭了《天体运行论》中的数据。值得注意的是，兰斯伯格水星模型中的偏心圆半径与哥白尼模型并

　明清科技与社会丛书　|　会通历学：薛凤祚历法工作研究

不相同,且两者相差 190,恰好是本轮半径的大小。尽管如此,两者本质上实际是等价的。虽然在图 5.5 中本轮 GH 的中心是在圆 EF 上,不过兰斯伯格在实际计算时,其实是按照本轮 GH 与圆 EF 相切来计算的。在水星算例中,兰斯伯格也确实是这样计算的:图 5.6 中 $EG=3573$,再加上 $GK=107$,得到水星与偏心圆圆心之间的真实距离 $EK=3680$。换言之,在兰斯伯格的水星模型中,偏心圆的半径是水星与偏心圆圆心的最小距离,而在哥白尼的水星模型中,偏心圆半径则为水星与偏心圆圆心的平均距离。实际上,两模型中水星与偏心圆圆心的距离均为 $r=3763-190\cos 2\bar{\kappa}$。此外,兰斯伯格对水星远日点的运动也略微进行了调整,修改了其平均速率。

表 5.2　《天体运行论》与《永恒天体运行表》水星经度模型参数比较

参　　　数	《天体运行论》	《永恒天体运行表》
距日平行每日行度	$3°6'24''13'''40''''$	$3°6'24''12'''1''''8'''''6^{vi}$
高行每日行度	$17'''41''''$ *	$18'''51''''36'''''20^{vi}$
偏心圆半径 r	3763	3573
平均偏心差 e_1	736	735
心轮半径 e_2	212	212
本轮半径为 r'	190	190
地球轨道半径 R	10000	10000

　*《天体运行论》中给出的水星远日点运动为相对恒星背景的速度,笔者将其换算成为相对平春分的速度。

5.1.1.3　《永恒天体运行表》与《天体运行论》内行星经度理论的精度

　　虽然《永恒天体运行表》的内行星经度模型与《天体运行论》整体上差别不大,但两者的精度其实存在一定差异。如图 5.7,通过模拟计算 16 世纪的金星位置发现[1],《天体运行论》计算金星黄经的误差大部分在 $-60'\sim180'$ 之间,其最小值为 $-74.28385'$,最大值为 $263.49879'$,误差平均值为 $-9.782'$,平均绝对值为 $40.66366'$。相比之下,《永恒天体运行表》计算的金星经度则要精

　　① 此处根据《天体运行论》编程模拟计算求出 1500 年 1 月 1 日克拉科夫时间子夜 0 点之后 100 年的金星位置,时间间隔取每 50 日计算一个数据。下文模拟计算 1500—1600 年金星黄纬的情况相同,后不赘述。

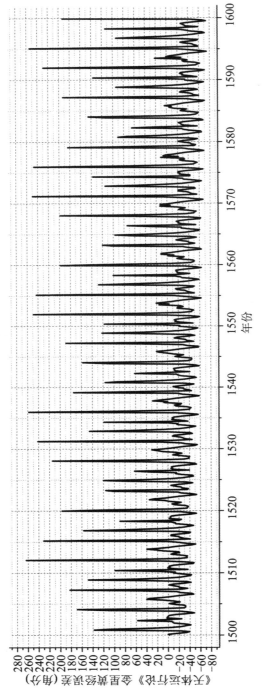

图 5.7 《天体运行论》金星黄经误差（1500—1600 年）

确一些。如图 5.8,模拟计算 17 世纪的金星位置发现①,《永恒天体运行表》计算金星黄经的误差大部分在 −120′~100′,其最小值为 −150.69143′,最大值为 121.09658′,误差平均值为 −4.93598′,平均绝对值为 21.99559′。显然,无论误差的幅度还是平均值或平均绝对值,都是《永恒天体运行表》计算的金星黄经更加精确。

与之类似,《永恒天体运行表》中的水星理论同样整体上比《天体运行论》精确。如图 5.9,通过模拟计算 16 世纪的水星位置发现②,《天体运行论》计算水星黄经的误差大部分在 −600′~300′,其最小值为 −612.47662′,最大值为 280.58531′,误差平均值为 −11.32517′,平均绝对值为 123.19921′。如图 5.10,模拟计算 17 世纪的水星位置发现③,《永恒天体运行表》计算水星黄经的误差大部分在 ±400′ 之间,其最小值为 −419.66936′,最大值为 427.31801′,误差平均值为 −6.49014′,平均绝对值为 112.64522′。同样,无论误差的幅度还是平均值或者平均绝对值,都是《永恒天体运行表》的水星黄经精度更高。

综上所述,《永恒天体运行表》中的内行星经度理论与《天体运行论》关系密切,两者从模型到参数都比较接近。从精度来看,《永恒天体运行表》整体上要比《天体运行论》更加精确。

5.1.2 《永恒天体运行表》与《天体运行论》中的内行星纬度模型

《天体运行论》中的内行星纬度模型与外行星纬度模型基本相同,两者的区别之处为地球位置不同:前者地球在内行星轨道半径外,后者地球在外行星轨道半径内。如图 5.11(Swerdlow,Neugebauer,1984)[682],S 为太阳,O 为地球,P 为行星,行星轨道与黄道的夹角为 i,行星距其轨道升交点为 ω',则其日心视黄纬为 $b = \arcsin(\sin i \sin \omega')$,由几何关系换算为地心视黄纬 $\beta = \arcsin[(SP/OP)\sin b] = \arcsin[(SP/OP)\sin i \sin \omega']$。(Swerdlow,Neugebauer,1984)[487-488]

---

① 此处根据《永恒天体运行表》编程模拟计算求出 1600 年 1 月 1 日哥斯时间子夜 0 点之后 100 年的金星黄经,时间间隔取每 50 日计算一个数据。下文模拟计算 1600—1700 年金星黄纬的情况相同,后不赘述。

② 此处根据《天体运行论》编程模拟计算求出 1500 年 1 月 1 日克拉科夫时间子夜 0 点之后 100 年的水星位置,时间间隔取每 20 日计算一个数据。下文模拟计算 1500—1600 年水星黄纬的情况相同,后不赘述。

③ 此处根据《永恒天体运行表》编程模拟计算求出 1600 年 1 月 1 日哥斯时间子夜 0 点之后 100 年的水星黄经,时间间隔取每 20 日计算一个数据。下文模拟计算 1600—1700 年水星黄纬的情况相同,后不赘述。

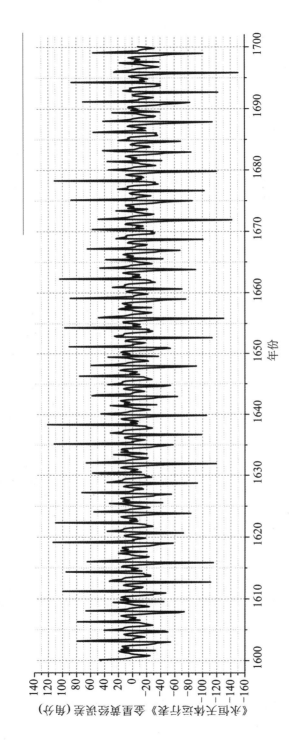

图 5.8 《永恒天体运行表》金星黄经误差（1600—1700 年）

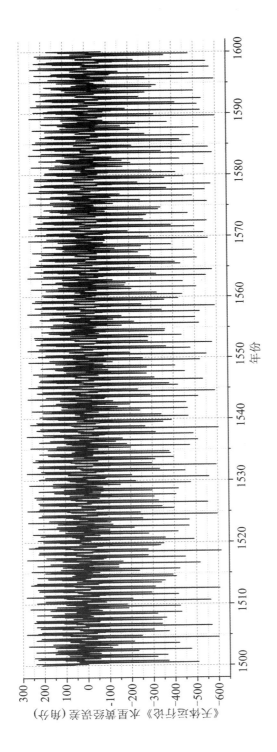

图 5.9 《天体运行论》水星黄经误差（1500—1600 年）

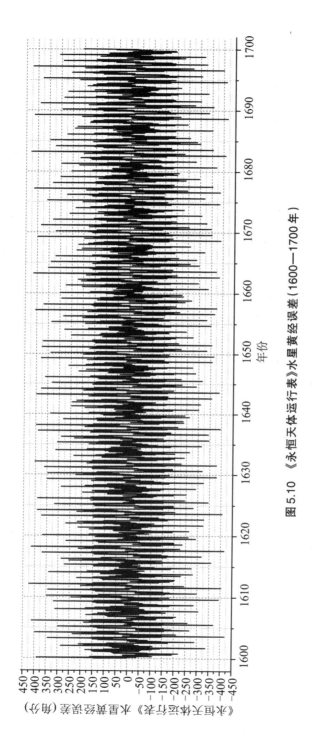

图 5.10 《永恒天体运行表》水星黄经误差（1600—1700 年）

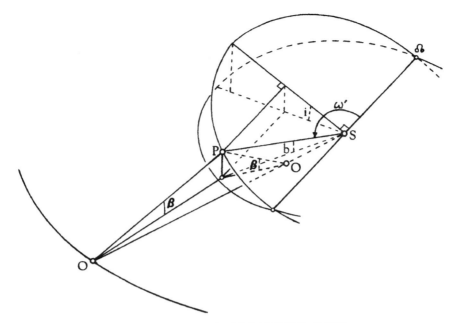

图 5.11　《天体运行论》中的行星纬度模型

《永恒天体运行表》"实在的新天体运行理论"第十七节"两内行星纬度的真实运动及其新理论"（Nova & vera Theoria motuum duorum inferiorum Planetarum in Latitudinem）介绍了内行星的纬度模型，如图 5.12，A 为太阳，O 为地球，M 为内行星，圆 $EFCG$ 为黄道、圆 $EBCD$ 为内行星轨道，内行星在其轨道上逆时针运动，E 为升交点，C 为降交点。然后，由内行星距其升交点的距离可求得其日心视黄经，再由几何关系可换算得其地心视黄经。（Lansbergi，1632）*Theoricae motuum coelestivm novae , & genuinae* : 29

　　"实在的新天体运行理论"第十八节"金水二星纬度视运动之例证"（Quomodo Veneris & Mercurij latitudines demonstrentur）分别列举了计算金、水二星纬度的实例。首先，兰斯伯格介绍的是金星纬度的算例。如图 5.13，A 为太阳，O 为地球，M 为金星，该算例与前面金星经度算例的时间相同，此时金星升交点黄经为 $\bar{\lambda}_N = 50°55'16''$，金星的日心视黄经为 $\lambda' = 84°17'$，金星距其升交点为 $\widehat{EM} = \omega' = 33°22'$，则金星的地心视黄纬为 $\angle MON = \beta = \arcsin[(r/OM) \cdot \sin i \sin \omega'] = 1°23'$，其中 $r = 7193$ 为金星轨道半径，$OM = 9943$ 为金星与地球的距离（可由几何关系求得），$i = 3°30'$ 为金星轨道与黄道的夹角。（Lansbergi，1632）*Theoricae motvvm coelestivm novae, & genuinae* : 29–30

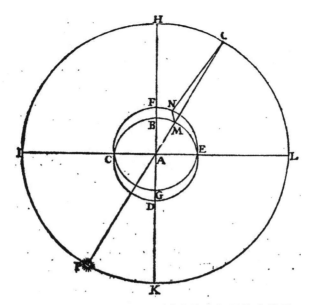

图 5.12　《永恒天体运行表》中的内行星纬度模型

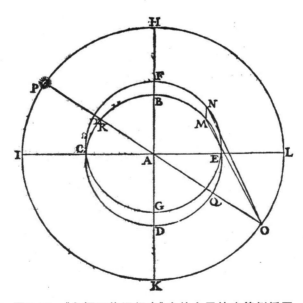

图 5.13　《永恒天体运行表》中的金星纬度算例插图

随后,兰斯伯格又介绍了水星纬度的算例。如图5.14,A为太阳,O为地球,M为水星,该算例与前面水星经度算例的时间相同,此时水星升交点黄经为$\bar{\lambda}_N = 217°0'2''$,水星的日心视黄经为$\lambda' = 261°19'$,水星距其升交点为$\widehat{EM} = \omega' = 44°19'$,则水星的地心视黄纬为$\angle MON = \beta = \arcsin[(r/OM)\sin i \sin \omega'] = 2°13'$,其中$r = 3818$为水星轨道半径,$OM = 7506$为金星与地球的距离(可由几何关系求得),$i = 6°16'$为水星轨道与黄道的夹角。(Lansbergi, 1632) *Theoricae motvvm coelestivm novae, & genuinae*: 30-31

由这两个算例可以看出,《永恒天体运行表》的内行星纬度模型除了具体参数存在差别之外,本质上与《天体运行论》是相同的。如表5.3所示,与《天体运行论》相比,《永恒天体运行表》中的内行星纬度模型最大的变化就是内行星轨道与黄道夹角的数值以及升交点的位置。关于内行星轨道与黄道的夹角,哥白尼同样没有提供统一的数值,而是给出了$\bar{\kappa} = \bar{\lambda}_S - \bar{\lambda}_A$分别为0°或180°以及±90°时的夹角(哥白尼,2005)[242-245],而兰斯伯格则给出了统一的夹角(Lansbergi, 1632) *Theoricae motvvm coelestivm novae, & genuinae*: 29。另外,在哥白尼的理论中内行星升交点的位置与其远日点$\bar{\lambda}_A$平行(Swerdlow, Neugebauer, 1984)[507],而兰斯伯格则将内行星升交点的运动精确化,并给出其每日行度(Lansbergi, 1632) *Theoricae motvvm coelestivm novae, & genuinae*: 29。

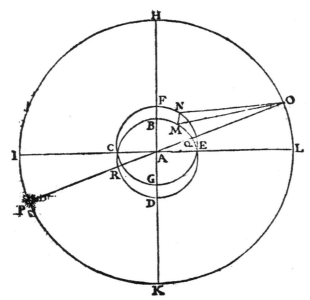

图5.14 《永恒天体运行表》中的水星纬度算例插图

表5.3 《天体运行论》与《永恒天体运行表》内行星纬度模型参数比较

参 数		《天体运行论》	《永恒天体运行表》
金星	轨道与黄道夹角 i	$2°30'$；$3°30'^{*}$	$3°30'$
	升交点运动 $\bar{\lambda}_N$	$\bar{\lambda}_A$	每日行 $6'''26''''28^v28^{vi}$
水星	轨道与黄道夹角 i	$6°15'$；$7°0'$	$6°16'$
	升交点运动 $\bar{\lambda}_N$	$\bar{\lambda}_A$	每日行 $2'''14''''16^v39^{vi}$

　　*本表中两数值前为 $\bar{\kappa}=0°$ 或 $180°$ 时轨道与黄道的夹角，后为 $\bar{\kappa}=\pm90°$ 时轨道与黄道的夹角。

　　事实上，《永恒天体运行表》的内行星纬度理论整体上比《天体运行论》略优。如图5.15，通过模拟计算16世纪的金星位置发现，《天体运行论》计算金星黄纬的误差大部分保持在 $\pm100'$ 之间，其最小值为 $-160.7983'$，最大值为 $142.60923'$，误差平均值为 $6.75034'$，平均绝对值为 $24.66146'$。相比之下，《永恒天体运行表》计算的金星纬度则要精确很多。如图5.16，模拟计算17世纪的金星位置发现，《永恒天体运行表》计算金星黄纬的误差在 $-11'\sim37'$，其最小值为 $-10.39028'$，最大值为 $36.85402'$，误差平均值为 $1.78166'$，平均绝对值为 $3.8279'$。显然，《永恒天体运行表》计算金星纬度的精度比《天体运行论》要高出一个数量级。

　　不过，《永恒天体运行表》的水星纬度理论却没有比《天体运行论》精确多少。如图5.17，通过模拟计算16世纪的水星位置发现，《天体运行论》计算水星黄纬的误差大部分保持在 $-80'\sim70'$，其最小值为 $-97.84492'$，最大值为 $83'.24504$，误差平均值为 $1.38084'$，平均绝对值为 $29.77147'$。模拟计算17世纪的水星位置发现，《永恒天体运行表》计算水星黄纬的误差在 $-29'\sim83'$（图5.18），其最小值为 $-28.38293'$，最大值为 $82.5958'$，误差平均值为 $25.236'$，平均绝对值为 $29.19245'$。虽然《永恒天体运行表》计算水星黄纬的误差幅度较《天体运行论》减小了，但误差平均值却更大，平均绝对值则与《天体运行论》基本相同。

　　综上所述，《永恒天体运行表》中的内行星纬度理论与《天体运行论》关系密切，两者最重要的差别是内行星轨道与黄道夹角的数值以及升交点的位置。从精度来看，《永恒天体运行表》金星纬度理论比《天体运行论》精确不少，水星纬度理论则两者精度相差不大。

168　　明清科技与社会丛书 | 会通历学：薛凤祚历法工作研究

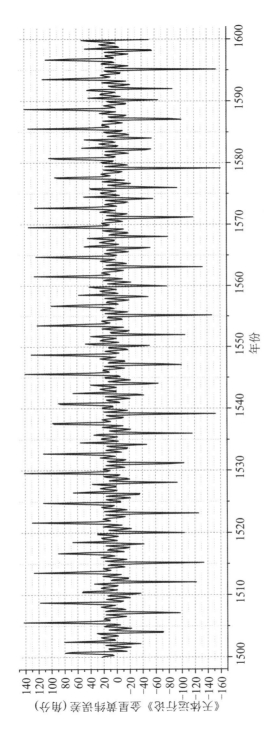

图 5.15 《天体运行论》金星黄纬误差（1500—1600 年）

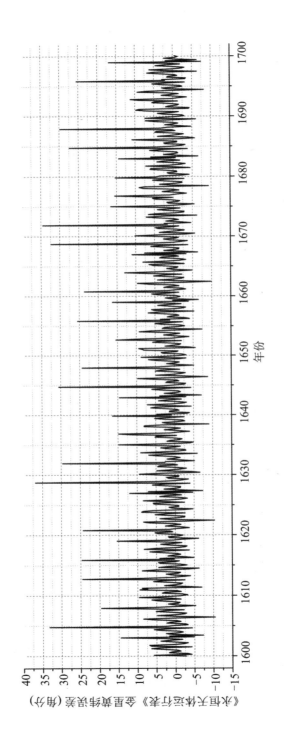

图 5.16 《永恒天体运行表》金星黄黄纬误差（1600—1700 年）

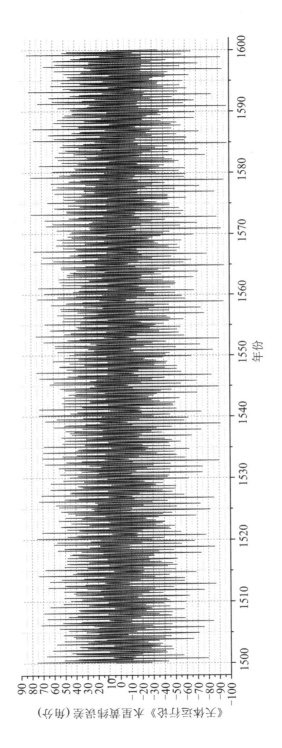

图 5.17 《天体运行论》水星黄纬误差（1500—1600 年）

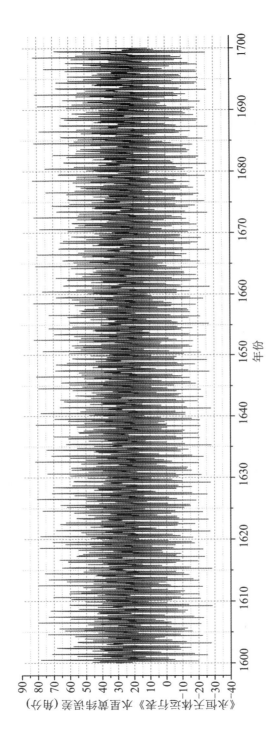

图 5.18 《永恒天体运行表》水星黄纬误差（1600—1700 年）

明清科技与社会丛书 | 会通历学：薛凤祚历法工作研究

5.2 《天步真原》中的内行星理论及其问题

　　《天步真原》中的内行星理论同样主要集中在《五星经纬部》。《五星经纬部》中的内行星理论全部译自《永恒天体运行表》,其内容可分为两个部分。第一部分主要介绍内行星经度理论,其中"金星经行诸率"一节从整体上介绍了金星经度模型,译自《永恒天体运行表》"实在的新天体运行理论"第十一节。随后的"算金星经度"①"金星心之差"②"求金星引数""求金星实经度""求金星次均"和"求金星离黄道"六节,主要介绍计算金星黄经的算例,译自《永恒天体运行表》"实在的新天体运行理论"第十二节。然后"水星经行诸率"一节整体介绍了水星经度模型,译自《永恒天体运行表》"实在的新天体运行理论"第十三节。之后的"水星经度""水星最高""求水星实经度""求水星次引数"和"求水星次引数矢线"五节,主要介绍计算水星黄经的算例,译自《永恒天体运行表》"实在的新天体运行理论"第十四节。第二部分主要介绍内行星纬度理论,其中第一节"金水二星纬行诸率"整体介绍了内行星纬度模型,译自《永恒天体运行表》"实在的新天体运行理论"第十七节。随后的"金星纬度"和"水星纬度"两节主要介绍计算金、水二星黄纬的算例,译自《永恒天体运行表》"实在的新天体运行理论"第十八节。此外,《历法部》"算火星"中列举了计算水星经度与纬度的详细过程。

　　由于《天步真原》中的内行星理论与《永恒天体运行表》基本无异,因此本节分析《天步真原》内行星理论时将重点讨论其中的文本问题,而不再重复介绍其中的内行星模型及其算例。与日月以及外行星理论的情况③类似,《天步真原》中的内行星理论同样存在各种问题,其中最重要者仍然是日地位置被人为颠倒。图 5.19 为《五星经纬部》中的水星经度算例插图,将其与图 5.6 比较可发现,《天步真原》将太阳视运动当作了太阳的真实运动。而

---

①《天步真原·五星经纬部》的目录中并未出现此节标题。

②《天步真原·五星经纬部》的目录中此节标题为"求金星心差"。与之类似,"求金星实经度""求金星次均""求金星离黄道""求水星实经度"和"求水星次引数矢线"在目录中分别为"金星实经度""求金星次均度""金星离黄道""水星实经度"和"求水星次引矢线",后不赘述。

③ 详见本书 2.2 节、3.2 节与 4.2 节。

且,介绍金、水二星经度理论的文字内容也没有提及太阳的真实位置。(薛凤祚,2008)[457-461]可见,《天步真原》确实隐瞒了兰斯伯格理论的日心体系本质。

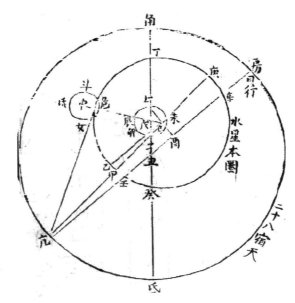

图5.19 《天步真原·五星经纬部》中的水星经度算例插图

　　除了颠倒日地位置之外,《天步真原》内行星理论中还存在很多其他的问题。首先,与日月以及外行星理论的情况类似,《天步真原》内行星经纬度的算例中都没有明确说明算例所在时间与历元之间的时间差。因此,读者必然无法理解金星算例中"金星伏见行四周纪八度十分三十二秒""太阳平行三周纪十六度六分五秒""金星最高行四十六度十四分五十秒"以及水星算例中"水星伏见行一周纪五十四度十六分五十二秒""太阳平行二周纪二十七度一分五十三秒""水星最高行二周纪五十九度四分五十九秒"等数据是如何计算而来的。(薛凤祚,2008)[457、460]毫无疑问,这些都会影响读者对《天步真原》内行星理论的理解。另外,对比《天步真原》中的金星经度理论与水星经度理论可发现,水星部分最末缺少"求水星离黄道"一节。然而,《永恒天体运行表》中是包含该内容的,而且这部分内容对于计算水星黄纬是必不可少的步骤。不知穆尼阁或薛凤祚究竟是出于何种考虑,没有将其译入《天步真原》。

　　其次,《天步真原》内行星理论中也存在很多错误的数据。例如,在介绍金、水二星伏见行与最高平行的历元初始值时,《天步真原》弄错了其中一半的数值。"金星经行诸率"中金星最高平行"根数"为"三十二度四十二分四十秒"(薛凤祚,2008)[457],即32°42′40″;对比《永恒天体运行表》则发现,这个数值应该为52°42′40″(Lansbergi,1632)[Theoricae motvvm coelestivm novae, & genuinae:136]。"水星经行诸率"中水星伏见行"根数"为"三十七度一十四分十一秒"(薛凤祚,2008)[459],即37°14′11″;对比《永恒天体运行表》发现,这个数值应该为47°24′11″(Lansbergi,1632)[Theoricae motvvm coelestivm novae, & genuinae:143]。不仅如此,《五星经纬部》在介绍水星轨道参数时,也弄错了一些数据。例如,《天步真原》中水星心轮直径为"四二四〇",但随后又言半径为"二一二"(薛凤祚,2008)[459],显然两者矛盾;对比《永恒天体运行表》可知,水星心轮直径应为424。再如,《天步真原》中水星本轮直径为"三八〇",但随后又言半径为"一九"(薛凤祚,2008)[459],两者同样不符;对比《永恒天体运行表》则知,水星本轮半径其实应为190。除此之外,《五星经纬部》介绍内行星算例的行文中也有不少讹误,本书不再一一列举。

值得注意的是,在《历法部》"算水星"一节计算水星次引数时指出:"伏见行一周纪〇十六度二十九分四十二秒,加太阳实经减差一度二分,得一周纪〇十七度三十分四十二秒为实引。"(薛凤祚,2008)[435]这里次引数的算法为伏见行加减太阳均数,然而,在《天体运行论》和《永恒天体运行表》中,次引数应等于伏见行加减水星初均! 可以肯定的是,这里绝对不是穆尼阁或者薛凤祚的笔误,因为《天步真原》此前一页中计算出的水星初均其实是"二度五九分"(薛凤祚,2008)[435]。不仅如此,《天步真原·表中卷》"蒙求"中也指出:"以积日求伏见行,加减本日太阳均度,日均度加者减之,减者加之。为次引。以本日时太阳实经查均度,比太阳引数查者异。"(薛凤祚,2008)[495]穆尼阁与薛凤祚为何要做出这样的调整,目前尚不得而知。不过,或许与外行星理论的情况类似,《天步真原》这样处理是为了可以根据太阳的真实位置来计算内行星的运动。

那么,《天步真原》中调整过的内行星理论精度与《永恒天体运行表》是否存在差别呢? 如图5.20,《天步真原》计算17世纪的金星位置[①],发现其黄经误差在−170′~140′,平均误差为−4.53923′,误差平均绝对值为22.41673′,比《永恒天体运行表》金星黄经精度略差。计算同一时期的金星黄纬,则《天步真原》误差(图5.21)大部分在−10′~25′,平均误差为1.77714′,误差平均绝对

---

① 本书此处根据《天步真原》编程模拟计算求出1600年1月1日北京时间子夜0点之后100年的金星位置,时间间隔取每50日计算一个数据。

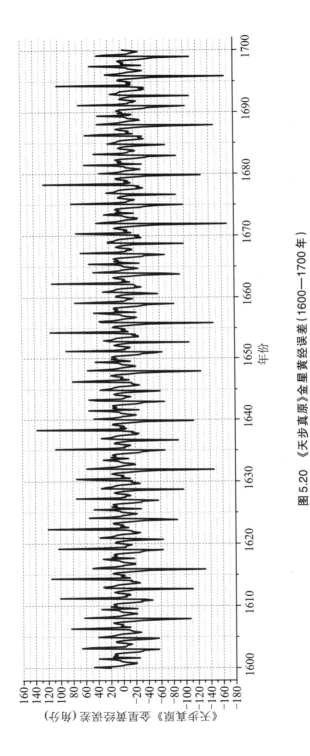

图 5.20　《天步真原》金星黄经误差（1600—1700 年）

　明清科技与社会丛书 ｜ 会通历学:薛凤祚历法工作研究

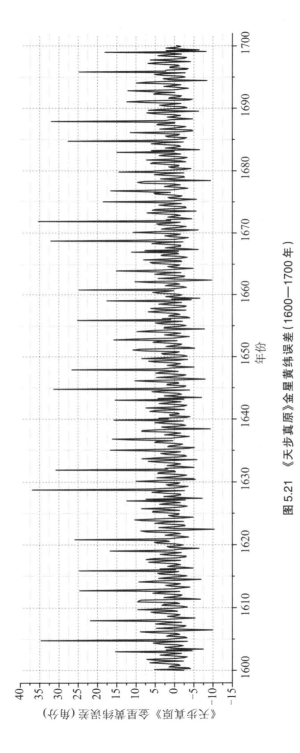

图 5.21 《天步真原》金星黄纬误差（1600—1700 年）

值为3.83433′,都与《永恒天体运行表》精度相当。

与《天步真原》相比,《西洋新法历书》计算金星黄经误差略小一些,但黄纬误差两者相差不大。如图5.22,按《西洋新法历书》计算1627—1727年的金星位置①,其黄经误差保持在-155′~30′,其误差平均值为1.34083′,平均绝对值为19.25804′。显然,《西洋新法历书》的金星经度理论要比《天步真原》精确。不过,《西洋新法历书》计算同一时期金星黄纬的误差(图5.23)大部分保持在-15′~20′,平均误差为1.24579′,平均绝对值误差为4.192′,与《天步真原》精度整体上差别不大。

与金星的情况类似,《天步真原》计算水星经度不如《永恒天体运行表》准确,纬度则与《永恒天体运行表》精度相当。如图5.24,《天步真原》计算17世纪的水星黄经②误差在-590′~620′,平均误差为-6.01477′,误差平均绝对值为120.32183′,比《永恒天体运行表》水星黄经的精度要差一些。计算同一时期的水星黄纬,《天步真原》误差(图5.25)在-35′~90′,平均误差为25.22752′,误差平均绝对值为29.96196′,亦与《永恒天体运行表》精度基本相同。

与《天步真原》相比,《西洋新法历书》的水星理论误差要大一些。如图5.26,按《西洋新法历书》计算1627—1727年的水星位置③,其黄经误差在-770′~360′,其误差平均值为-0.30228′,平均绝对值为157.69401′。显然,《西洋新法历书》的水星经度理论不如《天步真原》精确。《西洋新法历书》计算同一时期水星黄纬的误差(图5.27)保持在-36′~98′,平均误差为24.9222′,平均绝对值误差为34.33951′,精度比《天步真原》稍差一点。

总体而言,《天步真原》与《西洋新法历书》的内行星理论各有成就。《天步真原》计算水星运动的精度高于《西洋新法历书》,而《西洋新法历书》的金星运动理论则更加精确一些。因此,就内行星理论而言,两者精度基本不相上下。

---

① 此处根据《西洋新法历书》编程模拟计算求出1627年12月22日冬至北京时间子夜0点之后100年的金星位置,时间间隔取每50日计算一个数据。

② 此处根据《天步真原》编程模拟计算求出1600年1月1日北京时间子夜0点之后100年的水星位置,时间间隔取每20日计算一个数据。

③ 此处根据《西洋新法历书》编程模拟计算求出1627年12月22日冬至北京时间子夜0点之后100年的水星位置,时间间隔取每20日计算一个数据。

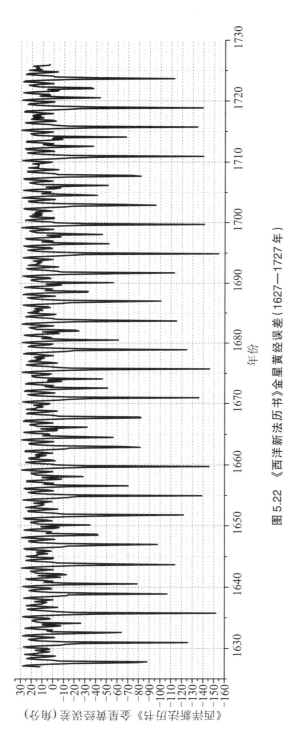

图 5.22 《西洋新法历书》金星黄经误差（1627—1727 年）

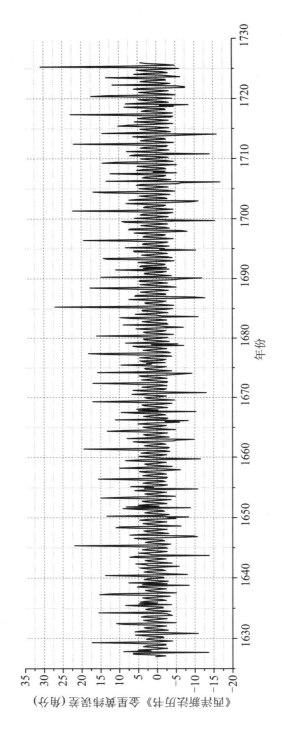

图 5.23 《西洋新法历书》金星黄纬误差（1627—1727 年）

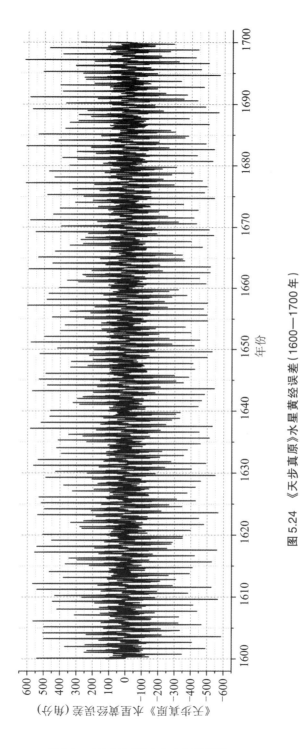

图 5.24 《天步真原》水星黄经误差（1600—1700 年）

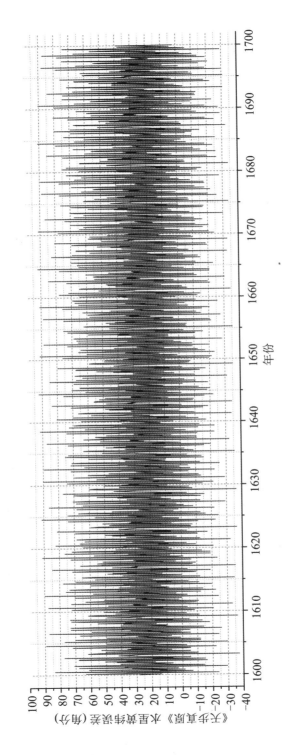

图 5.25 《天步真原》水星黄纬误差（1600—1700年）

明清科技与社会丛书 ｜ 会通历学：薛凤祚历法工作研究

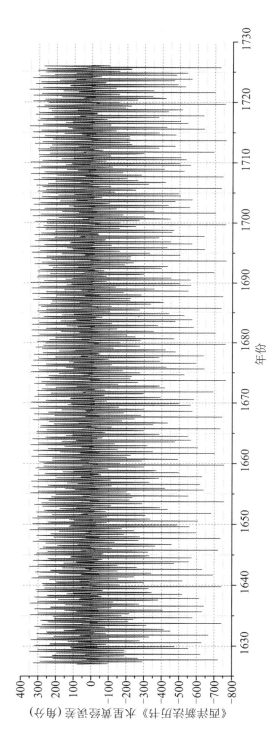

图 5.26 《西洋新法历书》水星黄经误差（1627—1727 年）

第 5 章 《天步真原》中的内行星理论

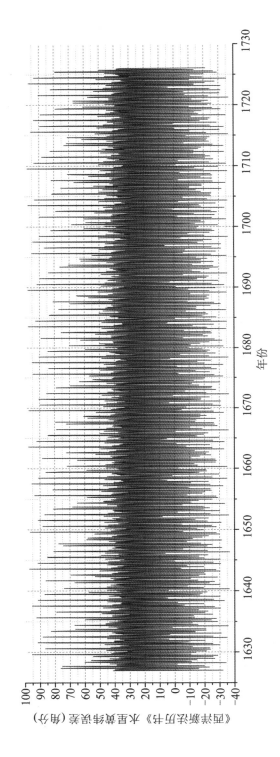

图 5.27 《西洋新法历书》水星黄纬误差（1627—1727 年）

5.3 薛凤祚对内行星理论的调整

薛凤祚在《历学会通》中对内行星理论同样进行了一些调整。与外行星理论的情况相同,《历学会通》中的内行星理论主要集中在《正集》第四卷《五星经纬法原》与第八卷《五星立成》。虽然《历学会通·五星经纬法原》中的内行星理论与《天步真原·五星经纬部》本质上相同,但两者之间还是存在着一定差别。除了角度与时刻的数据被换算成百分制、百刻制之外,《历学会通·五星经纬法原》同样没有改正《天步真原》内行星理论中的错误数据。例如,《历学会通》中水星心轮直径与本轮半径的数值仍然是错误的。(薛凤祚,1993)[698] 此外,在《历学会通·五星经纬法原》中,薛凤祚依然没有将"求水星离黄道"的内容补齐。

如本书4.3节所述,《正集·五星立成》是薛凤祚"会通"过后的行星理论,"会通中法"的内行星部分也包括在其中。与日月以及外行星理论的情况类似,薛凤祚"会通中法"的内行星部分同样使用了"历应""度应"等中国传统天文学名词。如图5.28,《正集·五星立成》中介绍了内行星各种平行运动的"历应""度应"等参数,并在其后分别列出了与之相关的平行表及均数表,且平行表也被命名为"立成"。值得注意的是,在"会通中法"中薛凤祚将《天步真原》中的内行星"伏见行"改名为内行星"平行",这种改动可能是为了符合中国传统历法的习惯。此外,内行星理论中的所有角度也全部被换算为从冬至点起算,初均表与次均表在"会通中法"中也分别被改名为"盈缩加减度立成"与"距日加减度立成",这些都与外行星理论的情况相同。(薛凤祚,1993)[773-779]

"会通中法"内行星理论各种平均运动的"度应"也是按照哥斯时间计算的,并未换算到中国,这一点与太阳以及外行星理论的情况相同。同样,薛凤祚在介绍内行星每种平行时都给出了其"度应"的计算过程。以金星高行为例,薛凤祚先按照"真原法"计算乙未冬至时刻金星高行为92.1688°,在此基础上加90°即为"度应"182.1688°。而且,薛凤祚还纠正了《天步真原》中金星高行的错误根数:他使用的数值为52°42′42″,而非32°42′42″。不仅如此,水星平行的错误根数在《历学会通》中也得到了更正。

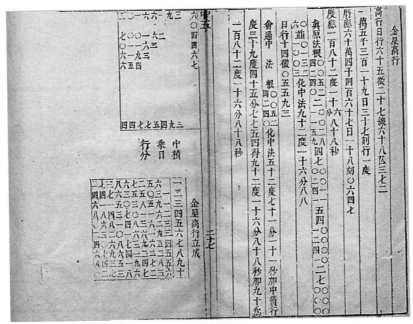

图 5.28　《历学会通·正集·五星立成》中的金星高行及其历表

　　如表 5.4，虽然薛凤祚计算的度应仍存在一定误差，但除水星平行外，最多不超过数角秒，这样的差别是非常微小的。然而，水星平行为何会出现多达近 20′的差异？薛凤祚是有意进行的调整，抑或仅仅是计算错误？目前不得而知。不过，考虑到《天步真原》水星黄经误差最大接近 10°，那么，20′的差异应该也不会对其精度产生明显的影响。此外，内行星轨道偏心差以及各种平均运动的速度等参数，在"会通中法"与《天步真原》中也都不存在差异。因此，与外行星理论的情况相同，"会通中法"与《天步真原》计算内行星的运动应该不会存在差别。

表 5.4　《历学会通·正集》内行星平均运动初始值计算误差

参　　数	《历学会通·正集》	《天步真原》	差值
金星高行	182.1688°	182.1690°	0.72″
金星交行	161.9003°	161.9008°	1.80″
金星平行	283.3350°	283.3365°	5.40″
水星高行	330.1969°	330.1975°	2.16″
水星交行	314.262777°	314.262836°	0.21″
水星平行	289.8343°	289.5016°	19.96′

第6章 《历学会通》内容考

　　《历学会通》是薛凤祚最重要的历法著作,围绕其所展开的研究不胜枚举。不过,关于《历学会通》其实还存在一些没有解决的基本问题,尤其是对该书内容及其来源的分析,迄今尚未见严谨翔实的系统研究,以至于不少学者在著述中论及此事时往往会出现一些错误。另外,只有完全了解了《历学会通》内容的来源,才能整体把握薛凤祚选取内容的标准。也只有以此为基础,方能对薛凤祚会通思想的具体特征进行更加深入的探讨。否则,对薛凤祚会通思想的研究往往缺乏足够的依据而言之空疏。因此,本章将在前人研究的基础上,对《历学会通》的内容进行系统的考订,首先厘清《正集》《考验部》《致用部》分别所应包含的卷册,然后再对各卷内容的来源逐一进行探讨。

6.1 《历学会通》卷数考

关于薛凤祚《历学会通》的卷数,历来存在争议①。其中影响最大的说法认为《历学会通》有 56 卷,包括《正集》12 卷、《考验部》28 卷、《致用部》16 卷。就笔者所见材料而言,这种说法最早见于《清史稿·薛凤祚传》(赵尔巽等,1977)¹³⁹³⁴。不过,按光绪年间编修的《山东通志·艺文志》所载,《历学会通》为 80 卷(杨士骧等,1934)³⁸²²。此外,李迪曾指出《历学会通》共 61 卷,包括《正集》15 卷、《续集》(即《致用部》)19 卷、《外集》(即《考验部》)27 卷。② 另外,《山东文献集成》第二辑第 23 册为《历学会通》,影印自北京大学图书馆藏清康熙刻本,其目录称"《历学会通》六十五卷首一卷"。③ 那么,这几种说法④究竟哪一种更为准确?这个问题目前尚无学者进行系统论述。不仅如此,《历学会通》的《正集》《考验部》与《致用部》三个部分分别包括哪些卷册,其实也一直是薛凤祚研究中悬而未决的基本问题⑤。所以,本节将主要围绕这两个问题展开讨论。

6.1.1 《历学会通·正集》卷数

相对而言,《历学会通·正集》的内容比较容易确定。如图 6.1 所示,《正集》目录共包括 12 个部分,即《正弦》《四线》《太阴太阳经纬法原》《五星经纬

---

① 袁兆桐和马来平在介绍关于薛凤祚研究现状时都曾提到《历学会通》卷数说法不一的问题。[(袁兆桐,2009)²³⁷(马来平,2009)¹⁰¹]

② 李迪在《梅文鼎评传》中列举了《历学会通》各卷的书名与作者。值得注意的是,李迪将《历学会通》的三个部分称作《正集》《外集》和《续集》,而非《正集》《考验部》和《致用部》。不过,该书随后将《历学会通》的总卷数误写成了 51 卷,实际上,按其三部分所对应卷数相加相应为 61 卷。(李迪,2006)³²²⁻³²⁴

③ 事实上,北京大学图书馆藏有五个版本的《历学会通》(Shi Yunli,2007)⁶⁷⁻⁶⁸,《山东文献集成》所影印者为其中某一版本还是不同版本拼凑而成,目前尚不得知。

④ 马来平曾指出《中国大百科全书·天文学卷》中认为《历学会通》为 41 卷(马来平,2009)¹⁰¹,但笔者查阅《中国大百科全书·天文学卷》中的"薛凤祚"词条,其中关于《历学会通》的卷数沿用了《清史稿》的观点,并无 41 卷之说(刘金沂,1980)。

⑤ 关于这个问题,前人的说法大都比较混乱,目前尚无学者对此进行系统的整理与分析。

法原》《交食法原》《中历》《太阳太阴并四余》《五星立成》《交食立成》《经星经纬性情》《辨诸法异同》与《对数》。事实上,这12个部分各成一卷,因此,《正集》亦应是12卷。不过,《正集》第一卷《正弦》之前还有一卷《古今历法中西历法参订条议》,其中缝有"首卷"二字,故《正集》实际为12卷外加首卷1卷。

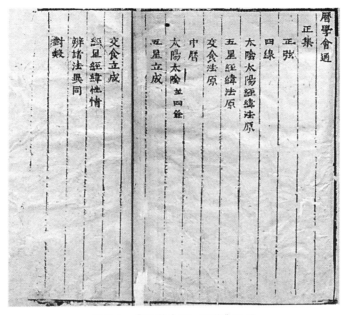

图6.1　《历学会通·正集》目录

　　值得注意的是,现存《辨诸法异同》均起自第十二页,前十一页则不知所踪。第十二页为按《天步真原》介绍万历二十四年丙申闰八月(1596年9月22日)日食的内容,而按该卷目录此前应有"时宪历丙申日食"。(薛凤祚,1993)[838] 实际上,该部分内容在现存《历学会通》中经常被编订成单独的一卷,即《日食诸法异同》,该卷还曾以《天学会通》之名被收入《四库全书》。[①]查验其中计算过程可知,该卷应为薛凤祚根据《西洋新法历书·交食表》计算而成。[②] 因此,就内容而言,该卷应为《正集·辨诸法异同》的一部分,而不应该另算一卷,更不应该被混编入《考验部》(薛凤祚,2008)[590]。事实上,后人

---

　　① 李亮等曾经指出,《四库全书》本《天学会通》实际上是使用《西洋新法历书》计算万历丙申闰八月日食的内容(李亮、石云里,2011)[220-221]。

　　② 例如,薛凤祚在该卷"求交周"中指出:"六十五甲子下一十一宫二十四度四七二二,三十二年丙申下八宫二十五度三一五二,九月策九宫〇六度〇二〇五",这些数据均与《西洋新法历书·交食表》相吻合。[(薛凤祚,1993)[830](徐光启等,2000)[第384册:48-53]]

在研读《历学会通》时就已经发现了这个问题。如图6.2，美国国会图书馆藏康熙刻本《历学会通·日食诸法异同》的首页上写有这样的标注："此十四页在《正集·诸法异同》之首，错订。"（薛凤祚，[1664a]）尽管目前尚无法得知此标注由何人所写，但此人显然已经察觉《日食诸法异同》应为《辨诸法异同》中的一部分。

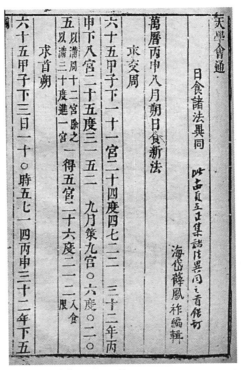

图6.2　美国国会图书馆藏《历学会通·日食
诸法异同》首页中的标注

　　尽管如此，《日食诸法异同》的中缝却与《辨诸法异同》并不相同：《辨诸法异同》的中缝为"辨异同"，而《日食诸法异同》的中缝却只有一个"图"字。因此，并不能因为将《日食诸法异同》单独列为一卷就简单地解释其为装订错误。实际上，《日食诸法异同》共十六页[①]，其中只有十页是在计算万历丙申闰八月日食，随后的内容不仅有"崇祯壬申三月望月食"，还列举了用表计

---

　　① 美国国会图书馆藏康熙刻本缺该卷最后两页，故前引标注中称"此十四页"（薛凤祚，[1664a]）。值得注意的是，《四库全书》本《天学会通》同样缺少最后两页，恐怕亦是《四库全书》编撰时所用该卷版本缺此两页所致。

算日月五星运动的算例(图6.3)。所以,该卷实际上包含了两种功能:一是计算了万历丙申闰八月日食,对应《辨诸法异同》缺失的部分;二是提供了使用《西洋新法历书》计算交食与日月五星运动的算例,对后人学习《西洋新法历书》具有重要的参考价值。或许正是因此,在有些版本的《历学会通》中,《日食诸法异同》被编订在了《今西法选要》中(薛凤祚,[1664d]),可见这样的安排其实也具有一定的合理性。尽管如此,总体而言,《日食诸法异同》还是应该被视作《辨诸法异同》的一部分。不过,薛凤祚为何要将《日食诸法异同》从《辨诸法异同》中抽出,目前尚无法得知。

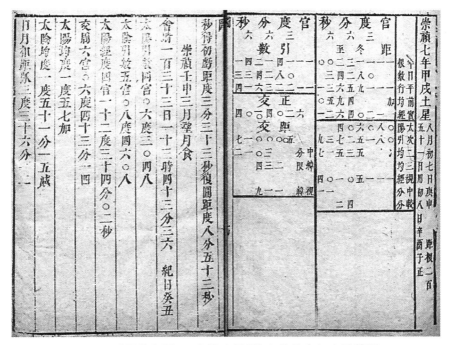

图6.3 《历学会通·日食诸法异同》中的月食与土星算例

另外,关于《正集》还有一个问题需要解释。在一些版本的《历学会通》[1]中,《交食法原》后有一个长达二十七页的算表,名为"黄道九十度距天顶及距地平";但在另外一些版本的《历学会通》[2]中,该表则位于《今西法选要》中。那么,此表究竟应该在什么位置呢?笔者经过考证发现,该表实际出自《西洋新法历书·交食表》。[(薛凤祚,1993)[709-722](徐光启等,2000)[第384册:227-245]]

---

① 例如北京图书馆藏《益都薛氏遗书》(薛凤祚,1993)[709]。

② 例如美国国会图书馆藏《历学会通》(薛凤祚,[1664a])。

如图6.4所示,《历学会通》中的"黄道九十度距天顶及距地平"表与《西洋新法历书》中的同名表完全相同。由此可见,该表表值使用的是六十进制,因此,该表不可能是《历学会通·正集》中的内容。在《正集》中,薛凤祚将所有表值都换算为百进制,若他有意将"黄道九十度距天顶及距地平"表收入《正集》,必然会将其表值换算为百进制,故该表应是《今西法选要》中的一部分。不过,值得注意的是,该表中缝与《今西法选要》其他历表存在差别:《今西法选要》历表部分中缝均为"今表"二字,该表中缝处却写着"交食表"。这种情况倒是与《正集·交食立成》中的历表更加接近,《交食立成》中缝处为"食表"。或许正是因此,才会导致有人误将"黄道九十度距天顶及距地平"表编订进《正集》。

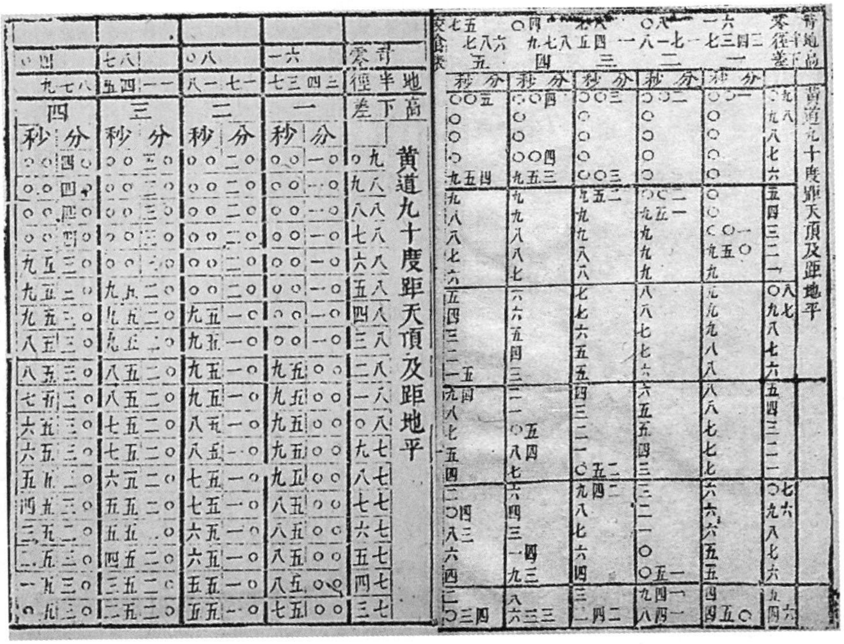

图6.4 《西洋新法历书》与《历学会通》中的"黄道九十度距天顶及距地平"表

6.1.2 《历学会通·考验部》卷数

在《历学会通》中,最庞大繁杂的部分便是《考验部》,其所含卷次也最有必要进行厘清。《考验部》包括四个部分:《旧中法选要》《回回历》《今西法选要》和《新西法选要》,下文将分别讨论这些部分所包含的卷次。按《旧中法选要》目录,该部分应包括6卷(薛凤祚,2008)[271-274],但该目录实际上少列了

明清科技与社会丛书 | 会通历学:薛凤祚历法工作研究

一卷内容。事实上,《旧中法选要》共包括《历原部·太阳太阴》《历原部·五星交食》《历法部·太阳太阴》《历法部·太阴中星》《历法部·五星》《立成部》以及《另局历法》7卷。值得注意的是,《另局历法》一卷篇幅相对较短,只有八页。(薛凤祚,2008)[331-335]虽然从内容上来看,该卷确实独立于《旧中法选要》其他部分,但考虑到其篇幅及其在《旧中法选要》中的作用,该卷其实相当于《旧中法选要》的附录。[①] 若此,则将《旧中法选要》算作6卷也是可以的。

《考验部·回回历》应包括2卷:《西域回回历》与《域表》。有的学者认为《考验部·回回历》为一卷(胡铁珠,2009)[5],这种观点其实不妥。《西域回回历》与《域表》不仅页码相互独立,而且中缝亦不同:《西域回回历》中缝为"西域历",而《域表》中缝则为"域表"。由此可见,两者并非同属一卷。

《今西法选要》应包括6卷:《太阳部》一卷、《太阴部》一卷、《日食部》一卷、《今法表》二卷以及《黄道九十度距天顶及距地平表》一卷。前人认为《今西法选要》中包括《时宪蒙求》与《今表》各一卷(李迪,2006)[324],这种说法有待商榷。首先,《今西法选要》中明确出现了"《今法表》二卷"的字样(薛凤祚,2008)[368]。其次,"时宪蒙求"篇幅仅有三页(不含目录),且其仅为使用历表之说明,故不应将其脱离历表单独列为一卷。因此,《今西法选要》中这两卷应为《今法表》二卷而非《时宪蒙求》与《今表》各一卷。另外,虽然《黄道九十度距天顶及距地平表》篇幅较大,但其终究只是一个算表,单独列为一卷实无必要。尽管该表无论页码还是中缝都独立于《今法表》,但该表实际上用于交食计算,从内容结构上来看,可将其编入《今法表》计算交食的部分。若此,则将《今西法选要》看作5卷也是合乎情理的。

《新西法选要》是《考验部》中规模最大的部分,其重要性不言而喻。该部分共包括16卷:《历年甲子》一卷、《太阳太阴部》一卷、《五星经纬部》一卷、《日月食原理》一卷、《历法部》一卷、《表上卷》一卷、《表中卷》一卷、《表下卷》一卷、《经星部》一卷、《纬星性情部》一卷、《世界部》一卷、《人命部》三卷、《选择部》一卷以及《正弦部》一卷。其中《历年甲子》虽然从页码上看确实单独列为一卷,但由于其篇幅仅有五页,作为一卷其实略显牵强,故可将其视作《太阳太阴部》所附内容。若此,则可视《新西法选要》为15卷。另外,前人多认为表上、中、下卷"蒙求"应算作三卷或合为一卷[(Shi Yunli,2007)[77](李迪,2006)[324](胡铁珠,2009)[5]],这种观点其实不妥。首先,如前所述,"蒙求"为使用历表之说明,将其与历表分开编排并不合理;其次,《新西

---

① 详见本书7.1节。

法选要》表"蒙求"篇幅均较短,均只有三四页内容,显然不可能各自单独成为一卷,即便三者合为一卷仍显不足。因此,最为合理的编排方式应为每卷表之前附其"蒙求",以说明该卷中各表的使用方法。

总而言之,就文本而言,《历学会通·考验部》应包括31卷,但如果从内容结构的角度考虑,如按本书所言对可以合并的卷册进行整合,则《考验部》可成为28卷。

6.1.3 《历学会通·致用部》卷数

虽然《历学会通·致用部》的卷数本来并不存在争议,但是,其中两卷《气化迁流》的内容非常值得探讨。在目前常见版本的《历学会通》中,《致用部》一般都包括《气化迁流卷之七·五运六气》与《气化迁流卷之八·十干化曜》两卷。(薛凤祚,2000)[390-425] 然而,《气化迁流》实际上是薛凤祚晚年另一部多达80卷的巨著,其规模甚至超过了《历学会通》。[①] 因此,这两卷并不应该算作是《历学会通》的内容,更何况《致用部》的目录(图6.5)中本来也没有这两卷(薛凤祚,2000)[345]。事实上,除去这两卷《气化迁流》的内容后,《致用部》刚好是16卷:《三角算法》一卷、《律吕部》二卷、《西法医药部》一卷、《中法占验

图6.5　《历学会通·致用部》目录

① 详见本书1.1.3小节。

部》四卷、《中法选择部》二卷、《中法命理部》一卷、《中外水法部》一卷、《中外火法部》一卷、《中外重法部》一卷以及《中外师学部》二卷。显然,这样的内容编排也与《致用部》目录一致。不过,为何《历学会通》中会出现这两卷《气化迁流》的内容呢?这可能是薛凤祚后来对《致用部》中相应内容进行的补充。《气化迁流卷之七·五运六气》置于《西法医药部》之后,是因为《西法医药部》仅有两页,且其中明言:"西法治病多以草药单服,既名称不同辨析未易,再俟讲求补足。"(薛凤祚,2000)[389]可见,《五运六气》一卷或许正是所谓"补足"的内容。《气化迁流卷之八·十干化曜》的情况亦应类似,就内容而言,该卷实际应编排在《中法命理部》之后,这一点由"命理叙"中曾提到"十干化曜"(薛凤祚,2000)[511]可推断出。《中法命理部》仅十三页,或许薛凤祚后来认为有必要对其进行补充,故将《十干化曜》一卷附于其后。

综上所述,《历学会通》实际应共包括60卷,其中《正集》12卷外加首卷1卷、《考验部》31卷、《致用部》16卷。若《正集》不计首卷,《考验部》按整合后卷数计,则《历学会通》卷数为56卷首1卷。可见,《清史稿》所载《历学会通》卷数相对而言最为准确,其所言《正集》《考验部》《致用部》三部分之卷数也大致相当。

6.2 《历学会通》内容来源考

《历学会通》内容庞杂,涉猎极广:《正集》由薛凤祚会通古今中西历法而成,《考验部》则选辑了当时最重要的几种历法系统,《致用部》更是汇集了不同类型、不同来源的实用知识,这些均早已为学界所共识。因此,《历学会通》内容的来源一直是薛凤祚研究中的一个重要方面。目前已有不少关于这方面的研究成果问世,天文历法部分如石云里发现了《天步真原》历法部分的底本(石云里,2000)、李亮探讨了《旧中法选要》与邢云路《古今律历考》的关系(李亮,2011)[29-30]、王刚分析了《今西法选要》对《崇祯历书》的选辑(王刚,2011b)等,星占部分如钟鸣旦研究了《天步真原》星占部分的来源(钟鸣旦,2010),数学部分如韩琦讨论了《正集》"比例对数表"的来源(韩琦,1988)[45]、杨泽忠探讨了《正弦》的底本(杨泽忠,2011)等,实用部分如田淼、张柏春指出《重学》是"《奇器图说》和《诸器图说》的摘编之作"(田淼、张柏春,2006)、郑诚讨论了《师学》与韩霖《守圉全书》的关系（郑诚，2011）[146]等。虽然前人已经取得了比较多的重要成果，不过这些研究大多只是讨论《历学会通》某个部分甚至某一卷的内容来源，目前尚无人从整体上对《历学会通》内容的来源进行系统地分析与梳理。此外，部分前人研究当中还存在少许遗漏与错误，以及一些有待于进一步详细展开论述的地方，这些都需要得到纠正或者补充。因此，本节将在前人研究的基础上对《历学会通》的内容来源进行系统讨论。

6.2.1 《历学会通·正集》内容来源

《历学会通·正集》开篇为卷首《古今历法中西历法参订条议》，该卷分为三部分："《授时历》较古历及刘宋祖冲之历法""参订历法条议二十六则"以及"西法会通参订十一则"。笔者经考证发现，第一部分"《授时历》较古历及刘宋祖冲之历法"实际上取自邢云路《古今律历考》卷六十二《历议三》第二至五页，其中所言"考正者七事""创法五事"均与《古今律历考》完全相同。[（薛凤祚，2008）[3-4]（邢云路，1983）[666-667]]值得注意的是，"《授时历》较古历及刘宋祖冲之历法"的版式与该卷其他部分并不相同。如图6.6，上为"《授时历》较古历及刘宋祖冲之历法"，其字行之间无栏线，版心有单黑鱼尾；下为"参订历法条议二十六则"，其字行之间有乌丝栏，版心无鱼尾。另外，"《授时历》较古历及刘宋祖冲之历法"与"参订历法条议二十六则"页码也不连续：前者最后一页与后者第一页页码均为"三"。由这些可以看出，薛凤祚很可能修改过"《授时历》较古历及刘宋祖冲之历法"。第二部分"参订历法条议二十六则"取自《西洋新法历书·奏疏》第百七四至百八五页，即李天经于崇祯八年（1635年）四月初四上奏的"参订条议"。[（薛凤祚，1993）[622-625]（徐光启等，2000）[第383册：134-139]]第三部分"西法会通参订十一则"署名为"海岱后学薛凤祚议"，且其内容均是介绍《历学会通》的，故当为薛凤祚自己撰写。（薛凤祚，1993）[625-627]另外，"西法会通参订十一则"最后一页版式与"授时历较古历及刘宋祖冲之历法"相同，而前三页版式则与"参订历法条议二十六则"相同。若不计最后一页，"西法会通参订十一则"中的内容刚好为十一则，可见，这最后一页应是薛凤祚后来所增加的。

《正集》第一卷为《正弦》，由薛凤祚根据《天步真原·正弦部》改编而成。对比《正集·正弦》与《新西法选要·正弦部》不难发现，两者内容基本相同，最主要的差别为两者角度数值不同：《天步真原》中的角度均为六十进制，而在《正集》中薛凤祚则将其全部换算为百进制。[（薛凤祚，1993）[628-637]（薛凤祚，

2008）[555-563]其实，这种做法正是薛凤祚会通中西历法的一个方面。此外，在《正集·正弦》中，薛凤祚还增加了所谓"开方秘法"，并称该方法传自"太乙山人"（薛凤祚，1993）[629]。实际上，薛凤祚在"中法四线引"中曾提到："癸酉之冬，予从玉山魏先生得开方之法。"（薛凤祚，1993）[638]此处"魏先生"即魏文

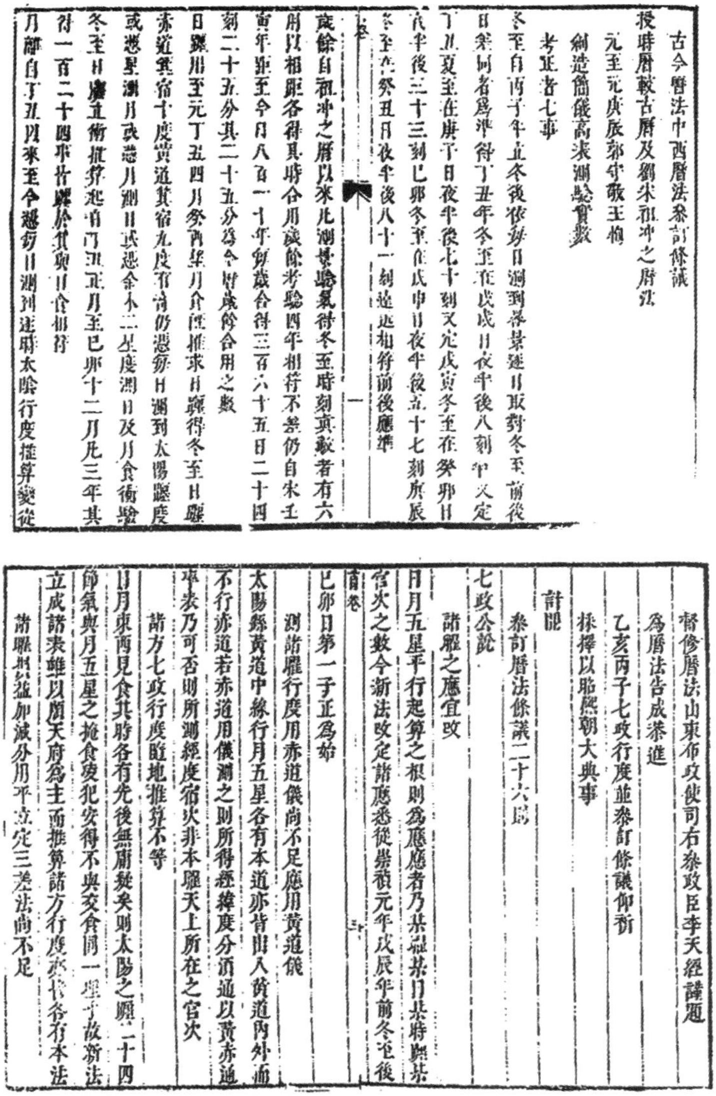

图6.6　《历学会通·正集·古今历法中西历法参订条议》
不同部分版式比较

魁，其自号为"玉山布衣"。不仅如此，按方以智《通雅》记载："崇祯时……玉山魏太乙奉旨别局改修《授时》《大统》诸法"（方以智，1983a）[285]，可见"太乙"其实也应是魏文魁之号。因此，《正集·正弦》中所谓"开方秘法"应是授自魏文魁无疑。

因《正集》与《新西法选要》中均含《正弦》，故《历学会通》中有两个关于《正弦》的序（图6.7）："正弦部序"与"正弦法原叙"。那么，究竟哪个才是《正集·正弦》的序？ 其实，两序内容多半雷同，唯独最后几行有所差别。不过，就是在这几行中，"正弦部序"提到"属有会通之役，更用新例改为中法"，而"正弦法原叙"中则无此句。[（薛凤祚，1993）[627]（薛凤祚，2008）[10]]只有《正集·正弦》是经薛凤祚会通之后的"中法"，故"正弦部序"才是其序，而"正弦法原叙"则应是《新西法选要·正弦部》之序。

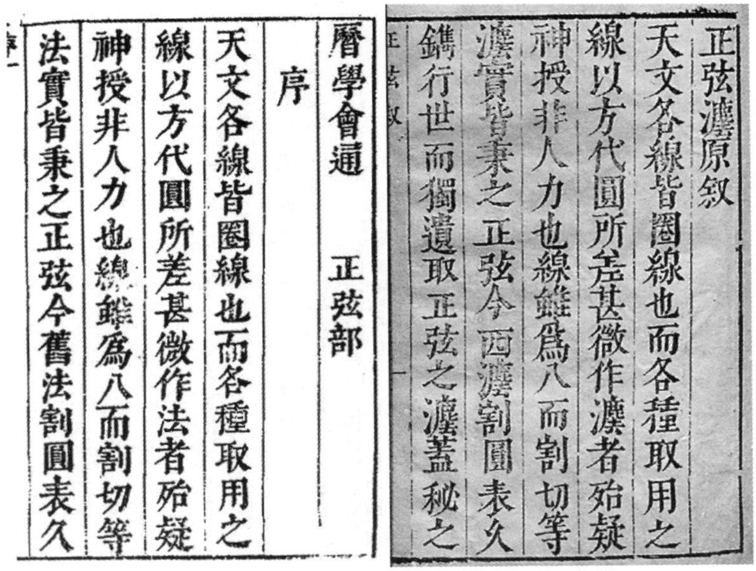

图6.7 《历学会通》中的"正弦部序"与"正弦法原叙"

《正集》第二卷《比例四线新表》为三角函数对数表，与第十二卷《比例对数表》关系密切，故笔者将这两卷放在一起讨论，来分析其内容来源。《比例对数表》为一到一万的常用对数表，不过，书中称原表实际为一到十万的对数表，可惜一万以外的部分"失之于途"（薛凤祚，1993）[871]。韩琦据此推断穆尼阁所传入者当为"Vlacq 表"（韩琦，1988）[45]，即荷兰书商艾德里安·弗拉克（Adriaan Vlacq，1600—1667 年）的《对数算术》（*Arithmetica logarith-*

mica, 1628）。对比《比例对数表》与《对数算术》可发现,《比例对数表》的确应是将《对数算术》中表值舍去最后四位而成。(薛凤祚,1993)[872-893]（Vlacq,1628）*Chiliades centum logarithmorum pro numeris ad unitata ad 100000, Chilias 1-10* 不过,韩琦并没有讨论《比例四线新表》的来源。事实上,《对数算术》中不仅有对数表,而且也还有三角函数对数表(图6.8)。"中法四线引"中曾提到薛凤祚从穆尼阁处求得"对数四线表"。(薛凤祚,1993)[638]"正弦部序"中亦称:"往年予与穆先生重订于白下,且以对数代八线,觉省易倍之,已授梓矣。"(薛凤祚,1993)[627]可见,《比例四线新表》应为穆尼阁带入中国的,薛凤祚只是将角度换算成了百进制。与《对数算术》三角函数对数表中的相应表值[①]相比,《比例四线新表》同样舍去了最后四位。(薛凤祚,1993)[640-684]（Vlacq,1628）*Canon triangulorum, sive tabula artificialium sinuum, tangentium & secantium …* 因此,薛凤祚所用原表出自《对数算术》的可能性很大。换言之,穆尼阁在南京传授薛凤祚对数与对数四线时所用的表很可能就是弗拉克的《对数算术》。

　　《正集》随后的日月、五星、交食法原部分均改编自《天步真原》。尤其日月、五星部分,除了章节略有删减、次序稍微有调整以及数据进制改变之外,这两卷与《天步真原》基本相同。[②] 相比之下,《正集·交食法原》与《新西法选要·日月食原理》之间的差异要大得多。如图6.9所示,仅就目录而言,便已经可以看出两者之间的区别。实际上,《交食法原》尽可能地压缩了《日月食原理》的内容:前者篇幅仅有十页,而后者为十九页。[(薛凤祚,1993)[704-708]（薛凤祚,2008)[482-491]]以计算定朔望时刻为例,《日月食原理》用了九节、近四页的篇幅说明这个问题,而《交食法原》则只用了一节、约一页;而《交食法原》其他部分也都比《日月食原理》要精练。因此,《交食法原》总体上要比《日月食原理》条理更加清晰,逻辑也更加顺畅。尽管如此,两者在数学上实际是等价的,只不过《交食法原》中的数据同样被换算成为中国传统历法的进制。另外,还有一点值得注意,《交食法原》目录中最后两节为"附七政用表算及四余"和"五星用表算",然而,这两节只见于少数版本的《历学会通》(薛凤祚,[1664a],[1664b])。由于这两节内容比较罕见,以至于有人认为这两节并不存在,并将其从目录中涂掉(薛凤祚,[1680])。

---

　　① 因《比例四线新表》中角度为百进制,故与《对数算术》中的三角函数对数表并不完全相同。不过,两者每隔0.05°(即3′)便可遇到一个相应值(如1.05°=1°3′),因此,可以采取这种方式对两者表值进行比较。

　　② 详见本书2.3、3.3、4.3、5.3节。

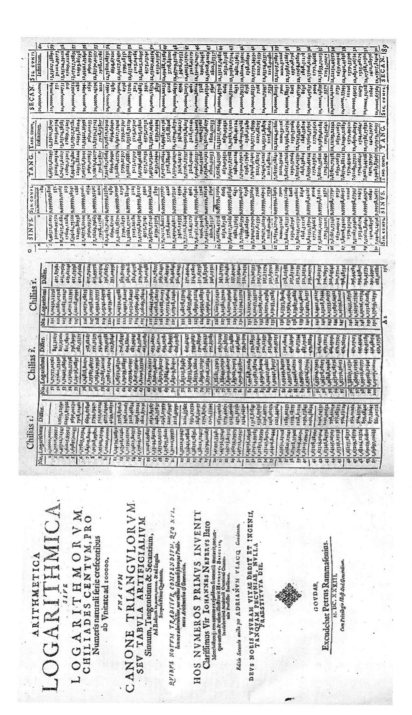

图 6.8 《对数算术》及其中的对数表与三角函数对数表

明清科技与社会丛书 │ 会通历学：薛凤祚历法工作研究

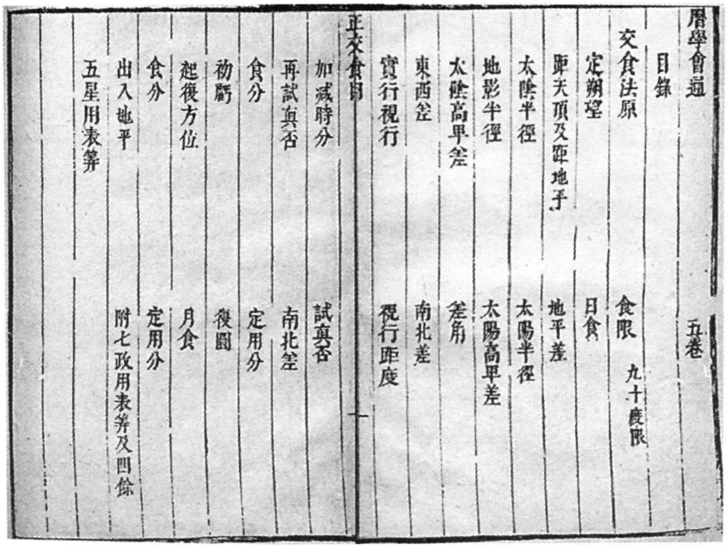

正交食目　加減時分　再試真否　食分　初虧　起復方位　食分　出入地平　五星用表筭
　　　　　試真否　南北差　定用分　復圓　月食　食分　定用分　附七政用表筭及四餘

交食法原　定朔望　距天頂及距地子　太陰半徑　地影半徑　太陽高卑差　東西差　實行視行
目錄　　　日食　地平差　地半徑　太陽半徑　太陽高卑差　南北差　視行距度
　　　　　食限　九十度限　太陽半徑　差角

五卷

天學會通日錄　日食會原理　求食限　日月相距時　試法　有實行求視行　東西差　算差角　應時　相距時刻加減
日食會原理　平會離正會　日月相距時　試法真否　實行視行　南北差　求地平差　太陽實會經緯　太陽高卑差
求食限　平朔中積　日月前後　丹筭法　視行求視行　求視會　太陽距天頂　不筭法　太陰高卑差

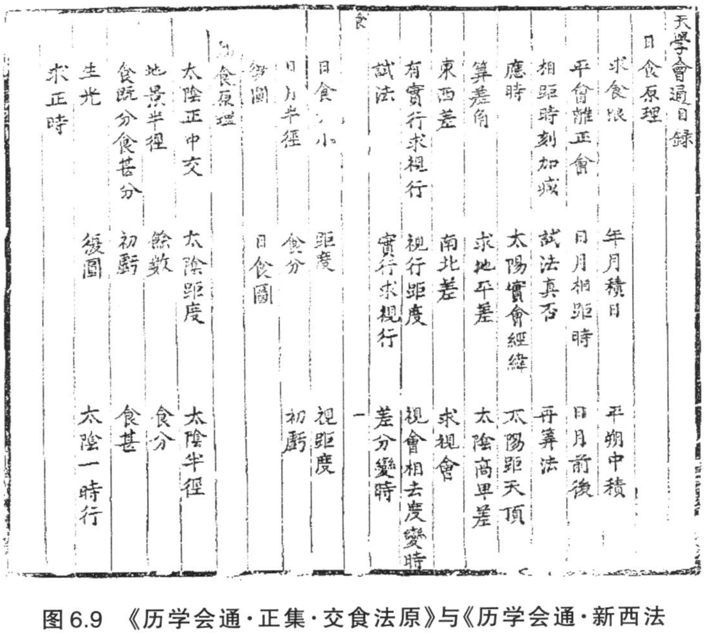

距度　日食小　日月半徑　日食圖　視距度　初虧
食分　食分　初虧　太陰距度　太陰半徑　食甚　太陰一時行
食原理　食既分食甚分　地景半徑　太陰正中交　太陽距度　食分　食甚
生光　求正時　食既分食甚分　地景半徑　餘數　初虧　太陰一時行

图6.9　《历学会通·正集·交食法原》与《历学会通·新西法选要·日月食原理》目录比较

　　《历学会通》中内容来源最复杂的一卷恐怕就是《正集》第六卷《中历》了。该卷为《正集》历法部分之首，内容相当繁杂。第一节为"历年甲子"，薛凤祚在此列出了从第一甲子黄帝元年至第七十三甲子天启四年（1624年）所有甲子年的时间。与《天步真原》中的"历年甲子"对比不难发现，前者乃是

由后者改编而成的,且前者还修正了后者中的讹误。[(薛凤祚,1993)⁷²³⁻⁷²⁴
(薛凤祚,2008)⁴³⁷⁻⁴⁴⁰]第二节为"各省直纬度",主要介绍各省之北极出地度
数。按薛凤祚注,这些数据为"至元郭守敬测",将其与《元史》卷四十八《志
第一·天文一》"四海测验"所载数据对比发现,两者之间或许存在关联。①
不过,由于两者所列地点并不完全吻合,因此,无法判断薛凤祚是否真的参
考了《元史》。另外,《古今律历考》也记载了《元史》中的这些数据(邢云路,
1983)⁵³⁷⁻⁵³⁸,因《历学会通》引用《古今律历考》的内容较多②,若薛凤祚真的参
考了上述数据,则其参考《古今律历考》的可能性或许要大于《元史》。第三
节"各省经度及节气加减"主要介绍各省与北京之间的经度差与时间差,且
其数据其实是根据"时宪法"换算而来的。例如,江西时间为"京师减六分六
十六秒",而按"时宪法"换算的结果正是"六分六十六秒";此外,其他省的情
况也都类似。(薛凤祚,1993)⁷²⁴⁻⁷²⁶不仅如此,实际上该节所用"时宪法"数据
与《西洋新法历书·交食历指》卷三所载相符。例如,江西"时宪法差十分",
而《西洋新法历书》亦言"江西南昌府约减一十分";与之类似,两者其他省的
数据也均相符。[(薛凤祚,1993)⁷²⁴⁻⁷²⁶(徐光启等,2000)第³⁸³册:³⁵⁹]因此,本节应
为薛凤祚根据《西洋新法历书·交食历指》编成。

随后两节"南北正向"与"定时"介绍测量方法,主要根据徐光启崇祯三
年(1630年)十一月二十四日上奏的《测候月食奉旨回奏疏》改编而成。"南北
正向"一节主要取自上述奏疏中"三曰表臬者""四曰仪者"和"其二,指南针
者"三段[(薛凤祚,1993)⁷²⁶⁻⁷²⁷(徐光启等,2000)第³⁸³册:⁷¹⁻⁷²],而"今西法"与"新
西法"两段则分别取自《西洋新法历书·日躔历指》"定南北线第一"[(薛凤
祚,1993)⁷²⁶(徐光启等,2000)第³⁸⁶册:³⁵]与《天步真原·太阳太阴部》"定地方南
北正向简易法"[(薛凤祚,1993)⁷²⁶(薛凤祚,2008)⁴⁴⁶];"定时"一节则主要取
自上述奏疏中的"五曰晷者"和"其一,壶漏等器"两段。[(薛凤祚,1993)⁷²⁶
(徐光启等,2000)第³⁸³册:⁷¹⁻⁷²]虽然这些内容确实出自《西洋新法历书》,但薛凤
祚已经完全打乱了其原有顺序,并将其按照自己的思路重新排列。

之后五节"土王用事""气候""直宿""建日"和"纳音"主要用于民历铺
注,内容均取自《古今律历考》卷三十六。不过,薛凤祚根据新的"岁实"修改

---

① 例如,《元史·天文志一》"四海测验"中太原的北极出地度数为"三十八度少",《历学会通·
正集》"各省直纬度"中山西的北极出地度数为"三十八度";再如,《元史·天文志一》"四海测验"中
益都的北极出地度数为"三十七度少",《历学会通·正集》"各省直纬度"中山东的北极出地度数为
"三十七度"。[(薛凤祚,1993)⁷²⁴(宋濂等,1976)¹⁰⁰⁰⁻¹⁰⁰¹]

② 详见本节下文。

了"土王用事"中的数据[(薛凤祚,1993)⁷²⁷(邢云路,1983)⁴¹⁴]。其他几节中"气候"完全摘自《古今律历考》[(薛凤祚,1993)⁷²⁷⁻⁷²⁸(邢云路,1983)⁴¹⁵⁻⁴¹⁶],而"直宿""建日""纳音"则是略加删改而成的[(薛凤祚,1993)⁷²⁸(邢云路,1983)⁴¹⁶⁻⁴¹⁷]。

"太阳行子午圈百刻对度分"表用于换算太阳周日行度与时刻,其算法非常简单,或为薛凤祚自算。(薛凤祚,1993)⁷²⁹"时差"中的算法与《天步真原·日月食原理》中所载相同[(薛凤祚,1993)⁷²⁹(薛凤祚,2008)^{419-420,484,491}],但《天步真原》中并无此表,故"时差立成"应为薛凤祚自算。随后的"清蒙差""日距地半径差"以及"清蒙地半径表用法"三节其实皆出自《西洋新法历书》。^① 虽然《天步真原》中亦有"清蒙差"表,但对比《中历》"清蒙差立成"表值可发现,两者并不相符。[(薛凤祚,1993)⁷³⁰(薛凤祚,2008)⁵⁰³]实际上,《中历》"清蒙差立成"是参考《西洋新法历书·日躔表》卷二"日高清蒙气差表"编算而成,而介绍"清蒙差"的文字则出自《西洋新法历书·日躔历指》"论清蒙气之差第三"。^② 与之类似,"日距地半径差表"取自《西洋新法历书·日躔表》卷二"最高三距地半径差表"[(薛凤祚,1993)⁷³¹⁻⁷³³(徐光启等,2000)^{第386册:112-115}];不过,薛凤祚将《西洋新法历书·日躔历指》中介绍太阳加减差的文字错误地用来解释"日距地半径差"[(薛凤祚,1993)⁷³¹(徐光启等,2000)^{第386册:54-55}]。此外,"清蒙地半径表用法"同样出自《西洋新法历书·日躔表》卷二,只不过薛凤祚将其中的角度全部换算成了百进制。[(薛凤祚,1993)⁷³³⁻⁷³⁴(徐光启等,2000)^{第386册:111}]

然后,"中历测验法"介绍了圭表测影的方法,并列举了测量崇祯三年冬至的数据。(薛凤祚,1993)⁷³⁴目前笔者尚无法确定该节内容来源,不知其中所载崇祯三年测影之事是否魏文魁所为。随后的"西法春秋分测日度"改编自《西洋新法历书·日躔历指》"春秋两分时太阳之本度第五"[(薛凤祚,1993)⁷³⁴⁻⁷³⁵(徐光启等,2000)^{第386册:43-44}],"二至测日高度"与"小器取日高零数"取自《天步真原·太阳太阴部》"夏至测日高"与"夏至测日高零数"两节[(薛凤祚,1993)⁷³⁵(薛凤祚,2008)⁴⁴⁶],而"逐日测太阳经度"则根据《西洋新法历书·日躔历指》"随日午正测太阳所躔经度宫分"编成[(薛凤祚,1993)⁷³⁵(徐光启等,2000)^{第386册:46}]。"北极出地四十度昼夜加减刻分"表出处不详,不

---

① 《正集·中历》目录中另有"过百数为一刻"一节,但此六字实际上出现在"时差立成"中,是对"时差立成"表值的注释,并非某节标题,故不应出现在目录中。(薛凤祚,1993)^{722,730}

② 薛凤祚将表值从六十进制换算为百进制,不过,《中历》"清蒙差立成"许多表值实际上比《西洋新法历书》偏小。[(薛凤祚,1993)⁷³⁰(徐光启等,2000)^{第386册:38,111-112}]

知是否为薛凤祚自算。(薛凤祚,1993)[736]《中历》最后两节"测太阳最高及两心之差测春秋分"与"求春秋分日躔本交度"分别出自《西洋新法历书·日躔历指》"求太阳最高之处及两心相距之差第七"与"春秋两分时太阳之本度第五"。[(薛凤祚,1993)[735](徐光启等,2000)[第386册:44,50-51]]不过,该卷最末所附"日食零差"不知出自何处。(薛凤祚,1993)[738]

　　总之,《正集·中历》一卷内容来源非常复杂,且薛凤祚对这些材料的使用也往往不同于原书,可见薛凤祚完全是按照自己的结构编撰此卷的。

　　随后的《正集》第七、八、九卷分别为日月、五星、交食的历表,由薛凤祚根据《天步真原》的方法重新计算、仿照《授时历》的形式改编而成[①],故此三卷应为薛凤祚自撰。不过,其中历表主要出自《天步真原》,薛凤祚将其表值换算成百进制,对表名也进行了修改。值得注意的是,《太阳太阴并四余》最后"黄道度次积度"与"黄道交十二次宫界"两表并非出自《天步真原》。笔者经过对比发现,"黄道度次积度"大部分表值与《西洋新法历书·恒星历指》卷二末尾处表"各宿黄道本度"一行相合(图6.10),只不过前者角度为百进制,而后者为六十进制。[(薛凤祚,1993)[757](徐光启等,2000)[第384册:324-325]]然而,《西洋新法历书》并无"黄道交十二次宫界",该表或许为薛凤祚仿照《授时历》(或《古今律历考》)"黄道十二次宿度"自算。[(薛凤祚,1993)[758](宋濂等,1976)[1212-1213](邢云路,1983)[423-424]]此外,《五星立成》中的"五星晨夕伏见表"与"五星黄赤道升度表"其实出自《西洋新法历书·五纬表》首卷[(薛凤祚,1993)[784-786](徐光启等,2000)[第385册:255-256,258-259]],而该卷最后的"太阴凌犯时刻立成"则应为薛凤祚仿照《回回历法》自算(图6.11)。[(薛凤祚,1993)[788-789](贝琳,1477)[卷五:36a-38b]]另外,《交食立成》最后的"定用自乘数"是否还有其他来源,目前笔者尚无法判断。(薛凤祚,1993)[807-808]

　　《正集》第十卷《经星经纬性情》主要根据《天步真原·经星部》改编而成,比较两者可发现,《经星经纬性情》中的恒星黄经被换算为百进制,且其表值比《天步真原·经星部》要多 $0.39°$。[(薛凤祚,1993)[809-819](薛凤祚,2008)[565-575]]事实上,《天步真原·经星部》是根据《西洋新法历书·恒星经纬表》删减而成,对比可发现两表中同一恒星的黄经相同。[(薛凤祚,2008)[565-575](徐光启等,2000)[第384册:374-398;第385册:1-24]]正如"经星叙"中所言:"精此道者,首推弟谷,其法备于今西法。……予未之及而犹存弟谷之法"(薛凤祚,2008)[564]。不仅如此,《天步真原·经星部》中还说明了筛选恒星的标准:"凡在天经星一等二等三等者,光大易测皆载,四等离黄道八度以内者载,余不载;五六等小

---

① 参见本书2.3、3.3、4.3、5.3节。

星在八度以内关系星座者载，余不载。"（薛凤祚，2008）[565] 不过，《正集·经星经纬性情》中恒星的黄经为何会多出 0.39°呢？ 因《西洋新法历书》历元为崇祯元年（1628 年），故《天步真原·经星部》中的恒星位置亦为该年。《正集》所用岁差为 52″，黄经增加 0.39°相当于将恒星位置向后推算了 27 年，即《正集》中的历元 1655 年。

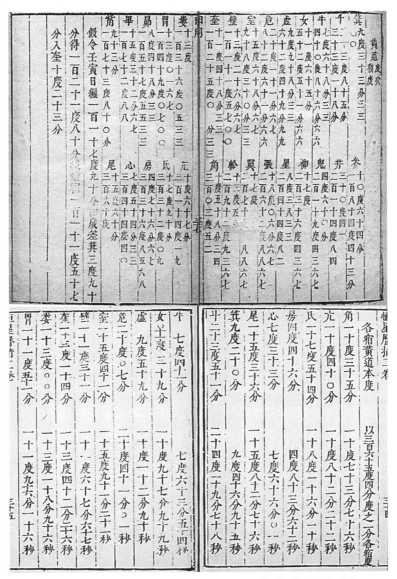

图6.10 《历学会通·正集·太阳太阴并四余》"黄道度次积度"
与《恒星历指》"各宿黄道本度"比较

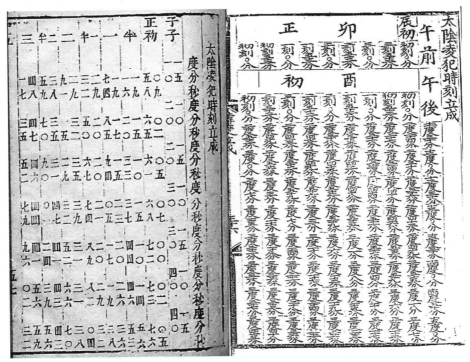

图 6.11 《历学会通·正集·五星立成》与《回回历法》"太阴凌犯时刻立成"比较

另外,该卷还有"二十四气恒星出没在中立成""二十四气太阳出入昼夜昏旦刻分"与"北极出地四十度昼夜立成"三表。这些内容版式与其他部分不同,其版心均有单黑鱼尾,可能为后来所加入。(薛凤祚,1993)[819-829]事实上,"二十四气恒星出没在中立成"与《西洋新法历书·恒星出没表》中的"北京各节气恒星出没在中表"样式基本相同(图6.12),但两者表值并不相同。[(薛凤祚,1993)[819-827](徐光启等,2000)[第385册:27-45]]"二十四气太阳出入昼夜昏旦刻分"与《西洋新法历书·恒星出没表》中的"北京各节气恒星昏旦时刻表"亦比较接近,且两者昏旦时刻基本相同,但前者比后者多日出入时刻及昼夜刻数。[(薛凤祚,1993)[828-829](徐光启等,2000)[第385册:26-27]]此外,两表前的文字完全取自《西洋新法历书·恒星出没表》,只不过薛凤祚将其中的角度换算成了中国传统的形式(图6.12)。[(薛凤祚,1993)[819,827-828](徐光启等,2000)[第385册:24-26]]因此,此两表很可能为薛凤祚参考《西洋新法历书》所改编的。至于"北极出地四十度昼夜立成",笔者目前尚未查到其可能来源。

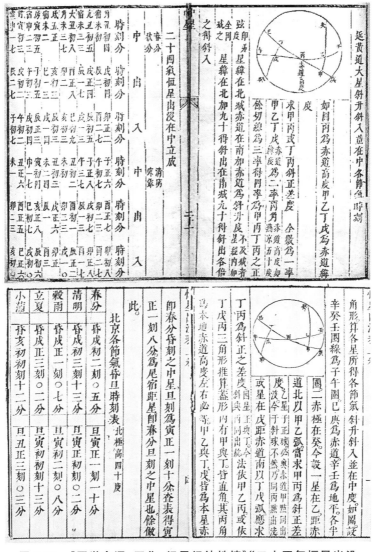

图6.12 《历学会通·正集·经星经纬性情》"二十四气恒星出没
在中立成"与《恒星出没表》相应部分比较

在《辨诸法异同》中,薛凤祚用四种方法计算了两次日食,这些内容应是薛凤祚自己编撰的。值得注意的是,用《授时历》(《大统历》)计算日食的部分版式与其他部分不同,其字行之间无栏线,版心有单黑鱼尾。另外,此部分页码也有蹊跷,出现了"又二五""又二六""又六一""又六二"等页码。(薛凤祚,1993)[845-846,864-865]可见,该部分内容可能曾被修改过。

综上所述,《历学会通·正集》的内容主要来源于《天步真原》与《西洋新法历书》,此外还有部分取自《古今律历考》与《回回历法》。另外,《历学会通·正集》在形式上应主要参考了《授时历》(《大统历》),尤其是《中历》《太阳太阴并四余》《五星立成》《交食立成》等部分。

6.2.2 《历学会通·考验部》内容来源

《历学会通·考验部》分为《旧中法选要》《回回历》《今西法选要》和《新西法选要》四个部分,下文将分别讨论其内容来源。

6.2.2.1 《考验部·旧中法选要》内容来源

李亮曾指出,《考验部·旧中法选要》主要取自《古今律历考》,这种观点总体上是正确的,但他分析两者内容对应情况的细节存在一些偏差。(李亮,2011)[29-30]如图6.13所示,《旧中法选要》前六卷中只有卷一与卷六有署名,且两者署名均为"古今律历,薛凤祚校"(薛凤祚,2008)[274、312],可见《旧中法选要》与《古今律历考》确实关系紧密。如李亮所言,《旧中法选要》卷一前半部分(从"求黄赤道度及率总数"至"推黄道每日昼夜刻")取自《古今律历

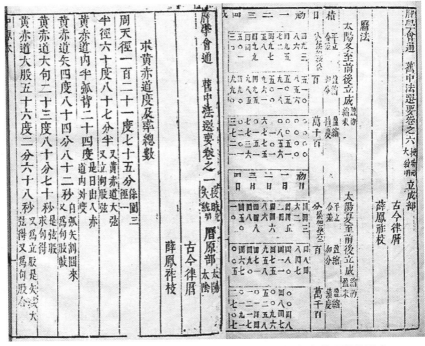

图6.13 《历学会通·考验部·旧中法选要》中"古今律历"的署名

考》卷七十[(薛凤祚,2008)274-279(邢云路,1983)732-739],该卷后半部分(从"太阳盈初缩末定差平差立差"至"推盈缩迟疾定差平差立差")则取自《古今律历考》卷六十八后半部分("又法新立"之后)[(薛凤祚,2008)279-282(邢云路,1983)713-716]。卷二前半部分(从"木星盈缩平立差"至"水星盈缩平立差")取自《古今律历考》卷七十一[(薛凤祚,2008)282-285(邢云路,1983)739-749],不过薛凤祚将火、土、金、水四星"泛平差""泛平较""泛立较"全部删除,因其"俱同木星取算",故"不细录"(薛凤祚,2008)283。该卷后半部分(从"日月食限"至"天尾五限")则取自《古今律历考》卷七十二最前面的部分[(薛凤祚,2008)286(邢云路,1983)751-752]。卷三取自《古今律历考》卷三十六,然而,比较两者发现,薛凤祚唯独将"气候"一节删除,不知是何缘故。[(薛凤祚,2008)287-294(邢云路,1983)413-424]卷四取自《古今律历考》卷三十七[(薛凤祚,2008)295-304(邢云路,1983)425-438],卷五取自《古今律历考》卷三十八[(薛凤祚,2008)305-311(邢云路,1983)439-447]。

李亮认为《旧中法选要》卷六取自《古今律历考》卷四十至四十二以及卷五十六至五十七(李亮,2011)30,笔者经过考查发现事实并非如此。实际上,《旧中法选要》卷六中的"太阳冬至夏至前后立成"合并了《古今律历考》卷四十中的"太阳冬至前后立成"与"太阳夏至前后立成"两表。[(薛凤祚,2008)312-314(邢云路,1983)452-458]不过,《旧中法选要》卷六并未选录《古今律历考》卷四十一与卷四十二中的内容,其随后的"太阴迟疾积度"实际上出自《古今律历考》卷四十五[(薛凤祚,2008)315-318(邢云路,1983)513-518],之后的"五星立成"则出自《古今律历考》卷五十六至五十七[(薛凤祚,2008)319-324(邢云路,1983)613-634]。不过,接下来的"诸行立成"各表以及"康熙五年丙午步历""康熙六年丁未冬至火星""康熙六年丁未正月冬至推金星"应均为薛凤祚自算。(薛凤祚,2008)324-330

《旧中法选要》卷七主要介绍魏文魁的另局历法,但其第一节"新法密率"实际上取自《古今律历考》卷六十九[(李亮,2011)33(薛凤祚,2008)331-333(邢云路,1983)729-731]。第二节"历法"主要出自魏文魁《历测》中的"定历元法"(李亮,2011)33,尽管两者并非完全一致[(薛凤祚,2008)333(魏文魁,1996)746-747]。至于该卷其他内容的来源,目前笔者尚未查明。不过,按照常理推断,这些内容——尤其是测算天启三年(1623年)天正冬至气应与推算崇祯七年(1634年)三月朔日食——应是出自魏文魁。

6.2.2.2 《考验部·回回历》内容来源

《考验部·回回历》署名为"监本回回历,青薛凤祚校"(图6.14),按李亮所分析,该部分出自贝琳版《回回历法》(李亮,2011)[53]。不过,仔细比较两者发现,虽然《考验部·回回历》整体上与贝琳版《回回历法》结构一致,且两者各节标题也基本都相同,但薛凤祚其实改写了其中大部分内容。例如,《回回历法》卷一算太阴经度部分"求加倍相离度"一节内容如下:

> 法曰:置西域岁前积年即系全年,入立成内各取总年零年月日下加倍相离度并之,共得内减二十六分,即为所求年白羊宫一日加倍相离度也。如求次日者,累加加倍相离度二十四度二十三分,即得所求。(贝琳,1477)[卷一:3a]

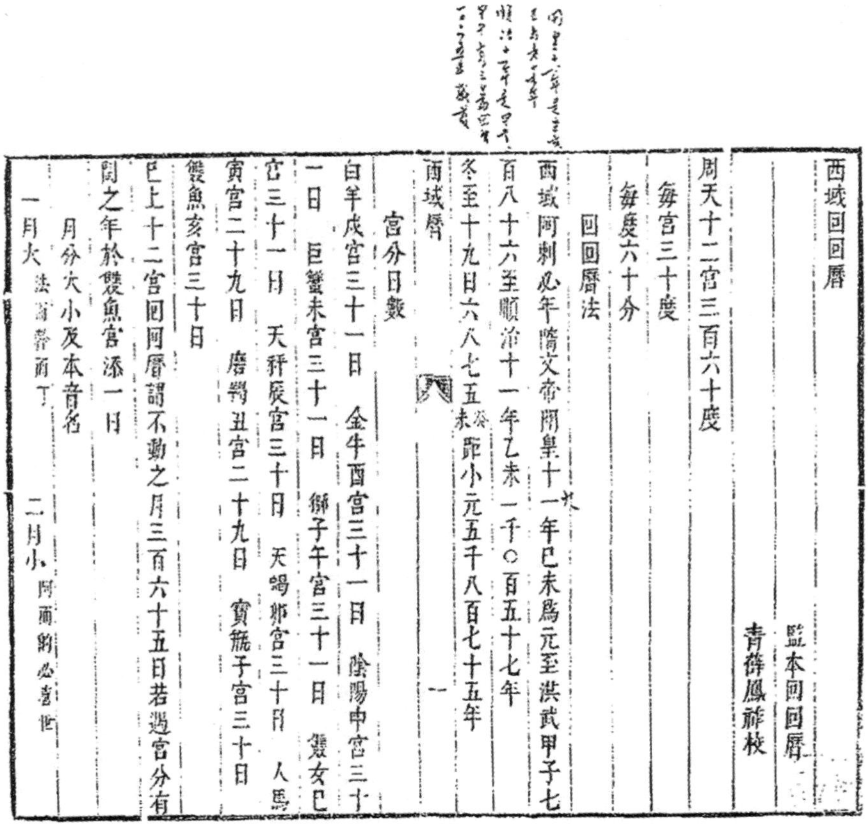

西域回回曆
監本回回曆
青薛鳳祚校
周天十二宮三百六十度
每宮三十度
每度六十分
回回曆法
西域阿剌必年隋文帝開皇十一年己未爲元至洪武甲子七
百八十六至順治十一年乙未一千○百五十七年
冬至十九日六八七五未癸距小元五千八百七十五年
西域曆
宮分日數
白羊戌宮三十一日　金牛酉宮三十一日　陰陽申宮三十
一日　巨蟹未宮三十一日　獅子午宮三十一日　雙女巳
宮三十一日　天秤辰宮三十日　天蠍卯宮三十日　人馬
寅宮二十九日　磨羯丑宮二十九日　寶瓶子宮三十日
雙魚亥宮三十日
已上十二宮回回曆謂不動之月三百六十五日若遇宮分有
閏之年於雙魚宮添一日
月分大小及本音名
一月大　法剌而丁　　二月小　阿而的必喜世

图6.14 《历学会通·考验部·回回历》中"监本回回历"的署名

而在《考验部·回回历》中,薛凤祚将其改写为:

> 积年入立成内各取总年零年月日下加倍相离度并之,内减二十六
> 分即所求年白羊宫一日加倍相离度,求次日者累加日行。(薛凤祚,
> 2008)[682]

再如,《回回历法》卷一算五星经度部分"求第一加减差"一节内容为:

> 法曰:视其星小轮心度,其宫度入各星第一加减立成内宫、内度下
> 两取之,得其度分为未定差。其分已下小余,以本行下加减分乘之,满
> 六十约之,为分视加减差。少如后行者,加之。多如后行者,减之。用加减两取
> 到未定差,即为所求第一加减差也。(贝琳,1477)[卷一:6a]

而薛凤祚则将此节内容改写为:

> 置其星小轮心宫度,入各星第一加减差立成,得其度分。又本行与
> 下行相减,余以乘小余,加减之为第一加减差。(薛凤祚,2008)[683]

由此两例可见,薛凤祚的改写是在理解消化的基础上使用尽量精炼的文字
来表达原文的核心意思。不仅如此,薛凤祚还对《回回历法》中的一些章节
进行了合并,并对历表进行了合理的简化。例如,他将《回回历法》卷一算太
阴经度部分的"求泛差"和"求加减定差"两节合并为"泛差定差"一节。[(贝
琳,1477)[卷一:4b](薛凤祚,2008)[682]]另外,《回回历法》所有加减立成表中的"加
减分"均被删去。因"加减分"为相邻"加减差"之差,可由表中"加减差"上下
两行数值相减算得,故薛凤祚将其删去并不影响实际计算。可见,《考验部·
回回历》比贝琳版《回回历法》要简洁不少,薛凤祚应对其内容进行了适当的
总结与概括。此外,薛凤祚其实还删减了一些内容,例如《回回历法》卷一中
的"求中国闰月"、卷五中的"黄道南北各像内外星经纬度立成"与"太阴凌犯
时刻立成"。

另外,薛凤祚还增加了"回回历七政经纬"一节,以"嘉靖四十四年乙丑
积九百七十二年零二十日"为算例,详细介绍了《回回历法》推算太阳黄道经
度和火星黄道经纬度的过程。(薛凤祚,2008)[693-694]值得注意的是,《考验部·
回回历》第一卷《西域回回历》版式比较特别,其版心有单黑鱼尾(图6.14),
倒是"回回历七政经纬"一节的版式与《历学会通》大部分页面相同。不知
《西域回回历》一卷是否曾经过修改,而"回回历七政经纬"一节或为后来
所增?

6.2.2.3 《考验部·今西法选要》内容来源

《考验部·今西法选要》的内容出自《西洋新法历书》，这一点应无疑问。（王刚，2011b）王刚曾详细讨论了《今西法选要》前两卷的内容来源：卷一《太阳部》取自《西洋新法历书》中的《日躔历指》和《日躔表》，卷二《太阴部》则取自《月离历指》和《月离表》。① 按王刚分析，薛凤祚选取《西洋新法历书》的内容时侧重于计算，并对其重新进行组织与排列，同时还会删减或改写一些内容。（王刚，2011b）因王刚并未讨论《今西法选要》其他部分的内容来源，故本书将重点就此展开论述。

事实上，《今西法选要》卷三《日食部》包括交食与五星两个部分，其中交食部分主要取自《西洋新法历书》中的《交食历指》和《交食表》。如图6.15所示，《日食部》第一节"求食限"与第二节"太阳太阴越六月皆能再食"均取自《交食历指》卷四。[（薛凤祚，2008）464-466（徐光启等，2000）第383册：376-378]第三节"求首朔"根据《交食表》卷一"算交食诸表法"改编[（薛凤祚，2008）466-467（徐光启等，2000）第384册：39-40]，随后的"求太阳均数"与"求太阴均度"两节取自《交食历指》卷二[（薛凤祚，2008）467-468（徐光启等，2000）第383册：348-351]。不过，从"求日月相距弧"到"求应时"九节并非《西洋新法历书》原文，应为薛凤祚根据《交食历指》中的相应部分重新撰写。在此之后，"求距顶限及距地平高度及九十度限"主要取自《交食表》卷三"黄道九十度表算法"[（薛凤祚，2008）469-470（徐光启等，2000）第384册：89]，"求太阳距地及视高差"主要取自《交食历指》卷五"求太阳高卑差"[（薛凤祚，2008）470（徐光启等，2000）第383册：397]，而"求太阴在朔望距地及视高差"则主要取自《交食表》卷八"太阳太阴视差表算法"[（薛凤祚，2008）470-471（徐光启等，2000）第384册：202-203]。随后的"太阴无距度求南北东西差"与"太阴有距度求南北东西差"两节主要出自《交食历指》卷五[（薛凤祚，2008）471-473（徐光启等，2000）第383册：395-396,403-405]，而"用表求高下差"至"又用表求时差"三节应为薛凤祚根据《交食表》编写。"求食甚"与"黄道九十度为东西差之中限"两节主要取自《交食历指》卷六[（薛凤祚，2008）473-474（徐光启等，2000）第384册：9-10,13]，而"求食分"则主要取自《交食历指》卷三[（薛凤祚，2008）474（徐光启等，2000）第383册：365-366]。之后从"求初亏时差"至"求复圆"四节应为薛凤祚总结概括《交食历指》中的相应内容而成，而"求视会复算视差之故"至"求初亏复圆俱依视差算"四节取自《交食历指》卷六[（薛凤祚，2008）475-477（徐光启等，2000）第384册：14-16]。交食部分最后一节为"月

---

① 王刚关于《今西法选要》前两卷内容来源的论述相当详尽，故本书不再重复。（王刚，2011b）332-335

食",应为薛凤祚根据《交食历指》自撰,并非引用《西洋新法历书》原文。通过上述分析可见,虽然《日食部》交食部分的内容确实主要取自《西洋新法历书》,但薛凤祚对这些材料的使用非常灵活,不仅经常会根据自己的需要进行改写,而且也完全打乱了这些内容原本的次序。

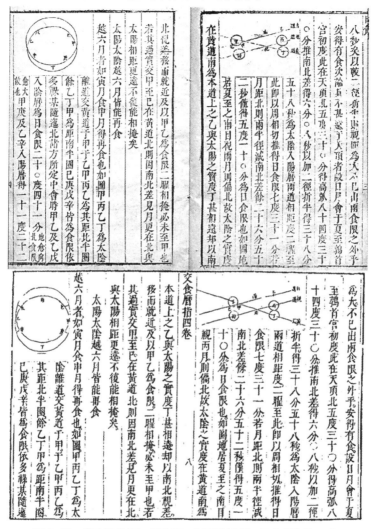

图6.15 《历学会通·考验部·今西法选要·日食部》前两节
与《交食历指》中相应内容比较

此外,另有七页介绍五星运动的内容附在《日食部》交食部分之后,该部分页码单独编号,共包括六节。其中第一节为"求自行均数",由薛凤祚根据

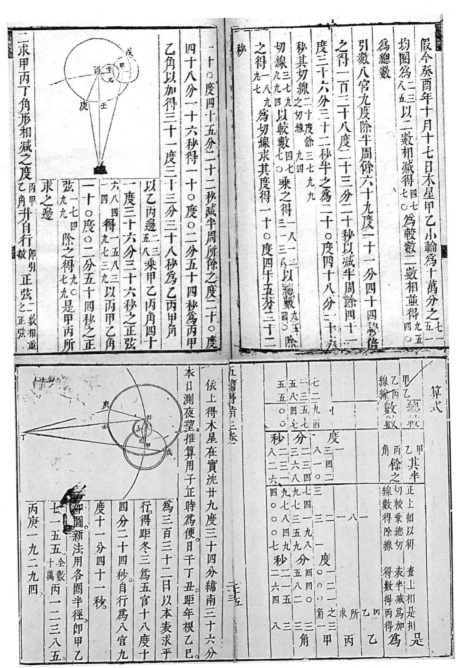

图 6.16 　《历学会通·考验部·今西法选要·日食部》五星部分第一节
与《五纬历指》中相应内容比较

《五纬历指》卷三"土星新测一用图算式"改编而成。如图6.16,其中两幅插图完全相同,只不过在《今西法选要》中薛凤祚将图逆时针旋转了九十度。不仅如此,通过比较不难发现,"求自行均数"计算过程中的数据与"土星新测一用图算式"中的算式(图6.16最右侧算表)亦完全相同。例如,两者计算最终结果均为乙丙甲角,其数值亦均为三十一度三十三分三十八秒。[(薛凤祚,2008)[478-479](徐光启等,2000)[第385册:141-142]]与之类似,第二节"求次均数"同样改写自"土星新测一用图算式"。[(薛凤祚,2008)[479](徐光启等,2000)[第385册:143]]第三节"求三均"仅为一句话,可能是薛凤祚根据《五纬表》撰写的。第四节"火星前均用图算"主要取自《五纬表》首卷"算前加减表用新图"[(薛凤祚,2008)[479-480](徐光启等,2000)[第385册:241-242]],而第五节"火星求次均用图算"则概括《五纬历指》卷四末算式而成[(薛凤祚,2008)[480](徐光启等,2000)[第385册:162]]。最后一节"算各星纬度用三角形法"前半部分内容取自《五纬历指》卷七"算各星纬度用三角形法",最后两段则出自《五纬表》首卷"五星纬行表说"。[(薛凤祚,2008)[480-481](徐光启等,2000)[第385册:193-194,248]]

《日食部》是《今西法选要》原理部分的最后一卷,之后即为历表部分。在《今法表》二卷最前面,薛凤祚撰写了一份使用说明——"时宪蒙求"。这份仅有三页的说明文字概括性极强,不大可能是《西洋新法历书》中的原文,应为薛凤祚自行编撰。(薛凤祚,2008)[366-367]《今法表》卷一前十个表用于计算太阳运动,主要取自《西洋新法历书·日躔表》。其中"永年纪日宿数""太阳高行冲度永年表"和"太阳永年甲子平行"三表出自《日躔表》"太阳平行永表",而"零年纪日宿数""太阳高行零年表"和"太阳六十年平行表"则出自《日躔表》"太阳平行六十零年表"。[(薛凤祚,2008)[369-370](徐光启等,2000)[第386册:73-75]]然后,"太阳周岁平行表"出自《日躔表》中的同名表,而"太阳平行变时分表"则取自《日躔表》"周日时对准日行表"。[(薛凤祚,2008)[370](徐光启等,2000)[第386册:81-94]]值得注意的是,薛凤祚对这些表进行了不同程度的删减,在不影响计算的情况下大大节省了篇幅。不过,《今法表》中的"太阳加减差"表并非出自《西洋新法历书》,将其与《日躔表》"日躔加减差表"比较发现,两者表值并不相同。[(薛凤祚,2008)[371](徐光启等,2000)[第386册:95-101]]实际上,此处的"太阳加减差"表是薛凤祚根据偏心圆模型计算的,故与《西洋新法历书》中的相应表不同。[①]

---

① 关于《西洋新法历书》"日躔加减差表"的计算方法以及其他细节,参见相关文献(褚龙飞、石云里,2012)。

然后,计算月亮运动的历表主要取自《西洋新法历书·月离表》。其中,"月恒年表"摘自《月离表》"历元后二百恒年表"[(薛凤祚,2008)³⁷¹⁻³⁷²(徐光启等,2000)第386册:206-212],月"日行表"与"时行表"则分别是删节《月离表》"周岁各日平行表"和"周日时刻平行表"而成的[(薛凤祚,2008)³⁷²(徐光启等,2000)第386册:212-216]。另外,"太阴加减差"表和"月次均表"分别根据《月离表》"太阴自行加减表"和"太阴二三均数总数加减表"压缩而成。[(薛凤祚,2008)³⁷²⁻³⁷⁶(徐光启等,2000)第386册:217-223,231-272]随后的"月黄白道距度"表取自《月离表》"黄白距度表",而"月交行均度及距限"表则取自《月离表》"交均距限表"。[(薛凤祚,2008)³⁷⁶⁻³⁷⁷(徐光启等,2000)第386册:223-226,227-228]最后两表为"黄白道同升表"和"月离日差表",亦均出自《月离表》。[(薛凤祚,2008)³⁷⁸(徐光启等,2000)第386册:228-229]

《今法表》卷一最后为计算交食所用历表,主要取自《西洋新法历书·交食表》。首先,"月实行表""太阴距度表"与"加减时差表"三表分别取自《交食表》"太阴实行表""太阴距度表"与"加减时表"。[(薛凤祚,2008)³⁷⁸⁻³⁷⁹(徐光启等,2000)第384册:61,65,69-70]然后,薛凤祚将《交食表》"太阳太阴视差表"拆分成了"太阴高卑差"和"太阳高卑差"两个表。[(薛凤祚,2008)³⁷⁹⁻³⁸⁰(徐光启等,2000)第384册:203-207]随后的日月半径表摘自《交食表》"视半径表"[(薛凤祚,2008)³⁸¹⁻³⁸²(徐光启等,2000)第384册:48-50],而"交食永年表"和"六十零年表"则取自《交食表》"历元前总甲子表"和"六十零年散用五行表"[(薛凤祚,2008)³⁸²⁻³⁸³(徐光启等,2000)第384册:50-52]。在此之后,"朔实"表出自《交食表》"十三月表"[(薛凤祚,2008)³⁸⁴(徐光启等,2000)第384册:53],"十二宫距宿钤"则取自《交食表》中的同名表[(薛凤祚,2008)⁴⁰⁵(徐光启等,2000)第384册:62-63]。最后,北极出地四十度黄道九十度表取自《交食表》"黄道九十度表"[(薛凤祚,2008)⁴⁰⁶⁻⁴⁰⁹(徐光启等,2000)第384册:125-127],不过,后者包括从北极出地十八度到北极出地四十度,而薛凤祚只保留了北极出地四十度的部分。另外,如前所述,"黄道九十度距天顶及距地平"表实际上也取自《交食表》。①

《今法表》卷二为计算五星运动的历表,主要取自《西洋新法历书·五纬表》。以土星历表为例,"土星永年表"与"土星六十年行表"取自《五纬表》卷一中的同名表。[(薛凤祚,2008)³⁸⁵,³⁶⁸(徐光启等,2000)第385册:266-269]随后的土星平行表与时行表则根据《五纬表》卷一"土星周岁平行表"和"土星日周时分表"压缩而成。[(薛凤祚,2008)³⁸⁶(徐光启等,2000)第385册:269-272]

---

① 详见本书6.1.1小节。

然后,"土星初均表"和"土星次均表"拆分自《五纬表》卷二"土星加减差表",且薛凤祚对两表都进行了压缩。[(薛凤祚,2008)³⁸⁶⁻³⁸⁷(徐光启等,2000)第385册:273-293]木、火二星历表的情况与土星类似,故下文不展开论述,仅介绍结论:木星历表取自《五纬表》卷三、卷四,而火星历表取自《五纬表》卷五、卷六。[(薛凤祚,2008)³⁸⁸⁻³⁹⁵(徐光启等,2000)第385册:301-327,334-357]然后,"土、木中分""土、木纬度"两表以及"火星中分""火星纬度"两表分别取自《五纬表》首卷"土木二星纬行表"和"火星纬行表"。[(薛凤祚,2008)³⁹⁵⁻³⁹⁶(徐光启等,2000)第385册:248-249]此外,内行星历表的情况也与外行星类似:计算金星经度与纬度的历表主要取自《五纬表》卷七、卷八与首卷[(薛凤祚,2008)³⁹⁶⁻⁴⁰¹(徐光启等,2000)第385册:250-252,364-389],而计算水星经度与纬度的历表则分别出自《五纬表》卷九、卷十与首卷。[(薛凤祚,2008)⁴⁰¹⁻⁴⁰⁵(徐光启等,2000)第386册:7-32;第385册:252-255]

6.2.2.4 《考验部·新西法选要》内容来源

《考验部·新西法选要》其实就是《天步真原》,主要包括历法与星占两个部分。如前所述,按石云里考证,《天步真原》的历法部分主要译自兰斯伯格的《永恒天体运行表》(石云里,2000)。由于石云里的论证已经足够详细,且本书第2~5章介绍《天步真原》的日月以及五星理论时也已对其内容来源进行过讨论。因此,下文介绍《天步真原》历法部分的内容来源时一般只是直接给出结论,除非前人研究未涉及者,否则不会展开讨论。

首先,《历年甲子》其实出自《古今律历考》。如图6.17所示,对比《历年甲子》与《古今律历考》卷六十二后半部分发现,两者数据完全相同,只不过薛凤祚在《古今律历考》的基础上又添加了一列"时宪历元积年"。[(薛凤祚,2008)⁴³⁷⁻⁴⁴⁰(邢云路,1983)⁶⁶⁷⁻⁶⁷⁰]然后,《太阳太阴部》主要译自《永恒天体运行表》第三部分"实在的新天体运行理论"的前六节,《五星经纬部》主要译自"实在的新天体运行理论"第九至十八节。虽然《永恒天体运行表》"实在的新天体运行理论"第十九、二十节为介绍日月食计算的内容,但《天步真原·日月食原理》并非直接由其翻译而来。《永恒天体运行表》该部分两节实际上每节为一算例,即一个日食算例与一个月食算例,而《日月食原理》所介绍者为计算交食的一般原理。[(薛凤祚,2008)⁴⁸²⁻⁴⁹¹(Lansbergi,1632)*Theoricae motvvm coelestivm novae, & genuinae*:32-37]因此,《日月食原理》究竟是穆尼阁根据兰斯伯格所列算例提炼而成的,还是另有其他来源,目前尚无法断定。

《天步真原》的表上、中、下卷全部出自《永恒天体运行表》第二部分,是计算日月、五星与交食所必需的工具。表前"蒙求"主要介绍表的用法,应是

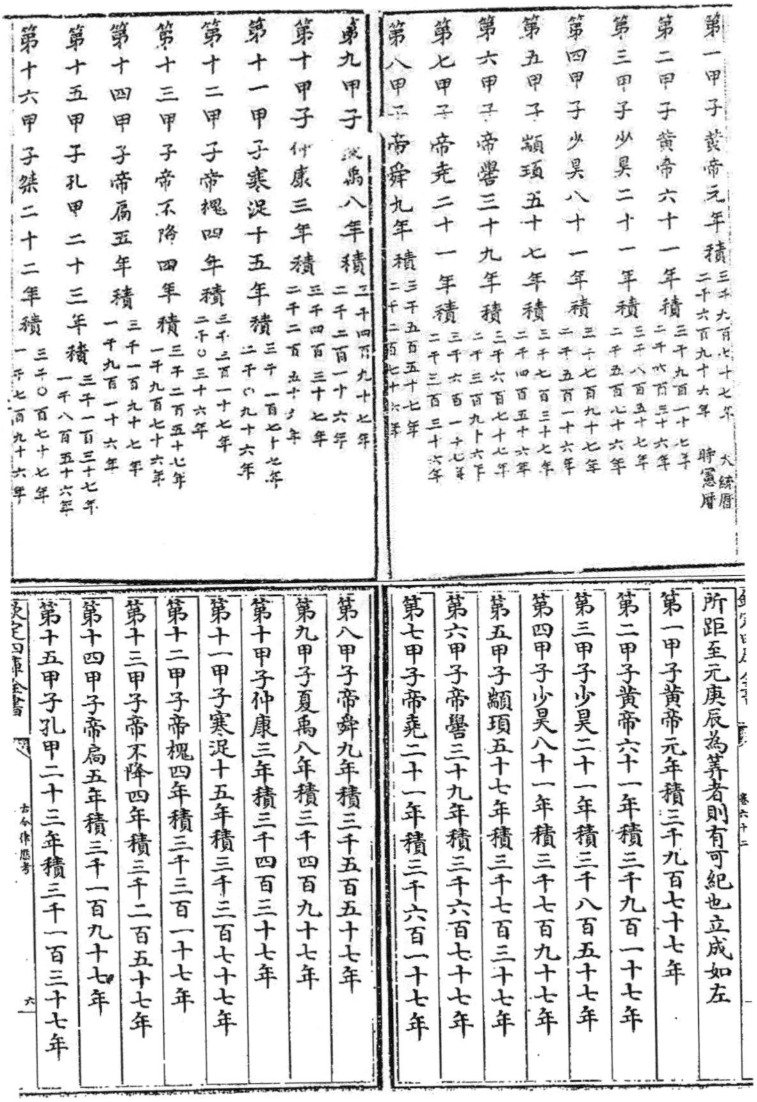
第一甲子黄帝元年積三千九百七十七年 二千六百九十六年 大統曆 時憲曆
第二甲子黄帝六十一年積三千九百一十七年 二千六百三十六年
第三甲子少昊二十一年積三千八百五十七年 二千五百七十六年
第四甲子少昊八十一年積三千七百九十七年 二千五百一十六年
第五甲子顓頊五十七年積三千七百三十七年 二千四百五十六年
第六甲子帝嚳三十九年積三千六百七十七年 二千三百九十六年
第七甲子帝堯二十一年積三千六百一十七年 二千三百三十六年
第八甲子帝舜九年積三千五百五十七年 二千二百七十六年
第九甲子夏禹八年積三千四百九十七年 二千二百一十六年
第十甲子仲康三年積三千四百三十七年 二千一百五十六年
第十一甲子寒浞十五年積三千三百七十七年 二千〇九十六年
第十二甲子帝槐四年積三千三百一十七年 二千〇三十六年
第十三甲子帝不降四年積三千二百五十七年 一千九百七十六年
第十四甲子帝扃五年積三千一百九十七年 一千九百一十六年
第十五甲子孔甲二十三年積三千一百三十七年 一千八百五十六年
第十六甲子桀二十二年積三千〇百七十七年 一千七百九十六年

欽定四庫全書 卷六十二
所距至元庚辰為筭者則有可紀也立成如左
第一甲子黄帝元年積三千九百七十七年
第二甲子黄帝六十一年積三千九百一十七年
第三甲子少昊二十一年積三千八百五十七年
第四甲子少昊八十一年積三千七百九十七年
第五甲子顓頊五十七年積三千七百三十七年
第六甲子帝嚳三十九年積三千六百七十七年
第七甲子帝堯二十一年積三千六百一十七年
第八甲子帝舜九年積三千五百五十七年
第九甲子夏禹八年積三千四百九十七年
第十甲子仲康三年積三千四百三十七年
第十一甲子寒浞十五年積三千三百七十七年
第十二甲子帝槐四年積三千三百一十七年
第十三甲子帝不降四年積三千二百五十七年
第十四甲子帝扃五年積三千一百九十七年
第十五甲子孔甲二十三年積三千一百三十七年
欽定四庫全書 古今律歷考 六

图 6.17 《历学会通·新西法选要·历年甲子》与《古今律历考》中相应内容比较

根据《永恒天体运行表》第一部分“天体运动的计算规则”压缩而成，故篇幅简略许多，且没有提供实例。《历法部》实际上是使用历表推算节气、朔望及日月食的算例，应是穆尼阁与薛凤祚自编。其中“求冬至”一节计算了1652年与1653年两年的冬至时刻，“求月朔”与“算日食”计算的都是1650年10月25日日食，“求定望”与月食算例计算的都是1653年9月7日月食，而火星与水星的算例时间也均为1653年,显然,这些内容都不可能出自《永恒天体运行表》。(薛凤祚,2008)[413-436]另外,如本书6.2.1小节所述,《天步真原·经星部》乃根据《西洋新法历书·恒星经纬表》删减而成,并非译自《永恒天体运行表》。

钟鸣旦曾指出,《天步真原》的星占部分主要译自卡尔达诺的《托勒密〈四门经〉评注》。(钟鸣旦,2010)按其考证,《人命部》上卷主要取自《托勒密〈四门经〉评注》以及卡尔达诺的其他著作,中卷则可能是穆尼阁自己编写的,下卷应取自卡尔达诺的作品。《世界部》大致对应卡尔达诺对托勒密《四门经》第二卷的评注,但该卷末所附"回回历论吉凶附"一节,其实出自《天文书》。《选择部》正文部分仅包括"太阴十二宫二十八舍之用"与"太阴会合五星太阳之能",并非来自卡尔达诺的著作,其后所附内容则取自《天文书》第四类第一门、第二门与第二类第九门。不过,钟鸣旦并没有讨论《纬星性情部》的来源,事实上该卷内容大致与托勒密《四门经》第一卷类似,不知其是否取自卡尔达诺对托勒密《四门经》第一卷的评注。

另外,《新西法选要》中还有《正弦》一卷,据杨泽忠考证其底本应为荷兰数学家西蒙·斯特芬(Simon Stevin,1548—1620年)的《数学记录》(*Hypomnemata mathematica*,1608)。(杨泽忠,2011)不过,该卷计算二十六度正弦值的部分不知是否由穆尼阁或薛凤祚增加,抑或仍然存在其他来源。

6.2.3 《历学会通·致用部》内容来源

《历学会通·致用部》的内容种类繁杂,其来源自然也丰富多彩。《致用部》第一卷《三角算法》主要讨论解三角形,包括平面三角形与球面三角形两部分。目前笔者尚未查到该卷内容来源的线索,不过从其署名为"南海穆尼阁著,北海薛凤祚纂"(薛凤祚,2008)[722]来看,可能译自西方著作。

经笔者考证,《历学会通·律吕》二卷实际上取自《古今律历考》。通过对比不难发现,《历学会通·律吕》第一节"黄钟"(图6.18)与第二节"黄钟之实"完全取自《古今律历考》卷二十九。[(薛凤祚,2008)[740-741](邢云路,1983)[332-334]]不过,《历学会通·律吕》随后的"黄钟生十一律"一节则实际为薛凤祚根据《古今律历考》卷二十九"黄钟生十一律"和"十二律之实"两节改写而成。例如,《古今律历考》"黄钟生十一律"计算"仲吕"时,首先提到:

> 亥一十七万七千一百四十七分,六万五千五百三十六,一万九千六百八十三为一寸,二千一百八十七为一分,二百四十三为一厘,二十七为一毫,三为一丝,一为三忽。(邢云路,1983)[334-335]

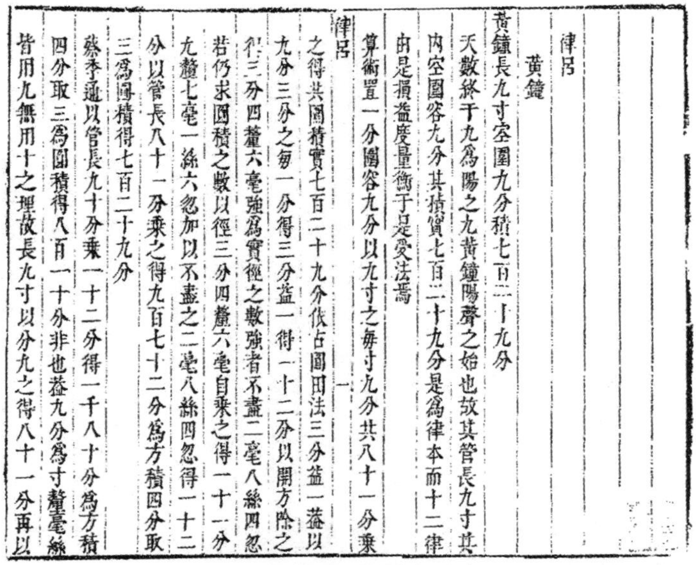

黃鐘長九寸空圍九分積七百二十九分
天數終于九為陽之九黃鐘陽聲之始也故其管長九寸其
內空圍容九分其積實七百二十九分是為律本而十二律
由是損益度量衡于是受法焉
算衡置一分圍容九分以九寸之每寸九分共八十一分乘
之得其圓積實七百二十九分依古圓田法三分益一蓋以
九分三分之每一分為三分益一得一十二分以開方除之
得三分四釐六毫強為實徑之數強者不盡二毫八絲四忽
若仍求圓積之數以徑三分四釐六毫自乘得一十二分
尤釐七毫一絲六忽加之得九百七十二分為方積
分以管長八十一分乘之得九百七十二分為方積
三為圓積以管長八百一十分非也益九分為方寸聲毫絲
縣乘通以管長九十分乘一十二分得一千八十分為圓積
四分取三為圓積得八百一十分為圓積
皆用九無用十之理故長九寸以分九之得八十一分再以

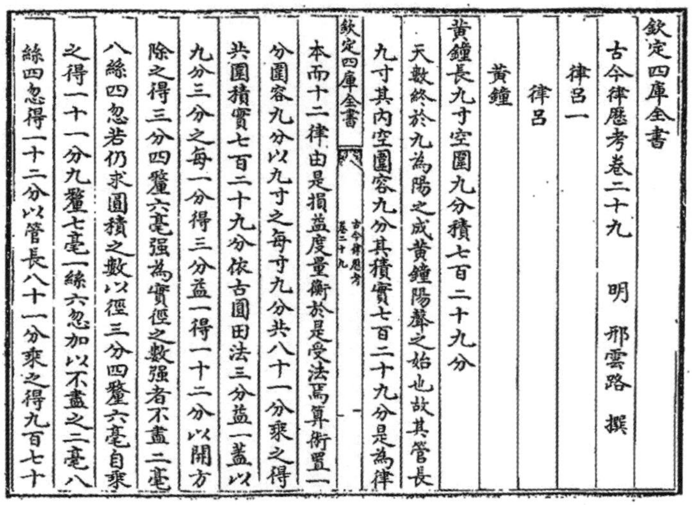

律呂
黃鐘

欽定四庫全書
古今律歷考卷二十九   明 邢雲路 撰
律呂一
黃鐘
律呂
黃鐘長九寸空圍九分積七百二十九分
天數終於九為陽之成黃鐘陽聲之始也故其管長
九寸其內空圍容九分其積實七百二十九分是為律
本而十二律由是損益度量衡於是受法焉算衡置一
分圍容九分以九寸之每寸九分共八十一分乘之得
共圓積實七百二十九分依古圓田法三分益一蓋以
九分三分之每一分得三分益一得一十二分以開方
除之得三分四釐六毫強為實徑之數強者不盡二毫
八絲四忽若仍求圓積之數以徑三分四釐六毫自乘
之得一十一分九釐七毫一絲六忽加以不盡之二毫八
絲四忽得一十二分以管長八十一分乘之得九百七十

图6.18 《历学会通·致用部·律吕》与《古今律历考》卷二十九比较

然后,《古今律历考》"黄钟生十一律"又道:

三其五万九千四十九,则亥为一十七万七千一百四十七。倍其三万二千七百六十八,为六万五千五百三十六。一万九千六百八十三为一寸,以五万九千四十九为三寸,余六千四百八十七;二千一百八十七为一分,以四千三百七十四为二分,余二千一百一十三;二百四十三为一厘,以一千九百四十四为八厘,余一百六十九;二十七为一毫,以一百六十二为六毫;余七。三为一丝,六为二丝,余一;一为三忽;共三寸二分八厘六毫二丝三忽,止得仲吕半律之数。因居巳在阳,倍之,以六万五千五百三十六倍为十三万一千七十二,计得六寸五分八厘三毫四丝六忽,余二不尽,为仲吕之律也。(邢云路,1983)[336-337]

最后,《古今律历考》"十二律之实"中指出:

> 亥仲吕十三万一千〇七十二,全六寸五分八厘三毫四丝六忽_{余二算},半三寸二分八厘六毫二丝三忽。"(邢云路,1983)[338]

另外,该节中还提到:

> 仲吕于九万八千三百四内三分益一,益三万二千七百六十八,则为十三万一千七十二。(邢云路,1983)[339]

而经薛凤祚改写后,《历学会通·律吕》计算"仲吕"的内容变为:

> 亥一十七万七千一百四十七分_{三其五万九千四十九},六万五千五百三十六倍其三万二千七百六十八。
>
> 一万九千六百八十三为一寸,二千一百八十七为一分,二百四十三为一厘,二十七为一毫,三为一丝,一为三忽。
>
> 全六寸五分八厘三毫四丝六忽,余二算用对宫倍数,半三寸二分八厘六毫二丝三忽,仲吕之实十三万一千〇七十二。
>
> 九万八千三百四内三分益一,益一加三万二千七百六十八。(薛凤祚,2008)[743]

事实上,与"仲吕"类似,其他十一律的内容亦均被改写。可见,薛凤祚在保留核心计算过程的同时,对内容进行了相当程度的压缩。《历学会通·律吕》随后一节为"变律六",对比可得该节同样出自《古今律历考》。不仅如此,比较两者还可发现,《律吕部》两卷中第十三页之后的内容存在装订错误。如图6.19,若将现存《历学会通·律吕》第十三页与《历学会通·法律吕部》第十四页相接,则可与《古今律历考》中的相应内容吻合。[(薛凤祚,2000)[370、378](邢云路,1983)[342]]可见,现存《历学会通·律吕》中的第十四页应为《法律吕部》最后一页,而《法律吕部》中的第十四至三十二页则应属于《律吕》。然后,《历学会通·律吕》其余五节"律生五声""变声二""旋宫八十四声图"与"六十四调图"则均出自《古今律历考》卷三十。([薛凤祚,2008)[754-762](邢云路,1983)[345-356]]如图6.20所示,两者的"五声二变十二律相生之图"插图

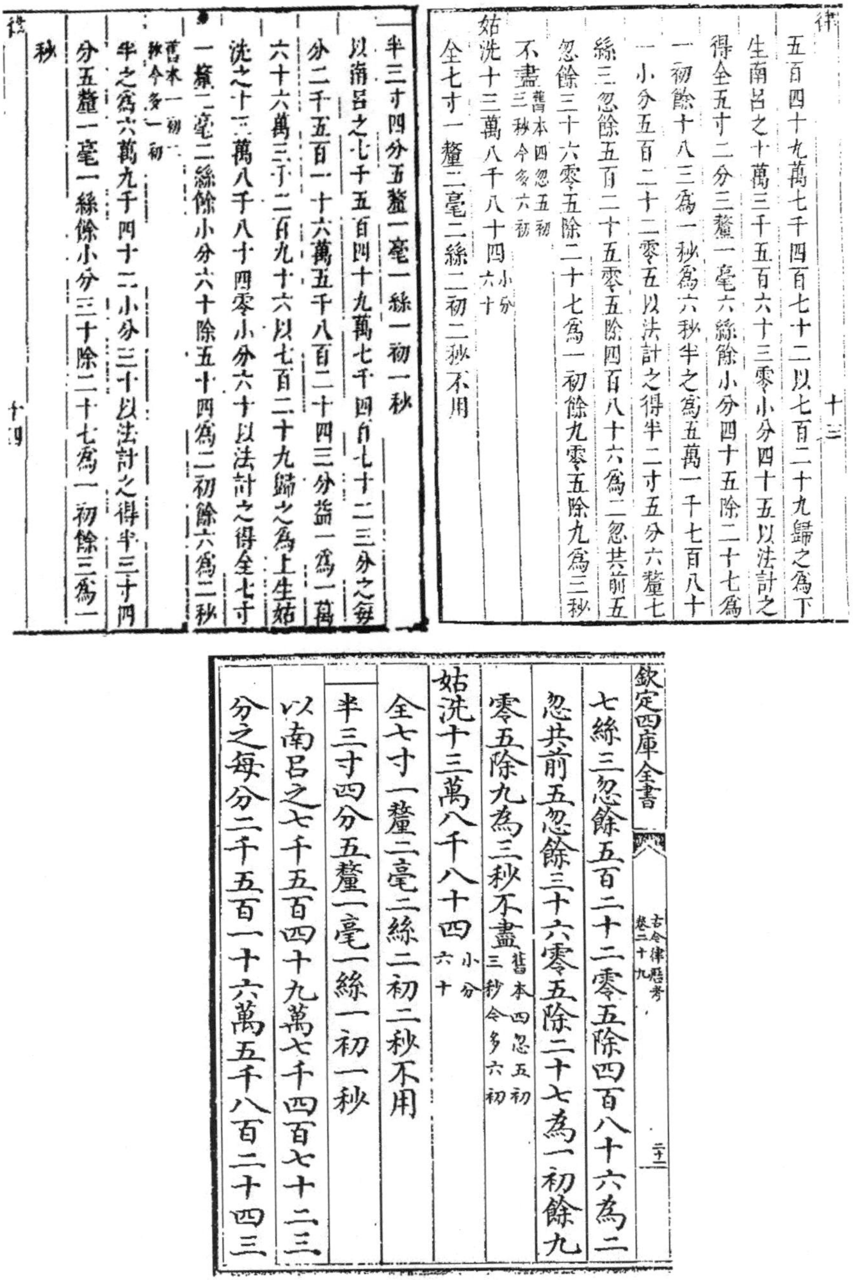

图 6.19 《历学会通·致用部·律吕》装订错误页面与《古今律历考》中相应内容比较

以及"旋宫八十四声图"完全相同。

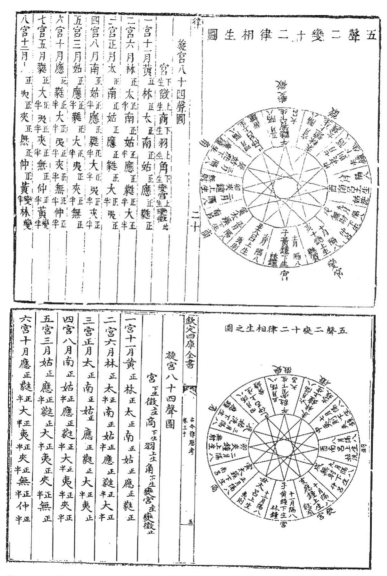

图 6.20 《历学会通·致用部·律吕》与《古今律历考》中的"五声二变
十二律相生之图"及"旋宫八十四声图"

《法律吕部》前四节"候气""审度""嘉量"和"谨权衡"完全取自《古今律
历考》卷三十最后两页。[（薛凤祚，2008）[747]（邢云路，1983）[356-357]]随后的"候
气议""审度议""嘉量议"与"权衡议"则均取自《古今律历考》卷三十三，不过

薛凤祚对这些内容进行了不同程度的删节。[(薛凤祚,2008)^747-750(邢云路,1983)^381-394]与之类似,"历代乐论"根据《古今律历考》卷三十四删减而成,"声音名义""器"与"句股密率"则主要取自《古今律历考》卷三十五。[(薛凤祚,2008)^750-753(邢云路,1983)^395-411]

值得注意的是,中国科学院自然科学史研究所图书馆藏《天步真原 历学会通 附子目》抄本中《律吕》一卷冠有《天步真原》标题,且署名为"南海穆尼阁著,北海薛凤祚纂"。(薛凤祚,[1664c])不过,其他版本《历学会通·律吕》均无《天步真原》标题,故自然科学史研究所抄本该卷的标题与署名应为抄写者之误。

《西法医药部》仅有两页,主要包括"七政主治"与"太阴十二象论人身"两部分。(薛凤祚,2000)^389"七政主治"前半部分关于七政性情的介绍主要根据《纬星性情部》"日月五星之性第一门"概括而成[(薛凤祚,2000)^389(薛凤祚,2008)^547],后半部分关于医药的介绍来源尚不明。"太阴十二象论人身"则基本上摘自《人命部》"太阴十二象之能第三门"[(薛凤祚,2000)^389(薛凤祚,2008)^602]。笔者推测,《西法医药部》应该是薛凤祚理解了相关内容后自己编撰的。

《中法占验部》主要节选自《洪范》《乙巳占》《贤相通占》《天元玉历》,最后附有《九宫贵神》《八门占》《清汇天文分野叙》与《周天易览》等篇目。其中,《洪范》出自《尚书·商书》,《乙巳占》乃唐代李淳风所作。《贤相通占》署名"玉山魏文奎[魁]辑"(薛凤祚,2008)^796,当是魏文魁之作。《天元玉历》署名"文公朱熹辑"(薛凤祚,2008)^807,但此书是否朱熹所作尚不确定(今人《朱子全集》中并未收录此书)。事实上,此书节取自明仁宗朱高炽御制序的《天元玉历祥异赋》一书。因薛凤祚所选占语在原书中均冠以"朱文公曰"的字样,或许正是因此,该卷才会署名为"文公朱熹辑"。《九宫贵神》是在九宫推算的基础上占验的一种九宫占法,因其署名为《授时历》,故可能是取自《授时历》的历注部分①。《八门占》仅五行文字,乃是将八卦方位各对应一门,以此论断吉凶的占法。此篇并未署名,可能亦取自《授时历》的历注部分。《论分野》与《周天易览》两篇均讨论分野,其中《论分野》署名为"青田刘基",主要取自《大明清类天文分野之书·凡例》(刘基,1997)^373-375;《周天易览》署名"张庄愚",其来源目前尚不清楚。

---

① 《授时历》的历注部分至少应包括《转神选择》二卷、《上中下三历注式》十二卷,现已不存。(陈美东,2003)^280-281

《中法选择部》实际上是传统通书,即利用甲子确定出行、婚娶、动土等与否合宜的选择术。该部分与《大统历注》(佚名,1996)内容相近,且薛凤祚在"选择叙"中曾提到:"洪武中当事者深明象纬,征天下名儒订正讲求,定为官民历各数十事,此自不必别求损益者。今刻本纷纭错出,不可几及,此则未知当时立法之不能易也。因仍旧简,无容更置,非甚易而实是乎?"(薛凤祚,2008)829 可见,《中法选择部》确应取材于某种版本的《大统历注》。

《中法命理部》为中国传统的七政四余星命学著作,其署名为"琴堂五星,山心堂选"。(薛凤祚,2008)860 按《历学会通》的署名习惯,"琴堂五星"应为书名,而"山心堂"则应为人名。不过,这两者究竟何指,以及该卷内容到底出自何处,目前笔者尚无线索。

《中外水法部》第一节"水法说"概要叙述了中法水法的情况,并介绍了该卷所选西法的出处。其中明确指出"自升""高升"由穆尼阁译介,"虹吸"出自王徵《奇器图说》,而"龙尾""恒升""玉衡"与"水库"则均取自熊三拔《泰西水法》。(薛凤祚,2008)869-870 不过,"自升""高升"两节究竟译自何书,还有待于进一步考查。"虹吸"一节取自《远西奇器图说录最·诸器图说》中的"虹吸图说",这一点已由田淼、张柏春指明。[(田淼、张柏春,2006)5(薛凤祚,2008)870-871(王徵,1983)546]有学者认为薛凤祚在《中外水法部》署名中将徐光启误作王徵(田淼、张柏春,2006)6,其实不然;事实上,正是由于《中外水法部》选用了王徵书中的内容,故薛凤祚才将其署名为"耆儒熊三拔撰,关西王徵选,青齐薛凤祚编"。(薛凤祚,2008)869 此外,《中外水法部》的主体部分实际上出自《泰西水法》:"龙尾车记""玉衡车记""恒升车记"与"水库说"依次取自《泰西水法》卷一、卷二和卷三,而其中插图则取自卷六。[(薛凤祚,2008)871-886(熊三拔,1983)932-955]尽管如此,薛凤祚实际上对所选内容进行了压缩与改写。《泰西水法》这几卷都是按照一段正文后加一段注文的形式撰写的,而薛凤祚则将正文与注文糅合了在一起。不仅如此,在《泰西水法》中所有插图均被统一编排至最后一卷,而薛凤祚则将其分别归入各自所属章节。显然,薛凤祚的这些调整有利于读者的理解,因此也是比较合理的。另外,值得一提的是,《泰西水法》"龙尾车记"中只有五幅插图,而《中外水法部》中却有六幅;按该卷目录,此图"出《重学》"(薛凤祚,2008)869,其实是由薛凤祚从《奇器图说》引入的(田淼、张柏春,2006)5。

值得注意的是,《中外水法部》前有两个叙(薛凤祚,2008)866-868,而其中第一个叙实际上也是融合《泰西水法》不同的序改写而成。显然,薛凤祚"水法叙"中"象数之学,大者为历法、为律吕,至其他有形有质之物、有度有数之事,无不赖以为用,用之无不尽极工者"一句出自徐光启为《泰西水法》所写之序。[(薛凤祚,2008)^{866}(徐光启,2010)$^{第五册:290}$]然后,从"盖开辟以来,修水用者数易矣"至"真筒其表,前轩后轾,与水为无穷",再到"兹数器也,急流与缓流、山泉与平芜,无不皆宜",乃根据郑以伟《泰西水法》序中内容改写而成。[(薛凤祚,2008)$^{866-867}$(徐光启,2010)$^{第五册:288-289}$]最后,"救灾捍患,生物养民"以及"深心玄解,巧思圆机,谁谓人类得与于斯,斯亦造物之全能"两句显然是根据熊三拔"水法本论"之语稍加修改而成。[(薛凤祚,2008)^{867}(徐光启,2010)$^{第五册:294}$]或许后来薛凤祚对此"水法叙"不满,于是又重新写了一篇"又叙"。即便如此,此"又叙"中其实仍然有一句出自徐光启《泰西水法》序:"先圣有言:'备物致用,立成器以为天下利,莫大乎圣人。'器虽形下,而切世用,兹事体不细已。"[(薛凤祚,2008)^{868}(徐光启,2010)$^{第五册:291}$]

《中外火法部》介绍了中西各种火器,其中西法火器主要包括神威将军、佛郎机、鸟铳三种,中法火器包括石炮、磁炮、木炮、竹将军、火箭等。另外,该卷还介绍了方药、点放、测距等诸法,并配有图表。不仅如此,按黄一农的研究,《中外火法部》还保存了罕见的铳尺图。(黄一农,1996b)$^{49-50}$前人曾指出该卷内容多取自汤若望、焦勖①编著的《火攻挈要》(石云里,1996)^{42},但笔者经过对比发现,两者之间并不存在直接引用关系。至于该卷内容的确切来源,笔者目前亦无结论,但从其署名为"南海穆尼阁撰,海岱薛凤祚纂"(薛凤祚,2008)^{906}来看,该卷应存在译自西方著作的部分。

田淼、张柏春对《中外重法部》的内容来源曾做过非常系统的分析,故本书不再重复细节,仅列举其结论。按其考证,《中外重法部》主要取自《远西奇器图说录最》卷二与卷三,另有少量卷一与凡例中的内容。从《中外重法部》的内容编排来看,薛凤祚是在研究过《远西奇器图说录最》全书后重新整理编排了其内容。另外,从《中外重法部》的内容还可以看出,薛凤祚基本掌握了原作的力学理论,且对所选图说的部分原文做出了不同程度的删节与凝练。(田淼、张柏春,2006)

郑诚曾指出,《中外师学部》主要取自韩霖《守圉全书》。(郑诚,2011)^{146}不过,按薛凤祚所言,《中外师学部》卷一前两节"储将"与"操兵"实际上出自戚继光的著作《纪效或问》。(薛凤祚,2008)^{926}然而,笔者经过查验发现,"储将"实际上出自戚继光另一部著作《练兵杂纪》[(薛凤祚,2008)^{926}(戚继光,

---

① 焦勖,生卒年不详,安徽宁国人,明末著名的火器理论家,曾经供职于工部兵仗局,与耶稣会士有交往,著有《火攻挈要》。

1983b)[802-803]，而"操兵"则确实出自《纪效新书》卷首《纪效或问》[（薛凤祚，2008)[926-927]（戚继光，1983a)[495-496,501-502]]。随后的"城之制"到"岛屿重台"十二节均取自《守圉全书·设险篇》卷一，而"外洋堡制"则取自《设险篇》卷二。[（薛凤祚，2008)[928-939]（韩霖，2005)[第32册：485-489,498-503,514-515,517,553-554]] 尽管如此，实际上薛凤祚对原文内容进行了一定程度的压缩，但对插图却没有进行任何改动。以"城之制"为例，《中外师学部》仅引用了原文中的两段，而插图则全部保留（如图6.21，两者插图完全相同）。[（薛凤祚，2008)[928-931]（韩霖，

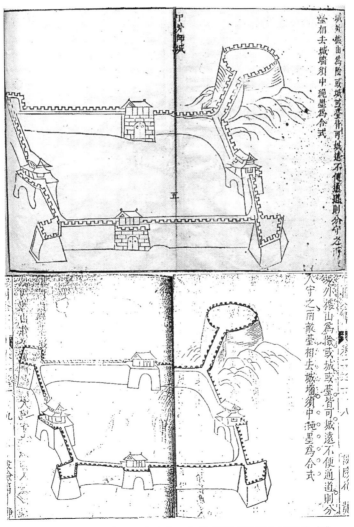

图6.21　《历学会通·致用部·中外师学部》与《守圉全书》
"城之制"中的相应插图比较

2005）第32册：485-489]因此，如郑诚所言，《中外师学部》卷一为"《守圉全书·设险篇》之精华"（郑诚，2011）146。另外，《中外师学部》卷二实际上取自《守圉全书·申令篇》卷二"束伍""形名"和"营阵"三篇。[（薛凤祚，2008）939-959（韩霖，2005）第33册：96-118]事实上，这些内容本为徐光启所著《选练条格》中的一部分，后韩霖编《守圉全书》时辑录了《选练条格》全文。（徐光启，2010）第三册：311

6.3　小　　结

　　综上所述，薛凤祚在编撰《历学会通》时，参考了大量不同类型的文献，并且在选辑时根据自己的需要对内容进行了加工。在《正集》中，薛凤祚往往把来源不同但主题相近的内容整合在一起。显然，薛凤祚这样做可以使《正集》的完备性最大化，以实现其"会通中法"尽善尽美的目标。认识到这一点，便不难理解为何薛凤祚在《正集》中很少会大段引用其他著作的内容，而是将所有可利用的资源进行拆分或删节，然后再重新进行组装与融合。因此，薛凤祚会通而成的《正集》就像一幅色彩斑斓的"大拼图"，其画面风格或许不够统一，但其实用功能却是非常完备的。

　　与之相比，《考验部》的情况则大为不同，几乎完全都是对原文的摘录或改写。事实上，这与薛凤祚编撰《考验部》的动机有关。如本书1.2.3小节所述，《考验部》主要充当类似"资料库"的角色，故薛凤祚才会将原著大规模辑录于此。然而，考虑到篇幅问题，薛凤祚对这些历法都进行了适当的压缩。值得注意的是，薛凤祚在删减或改写这些历法时，对原理部分（特别是《西洋新法历书》）的压缩比较明显，一般只保留核心内容或者涉及计算的部分；不过，他倒是基本保留了大多数主要的历表。显然，这与他重视实用的思想是分不开的，正如其"表中卷叙"中所言："七政用表，特为简捷，虽不若三角之理数兼备，然以互相参求，实不可缺。"（薛凤祚，2008）516不仅如此，实用的思想其实也是薛凤祚取舍内容时的一个重要参考标准。他在"《今西法选要》序"中曾谈道：

　　　　囊苦其篇帙之繁，择切用者汇为数卷，名《今西法选要》。……刻意求简，似乎芟落太甚。然即是可以列表，因是可以测候，因是可以步算，

三者之外，历无余蕴，谓西术不尽于此者，亦几近于此矣。（薛凤祚，2008）[364]

列表、测候、步算"三者之外，历无余蕴"，此言足以说明薛凤祚对待历法的基本态度，同时也暴露了他重计算、轻理论的倾向（王刚，2011b）[347]。与之类似，"考验叙"中曾提到"随地异测、随时异用"（薛凤祚，2008）[410]，可见实用性同样也是薛凤祚编撰《考验部》考虑的主要因素之一。

与《正集》和《考验部》相比，薛凤祚编撰《致用部》时在内容选取上并未表现出更多独特之处。在《致用部》中，薛凤祚同样将不同来源的内容整合到了一起，且其所选内容也大多偏重于实用。此外，与《考验部》情况类似，《致用部》中的内容与原著之间的对应关系较《正集》亦更为明显。

总而言之，薛凤祚始终是按照自己的思想来编撰《历学会通》的。他将不同来源的各类材料收集在一起，经过消化吸收之后，对其重新进行组织加工，使之成为承载自己思想的作品。无怪乎他会如此评价自己的工作："镕各方之材质，入吾学之型范"，而他"殚精三十年始克成帙"的《历学会通》无疑是对这句豪言壮语的最佳诠释。

第7章　薛凤祚会通历法的特征

从数理天文学的角度来看,《历学会通·正集》中的历法本质上与《天步真原》无异。既然如此,薛凤祚为什么还要将之称为"新中法"或"会通中法"以示其与《天步真原》的区别呢？事实上,薛凤祚在《正集》中对《天步真原》的内容进行了不同形式、不同程度的调整,而《正集》其实就是他会通古今中西后的新历法。在《正集》中,薛凤祚不仅改变了《天步真原》中的术语体系,而且还增加了许多《天步真原》所没有的内容。这些都是薛凤祚会通中西历法的具体表现,对于研究薛凤祚的历法及其会通思想具有重要价值,本章试图对其进行分析。

7.1 《历学会通·正集》:会通古今中西的"新中法"

如图7.1所示,薛凤祚曾在《历学会通·考验部》中将魏文魁的另局历法称为"新中法选要",故学界一直普遍认为《历学会通》中的所谓"新中法"即指魏文魁另局历。然而,这种观点与事实并不相符。实际上,在《历学会通·正集》中薛凤祚亦曾将自己会通过的历法称为"新中法"。《正集》第十一卷《辨诸法异同》中给出了"新中法"计算日食的算例(图7.2),查验其计算过程不难发现,此"新中法"即《正集》中所介绍的历法[①],即该卷目录中所谓的"会通中法"(图7.3)(薛凤祚,1993)[838]。不仅如此,其实《正集》中从未明确将魏文魁法称为"新中法",其中每次提到"新中法"实际上都是指"会通中法"。除此之外,在薛凤祚后期的著作《气化迁流》中,"新中法"同样是指他会通后的历法(图7.4)[(薛凤祚,[1675])(薛凤祚,[1664a])]。《两河清汇易览》附录《事实册》亦记载薛凤祚曾"选旧中法、旧西法、新西法诸书,去烦存要,更因中数起义,立为新中法,识者肯服"。(薛凤祚,[1677b])可见,在薛凤祚的心目中,他会通后的历法才是真正的"新中法"。或许真实的情况是这样的:薛凤祚最初在编撰《考验部》时确曾有意将魏文魁法称为"新中法",但不久之后他便放弃了这个想法。

不过,薛凤祚曾将魏文魁法称为"新中法"也确是事实。不仅如此,《考验部》目录中还将《另局历》与《授时历》《回回历》《时宪历》《天步真原》四者并列(图7.5),以至于前人大多认为魏文魁法乃《考验部》选辑五种历法之一。然而,这种论断略显草率,经受不住仔细的推敲。首先,魏文魁法是在《授时历》的基础上调整参数而成,这一点薛凤祚十分清楚,他在"考验叙"中指出:"崇祯初年,魏山人文奎改立新法,气应加六刻,交应加十九刻……"可见,魏文魁法并非独立于《授时历》的又一历法系统。其次,在《考验部》中魏文魁法内容单薄、篇幅简短,根本构不成一部完整的历法,遑论用其进行实

[①] 这一点前人已经注意到,例如,胡铁珠曾指出《辨诸法异同》中的四种方法分别为《正集》《天步真原》《崇祯历书》和《大统历》(胡铁珠,2009)[10-11]。李亮等曾注意到,薛凤祚在《辨诸法异同》中使用的"新中法",并非魏文魁的东局历法,而是所谓"会通中法";此外,李亮等还指出,《历学会通》中"旧中法""新中法""新西法"等称呼比较混乱。(李亮、石云里,2011)[221]

曆學會通　新中法選要卷之七　曆法
曆原　玉山魏南岡先生撰
新法密率
周天徑一百一十六度八十四分五十秒 就整
黃道內外半弧背二十四度 所測就整
黃赤道大弦五十八度四十二分二十五秒 即半徑又名句股弦
黃赤道弧矢五度〇五分八十秒
黃赤道大句二十三度七十七分八十五秒 即半弦
黃赤道大股五十三度三十六分四十五秒 以矢減大弦得
問黃赤道內外二十四度爲半弧背爲矢若干

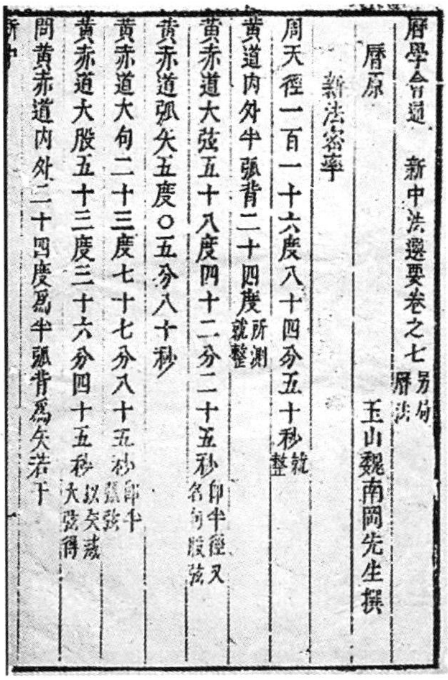

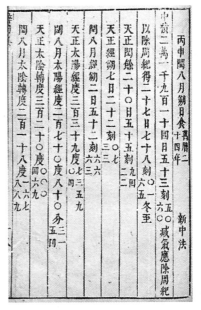

图 7.1 《历学会通·考验部》中的《新中法选要》

丙申閏八月朔日食 萬曆二十四年　新中法
中積二萬一千九百一十四日五十三刻五〇六〇 減氣應除周紀
以除周紀得二十七日七十八刻〇一六五 冬至
天正閏餘二十〇日五十五刻九四二二
天正經朔七日二十二刻〇七三三
閏八月經朔二日五十二刻六六六三
天正太陽經度三百三十九度〇七三四五九
閏八月太陽經度二百七十〇度八十〇分三一五四
天正太陰轉度三百二十〇度〇〇四六六九
閏八月太陰轉度二百一十八度一六七八八九

图 7.2 《历学会通·正集·辨诸法异同》中的“新中法”算例

辨異同
曆法至日食諸法俱備古今異同皆于此可辨具
以便參考
目錄
時憲曆丙申日食
萬曆二十四年天步真原丙申日食
會通中法丙申日食
授時丙申日食
時憲曆庚寅日食
真原庚寅日食
會通中法庚寅日食
授時庚寅日食
會通中法癸巳日食康熙十年
辨異同目錄

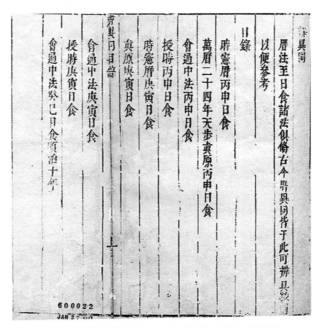

图 7.3 《历学会通·正集·辨诸法异同》目录

际计算。因此,将其与《考验部》中的另外四种完整历法系统并列而论显然是不妥的。最后,虽然魏文魁法被薛凤祚冠名为"新中法选要",但该卷完整标题为"新中法选要卷之七",其卷数直接续接上卷"旧中法选要卷之六"。不仅如此,"旧中法选叙"的最后也提到:"又中法,崇祯戊辰岁玉山魏先生奉旨另局改宪,虽未颁行,然良工苦心不可磨,附记。"(薛凤祚,2008)[270]值得注意的是,此处薛凤祚将魏文魁法称为"又中法",而非"新中法"。另外,现存所有版本的《历学会通·考验部》均未见"新中法选要叙",若魏文魁法真是独立于其他四种历法的"新中法",薛凤祚为何没有为其撰写序言呢?可见,在薛凤祚的心目中,魏文魁法实际上应该是《旧中法选要》的一部分,而《考验部》所收辑的历法其实是四种而非五种。

图7.4 《气化迁流·大运》中的"新中法"   图7.5 《历学会通·考验部》目录

事实上,薛凤祚称自己的历法为"会通中法"是非常自然的。在他看来,研究历法最重要的任务就是"会通":"中土文明礼乐之乡,何讵遂逊外洋?然非可强词饰说也。要必先自立于无过之地,而后吾道始尊,此会通之不可缓也。"(薛凤祚,1993)[619]此外,薛凤祚还指出:

（中西）二历数虽不同，理原一致，非两收不能兼美。但掺术者各执成见，甲乙枘凿，所以并列掌故数百年，未有能出一筹以归画一者，则会通之难也。欲言会通，必广罗博采，事事悉其原委，然后能折衷众论，求归一是，非熟谙其理数不可。（薛凤祚，2008）[410]

而"今西法选要序"中亦云："今《天步真原》复来，大西《真原》法复会通于中法……"（薛凤祚，2008）[364]这些都说明，薛凤祚不仅以"会通"为己任，而且也自认为已将之完成，因此他才将自己的这部巨作定名为《历学会通》。

《历学会通·正集》的历法内容虽然在数学上与《天步真原》等效，但薛凤祚实际上对《天步真原》进行了很大改造。例如，《天步真原》的天文部分中并未使用对数，而《历学会通·正集》采用了对数计算。这是薛凤祚改造历法的一大特色，他在《正集》卷首的"西法会通参订十一则"中亦曾谈及此事（薛凤祚，1993）[625]。此外，"西法会通参订十一则"中还指出，西法 1 度等于 60分，不如中国传统的百分制便于计算；同样，西法一日九十六刻也不方便（薛凤祚，1993）[626]。因此，《正集》中的度数均为百分制，时间则为百刻制。显然，这也是薛凤祚会通中西历法的一个方面。以上两点前人讨论较多[①]，不过，薛凤祚对历法的调整其实远不止这两点。例如，数学部分的"正弦"中增加了所谓"开方秘方"，该方法应授自魏文魁[②]；原理部分与《天步真原》的法原部分[③]基本相同，但内容次序略有调整。[④] 然而，真正能够体现薛凤祚会通工作的还是《正集》历法部分。

在历法部分，薛凤祚融合了很多不同来源的内容。如本书 6.2.1 小节所述，《正集》第六卷《中历》的内容主要取自《古今律历考》《西洋新法历书》以及《天步真原》，甚至其中一节内容都存在不同的来源。《正集》第八卷《五星立成》中的"五星晨夕伏见表"和"五星黄赤道升度表"取自《西洋新法历书》，而该卷最后的"太阴凌犯时刻立成"则参考《回回历法》算得。这些都可以表

---

① 目前已有不少关于薛凤祚对数工作的研究，例如：韩琦曾指出，《历学会通》中的"比例对数表"译自荷兰书商艾德里安·弗拉克的《对数算术》（韩琦，1988）[45]；郭世荣详细介绍了薛凤祚的对数工作（郭世荣，2011）[354-358]；马来平从中西会通的角度强调了薛凤祚对数工作的重要性（马来平，2011）[151-152]。关于进位制的变化，前人也探讨较多，例如，胡铁珠在《会通中西历算的薛凤祚》中曾谈及此事（胡铁珠，2009）[6]；马来平认为进位制的调整是薛凤祚"天文历法会通方面的一项重要工作"（马来平，2011）[152]。

② 详见本书 6.2.1 小节。

③ 即《天步真原》中的《太阳太阴部》《五星经纬部》以及《日月食原理》三卷。

④ 详见本书 2.3、3.3、4.3、5.3 节和 6.2.1 小节。

明，《历学会通·正集》确实兼收了各种历法，诚如"正集叙"所言："（《正集》）取于《授时》及《天步真原》者十之八九，而《西域》（《回回历》）、《西洋》（《西洋新法历书》）二者亦间有附焉"（薛凤祚，1993）[619]。可见，薛凤祚真正落实了其"镕各方之材质，入吾学之型范"的方针。

除此之外，《历学会通·正集》的历法部分还有两个显著的特征：一是在历法形式上向传统回归，二是注重历法的占验功能，下文将主要从这两个角度进行探讨。

7.2 回归传统历法的形式

《历学会通·正集》历法部分的很多方面都回归到了传统历法的形式，而其中最重要者就是采用传统历法的术语体系。虽然《正集》使用的仍是《天步真原》中的理论，但薛凤祚在解释日月五星位置的具体算法时并未沿用其名词术语，而是将之替换为中国传统历法的概念。如本书前几章所述，在介绍日月五星平行的历元初始值时，《天步真原》中使用的概念是"根数"，即日月五星平黄经的历元初始值，而《正集》中则采用了"气应""度应""天正经朔""闰余"等传统历法概念。① 除此之外，薛凤祚还对日月五星各种行度的名称进行了调整。例如，《天步真原》太阳理论中的"春分平行""太阳心行"与"太阳最高行"在《正集》中分别被称为"太阳黄赤道交度""太阳盈缩心行度"与"太阳盈缩行度"，月亮理论中的"太阴自行"则被改为"月转迟疾"；而在五星部分，薛凤祚还把《天步真原》中所用的"前均"和"后均"分别替换成了"盈缩加减度"和"距日加减度"。虽然这些改动并不影响历法的本质，但这样做明显可以使历法更加接近中国的传统。

除了概念的回归之外，薛凤祚还进行了一些其他调整。首先，《天步真原》的历元为公元元年1月1日，而在"会通中法"中，薛凤祚则将历元调整为顺治十二年乙未冬至（1655年12月21日）。以冬至为历元是中国历法的传统，薛凤祚这样做无疑是为了使其历法符合中国的习惯。不仅如此，《天步真原》中经度的起点为春分，与西方历法的传统相合，而在"会通中法"中，薛

---

① 详见本书2.3、3.3、4.3、5.3节。

凤祚则将经度起点改为冬至,以使之符合中国历法传统。其次,薛凤祚在《正集》中所增加的历表大部分也是为了符合传统历法的需要。例如,五星伏见是传统历法中的重要内容,故薛凤祚将《西洋新法历书》中的"五星晨夕伏见表"收录。与之类似,昼夜漏刻、日出入时刻以及步中星等亦是传统历法中不可或缺的部分,因此薛凤祚在《正集》第10卷《经星经纬性情》中增加了"二十四气恒星出没在中立成"与"二十四气太阳出入昼夜昏旦刻分"两个表[①]。此外,在《历学会通》中五星的次序也发生了变化。《天步真原》遵循西方传统将五星按照距地远近排列,依次分别为土、木、火、金、水;而"会通中法"则将其改为木、火、土、金、水,使其与中国传统历法的次序一致。这些都可以说明,薛凤祚努力将穆尼阁的"新西法"从形式上回归为中国传统历法。

不过,薛凤祚没有将历法完全回归到传统形式。例如,薛凤祚保留了西法周天360度的分法,并没有将其改回中国传统的365.25度。显然,将周天分为360度更加方便计算,故薛凤祚的选择是完全合理的。再如,《天步真原》历元位置与《永恒天体运行表》一致(同为哥斯),对于这点薛凤祚在《正集》中也没有做调整:"会通中法"的历元位置仍在哥斯,而非中国。可见,薛凤祚并未拘泥于这种没有实用意义的象征性元素。此外,薛凤祚虽然将历表中的数据全部换算成了百进制,却保留了西法历表竖排的形式,而没有将其回归为传统历表横排的形式。如图7.6,上左为《历学会通》中的太阳平实行加减表(薛凤祚,1993)[746],上右为《永恒天体运行表》中的太阳均数表(Lansbergi,1632)[Tabulae motuum coelestium perpetuae:20],下为《大统历法通轨》中的太阳盈缩立成(元统,1444年),很明显薛凤祚沿用了西法历表的形式。这些都说明,薛凤祚并非要将历法无条件地完全回归为中国传统形式,而只是选择了他认为有必要修改的内容。

---

① "二十四气恒星出没在中立成"用于计算不同节气时恒星的出入及中天时刻,"二十四气太阳出入昼夜昏旦刻分"则用于计算不同节气的太阳出入时刻、昏旦时刻以及昼夜长短。

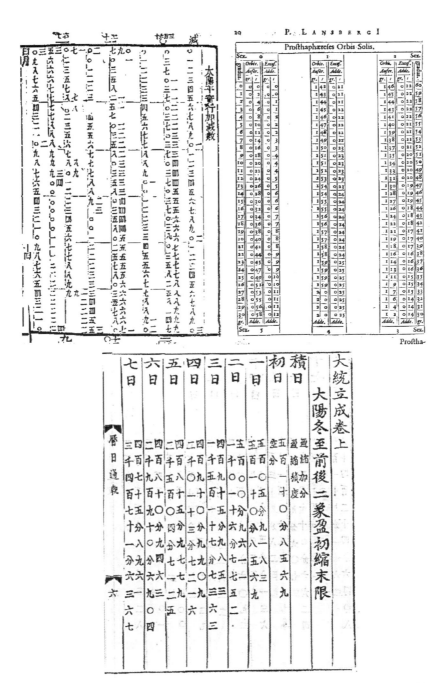

图7.6 《历学会通》与《永恒天体运行表》《大统历法通轨》历表形式比较

7.3 注重历法的占验功能

在薛凤祚的思想体系中,占验具有非常重要的地位,而这种思想在他会通过后的历法中也有所体现。与《天步真原》相比,薛凤祚会通后的历法明显更加注重占验功能。

首先,《历学会通·正集》对注历非常重视,《正集》第六卷《中历》增加了"土王用事""气候""直宿""建日""纳音"等内容。(薛凤祚,1993)⁷²⁷⁻⁷²⁸其中,"土王用事"一般被选择家、星命家据以推定时日阴阳五行生克及吉凶祸福(陈永正,1991)²⁷³,如《钦定协纪辨方书》中便有土王用事日不宜动土的记载①。"气候"与节气相关,每节气对应三候,古人根据物候与节气之间的吻合程度来预测农事(张培瑜等,1984)¹⁰⁵⁻¹⁰⁶。"直宿"即使用二十八宿纪日,并根据所值星宿决定每日行事吉凶[(张培瑜、张健,2001)(孔庆典、江晓原,2009)]。"建日"是"建除"十二种之一(其余十一种可根据建日推得),而"建除"是根据天文历法占测人事吉凶的一种方法,建除家认为建日为吉日(陈永正,1991)²⁹²。"纳音"是将六十甲子配于五音之法,古占卜家、星命家常采纳音之说[(陈永正,1991)³⁵(卢央,2008)³³³⁻³³⁴]。这些内容主要用于民历铺注,而薛凤祚将之收入"会通中法"亦应主要是考虑注历的需要。

其次,《正集》中的一些历表也具有浓重的占验色彩。例如,《正集》第八卷《五星立成》中的"太阴凌犯时刻立成",为薛凤祚特意增补,显然与计算太阴凌犯时刻相关。第十卷《经星经纬性情》中的恒星表选录了亮度较高或者距离黄道八度以内的恒星,之所以选取"八度以内"者,是因为"纬星掩食凌犯止能及黄道八度以内者"(薛凤祚,2008)⁷⁸⁴。可见,薛凤祚编撰此恒星表时确实兼顾了星占方面的需要。正如其"经星叙"所言:"又其星各有色,上智之人因其色异以别其性情之殊,以之验天时人事,鲜不符合。"(薛凤祚,2008)⁵⁶⁴

---

①《钦定协纪辨方书》卷十"土王用事"记载:"忌营建宫室、修宫室、缮城郭、筑堤防、兴造动土、修仓库、修置产室、开渠穿井、安碓磑、补垣、修饰垣墙、平治道途、破屋坏垣、栽种、破土。"(允禄等,1983)⁴⁵⁹

另外,"西法会通参订十一则"中还论及了参觜二宿与罗睺计都的位置以及紫气是否应删等问题(薛凤祚,1993)[626],薛凤祚认为这些星宿均具有重要的星占意义,不宜擅做改动。[①]这些都表明,薛凤祚十分重视历法的占验功能。

显然,薛凤祚在"新西法"的基础上增加了许多有关占验的内容,这是其会通历法的一个重要方面。

7.4　薛凤祚会通历法的时代因素

薛凤祚之所以要会通古今中西历法,与其所处时代关系密切。明朝末年耶稣会士来华传教,采取了文化调适、上层路线和"挟学术以传教"等策略。他们利用当时明朝政府改历的需求,大肆宣扬欧洲天文学的优越性,使之成为历法改革的重要参考。因此,天文学也就顺理成章地成为了耶稣会士在中国传教的主要工具之一。到了崇祯年间,在徐光启的大力推动下,参照欧洲天文学的改历活动正式开始。作为改历负责人,徐光启认为"欲求超胜,必须会通",并提出了"镕彼方之材质,入《大统》之型模"的改历方针(徐光启,2009)[1558]。然而,不同的人对"会通"有着不同的理解,徐光启会通中西天文学的成果《崇祯历书》并不能令所有人满意。例如,王锡阐曾指出:"译书之初,本言取西历之材质,归《大统》之型范,不谓尽堕成宪,而专用西法。"(王锡阐,1993)[434]可见,清初确有学者对《崇祯历书》"专用西法"的做法不以为然,且认为其并未真正实现"入《大统》之型模"。此外,清政府问鼎中原不久后,汤若望即成功掌控钦天监,并采取各种策略全面排除异己,力图将钦天监变成奉教机构。(黄一农,1990)这种刻意排挤原习旧法或回回法天文学家的行为(黄一农,1991a,1993),势必会加剧部分中国学者对《崇祯历书》的不满。因此,在当时一些学者眼中,会通中西历法的工作其实尚未完成。

另外,历代政府重视天文的原因之一是希望将其应用至星占术数之学以预卜吉凶休咎(黄一农,1991c)。所以,如何协调欧洲天文学与中国传统占验理论,在明末清初成为一个无法回避的问题。事实上,崇祯改历期间这

---

① 这一问题前人论述已经比较详尽,故本书此处不再展开讨论。(王刚,2011a)[94]

个问题便已经显现出来，崇祯皇帝曾向李天经下令："本内交食节气等项用新，神煞月令诸款用旧，务求折衷画一，以归至当。"（徐光启，2009）[1725] 入清后，汤若望错误估计了中国传统天算与阴阳术数间盘根错节的程度，在民历中采取了"更调觜参""颠倒罗计""删除紫气"等举措，破坏了术家推命的方式，因而引起了激烈的反弹。① 不仅如此，民间甚至还出现了按照旧法铺注的私历，其中采用了传统的觜前参后、平气法推算的节气以及百刻制。（黄一农，1996a）这些都表明，尽管清政府已经将西法定为官历颁布，但其被接受的状况实际上并不算理想。

正是在这样的背景下，薛凤祚开始了他的会通工作。虽然《历学会通·正集》是以《天步真原》为基础的，但在薛凤祚看来，他的"会通中法"毫无疑问是一部新历法。他所采取的"镕各方之材质，入吾学之型范"的会通模式，显然是对徐光启"镕彼方之材质，入《大统》之型模"思想的继承与发展。不仅如此，薛凤祚对明代《大统历》《回回历》二历"并列掌故数百年"不以为然的态度，亦与徐光启如出一辙。徐光启曾指出，若使中西二法"分曹各治"，则"《大统》既不能自异于前，西法又未能必为我用，亦犹二百年来分科推步而已"。（徐光启，2009）[1558] 然而，薛凤祚心目中的"会通"与徐光启并不相同，他的目标是比《崇祯历书》更加"完美"的一部历法——一部真正会通古今中西的历法。如前所述，薛凤祚的会通主要包括三个方面：首先，薛凤祚镕《授时》《回回》《崇祯历书》《天步真原》于一炉，以正《崇祯历书》"专用西法"之失；其次，薛凤祚"新中法"回归了传统历法的形式，真正实现了"入《大统》之型模"的承诺；最后，薛凤祚非常重视占验，故其历法中融合了注历与星占的内容，而在参觜与四余等问题上也都兼顾了术数的应用。可见，薛凤祚会通历法的方式实际上响应了时代的需求。因此，薛凤祚才会认为他所面临的困难比徐光启要大："昔之会通皆在本局，今之会通更综岐路，其难易不甚悬乎？"（薛凤祚，1993）[620]

---

① 例如，杨光先在《摘谬十论》中便指出西法"更调觜参""颠倒罗计""删除紫气"等错误。（杨光先，1993）[923] 保守人士对官定参觜顺序也有所反弹（黄一农，1991b）。

结　语

　　薛凤祚在明清天文学史上留下了浓墨重彩的一笔,具有独特的研究意义。之前学界已经从各方面对其展开了研究,并取得了众多重要的成果。本书在前人研究的基础上,将对薛凤祚的研究又向前推进了一步。

　　首先,本书对薛凤祚生平重新进行了梳理,并就以下几个问题提出了新的见解:第一,根据新发现的史料,本书对薛凤祚的生平与交往进行了诸多增补,如薛凤祚预识"吴桥兵变"、完成《历学会通》后曾拜访孙奇逢以及去世后入乡贤祠等。另外,本书还补充了薛凤祚与刘体仁、王士禛等人交往的事迹,并对其合作者刘淑因、林翘及弟子徐峒、于湜、李斯孚等进行了简略的介绍。第二,本书经过考证指出,薛凤祚事实上从未摒弃过心学。此前学界普遍认为薛凤祚后来改宗实学,因此也就必然脱离了空谈心性的心学。然而,心学与实学两者并非不可兼容,这一点从薛凤祚的两位心学老师鹿善继与孙奇逢身上便可觇见端倪。而笔者新发现的《圣学心传》也可以证明薛凤祚直到晚年仍在研习两位老师的著作。事实上,王阳明的"知行合一"论与明末清初儒家经世致用的观念并不矛盾;相反,两者其实很容易结合起来。(余英时,2012)³³⁷⁻³⁴² 第三,本书通过考证还发现,《两河清汇》《气化迁流》等著作的确切成书时间目前仍难以断定,而关于《历学会通》的成书过程也还存在一些无法解答的疑问。若要完全解决这些问题,恐怕需要等待新史料的出现。

其次,本书对薛凤祚著作中的天文历法进行了系统分析。因《天步真原》基本如实翻译了《永恒天体运行表》中的天文理论,故本书首先分析了《永恒天体运行表》中的天文理论,并将之与《天体运行论》进行了比较。从运动模型上来看,《永恒天体运行表》与《天体运行论》差别很小。两者唯一比较明显的差别就是兰斯伯格对月亮模型进行了修改:他在月亮经度模型上增加了一个修正轮,月亮纬度模型则吸收了第谷观测到的黄白交角并非固定不变等新发现。虽然在模型上兰斯伯格并无创见,但他为调整模型参数付出的努力却非常值得肯定。例如,他对行星升交点运动的修正,明显提高了行星黄纬理论的精度。另外,兰斯伯格还对《天体运行论》中的一些理论进行了经验性的调整,其中最显著的两项便是他对春分差理论的修正与"火星冲日修正"。春分差是哥白尼理论中的一个修正项,兰斯伯格显然发现了其对太阳理论精度带来的不利影响。虽然他未能彻底认识到春分差理论根本是不正确的,但他对春分差的修正也确实保障了太阳理论在一定时间内的精确性。"火星冲日修正"是兰斯伯格在计算火星经度时增加的一个修正项,而这一调整使兰斯伯格火星理论的精度远远超过了哥白尼。虽然这些修正在算理上并无依据,但其对精度的影响却是值得肯定的。因此,《永恒天体运行表》整体上要比《天体运行论》更加精确。

因《天步真原》中的天文理论与《永恒天体运行表》差异并不大,故其精度总体上亦与后者相差不大。不过,《天步真原》在介绍"火星冲日修正"时,将底本算法中的"太阳平行"翻译成为"太阳实经",虽然目前尚不知此举是否穆尼阁有意为之,但这一差别导致《天步真原》火星经度理论精度相比《永恒天体运行表》下降了不少。为了检验穆尼阁对第谷理论的批评是否合理,还需将《天步真原》与《西洋新法历书》进行比较研究。因两者体系不同,无法直接比较其模型与参数,故本书只就精度对两者展开讨论。按本书所分析,虽然这两部历法各有千秋,但整体来看还是《西洋新法历书》更加精确一些。《天步真原》太阳理论误差幅度小于《西洋新法历书》,但由于春分差的影响,随着时间的推移误差会增大,反不如后者精确。不过,若只考虑17世纪上半叶,《永恒天体运行表》的太阳理论确实明显优于第谷理论。至于月亮理论,因第谷于此学用力深厚、功勋卓著,故此部分《天步真原》实不及《西洋新法历书》精良。在行星理论方面,也是《西洋新法历书》整体上精度更优。《天步真原》计算土星黄经更胜一筹,土星黄纬则不如《西洋新法历书》;木星经纬度的计算,均为《西洋新法历书》更加精确;对火星黄经的计算《西洋新法历书》精度明显更高,火星黄纬则两者水平相差不大;计算金星黄经,《天步真原》略逊色于《西洋新法历书》,但两者计算金星黄纬则精度相当;最后,计算水星经纬度的精度,则又是《天步真原》胜过《西洋新法历书》。显然,《西洋新法历书》总体上更具优势,兰斯伯格只有在水星理论上明显表现更好。因此,穆尼阁认为第谷体系存在不及兰斯伯格理论之处具有一定的合理性,但若言"新西法"明显强于"今西法"则完全与事实不符。

再次,本书详细考察了《天步真原》文本中的各种问题。前人曾指出,《天步真原》外行星理论中的日地位置被人为颠倒,然而,《天步真原》文本中的问题远不止此。事实上,与《永恒天体运行表》对比可知,《天步真原》中的数据、插图等存在诸多讹误,故其内容时常逻辑不通、计算混乱。不仅如此,《天步真原》中的内容结构有时会与底本叙述顺序不同,有时还会对底本内容进行一些删改,这无疑让讹误百出的文本变得更加晦涩难解。除此之外,《天步真原》中还存在一个根本性问题,即没有交代如何计算与历元之间的时间差。这一错误影响深远,使得《天步真原》的实用性严重下降。对于上述这些问题,薛凤祚本人应该有所意识,因此,他后来在《历学会通·正集》中对一些重要的问题进行了修正。例如,他重新选取了历元时间,借此解决了《天步真原》对计算与历元之间时间差交代不明的问题。此外,在《正集》中薛凤祚还纠正了《天步真原》中错误的历元初始值,如外行星平行、金星高行以及水星平行的历元值。尽管如此,《正集》中介绍原理的部分仍然存在很多讹误,而薛凤祚修正过的内容基本都只是在历法部分。总体而言,薛凤祚的著作确实存在诸多文本问题,而这些问题无疑会大大影响读者的理解与使用。

最后,本书系统考证了《历学会通》各卷的内容来源,并在此基础上对薛凤祚会通历法的特征进行了讨论。《历学会通》中的历法内容主要取自《天步真原》《古今律历考》《西洋新法历书》《回回历法》等著作,其他类型的内容则出处比较多元化。在《正集》中,薛凤祚主要是将来源不同但主题相近的内容整合在了一起;而在《考验部》中,则主要是对四种历法进行了压缩,且其选择标准往往重计算、轻理论;《致用部》的编撰则基本结合了《正集》与《考验部》的特点。本书经分析认为,《考验部》选辑的历法应为四种,而非前人普遍所认为的五种。不仅如此,将魏文魁的另局历称为"新中法"也不符合薛凤祚的本意。事实上,"新中法"其实应为薛凤祚会通过后的历法,即《历学会通·正集》。因薛凤祚自认为此法乃会通古今中西历法而成,故亦将其称为"会通中法"。从数理天文学的角度来看,"会通中法"本质上与《天步真原》无异;但详细对比两者可以发现,薛凤祚其实是进行过许多调整的。经他会通过后的历法表现出两个显著的特征:一为回归传统历法的形式,一为融合注历与星占的内容。事实上,薛凤祚会通历法的特征与其所处时代关系密切。当时,一方面《西洋新法历书》专用西法的方式无法令中国学者完全满意,另一方面西方天文学与中国传统占验理论之间也明显存在冲突。显然,薛凤祚正在尝试努力去解决这两方面的问题,而他会通历法的方式实际上也响应了时代的需求。

如前所述,《天步真原》中的天文历法体系是可以与《西洋新法历书》一较高下的,然而,两者对后世的影响却无法同日而语。虽然这种结局的出现与《西洋新法历书》的显赫地位存在着直接的联系,但《天步真原》本身所存在的种种问题,恐怕也是导致其影响有限的主要"元凶"。作为清朝政府的官方历法,《西洋新法历书》所受到的关注程度自然非其他历法著作可比拟,但这其实并不妨碍清初学者研习其他历法体系。事实上,清初大多数的历算学者都学习过多种历法,"会通中西、兼取众长"是当时中国天文学界的共识。不仅如此,清初许多学者也都了解薛凤祚在历学上的造诣。例如,方以智除了曾为《天步真原》作序之外,曾在《物理小识》卷一"历类"中提到:"山东薛仪甫,究此(指历学)廿年。"(方以智,1983b)[775]此外,游艺[①](约1614—约1684年)[②]《天经或问·前集》所列"古今天学家"中也记录了薛凤祚。[③] 与薛凤祚一起编修过《山东通志》的顾炎武,则曾将薛氏精通历学之事告知王锡阐,于是后者立即写信向薛凤祚请教历法难题。(王锡阐,2010)[713-714]梅文鼎更是曾在多处提及薛凤祚的历学成就,并对其盛赞不已。[④] 薛凤祚去世后,梅氏还作了四首诗寄怀薛凤祚。(梅文鼎,1996)[469-470]另外,李光地[⑤](1642—

---

① 游艺,字子六,号岱峰,建阳人,明末清初天文学家。

② 本书此处游艺的生卒年沿用王重民先生之推测(张永堂,1994)[51]。

③ 值得注意的是,游艺所列名单中并没有出现王锡阐与梅文鼎(游艺,1993)[163]。

④ 例如,梅文鼎在"书徐敬可圜解序后"中提到:"余尝谓近代知中西历法而自有特解者三家:南则王寅旭、揭子宣;北则薛仪甫,当特为之表章。"再如,"锡山友人历算书跋"中亦曾指出:"余尝谓历学至今日大著,而能知西法复自成家者,独北海薛仪甫、嘉禾王寅旭二家为盛。"(梅文鼎,1996)[420、429]

⑤ 李光地,字晋卿,号厚庵,又号榕村,福建泉州安溪湖头人,清初著名的政治人物与理学家。清圣祖康熙九年(1670年)登进士第五名,官至直隶巡抚、吏部尚书、文渊阁大学士。

1718年)《榕村集》亦曾提到薛凤祚兼通中西历学。[①] 直到乾隆年间,薛凤祚依然闻名遐迩,例如戴震[②](1724—1777年)亦曾论及他的历算成就[③]。因此,以当时历算学者积极的心态与薛凤祚显赫的名声来看,薛凤祚的历学著作在清初应不会遭受冷遇。

事实上,确有不少学者曾经研习过薛凤祚的历学著作。例如,黄宗羲在《历学假如》中曾参考过《天学会通》中计算日食的内容。(黄宗羲、姜希辙,1996)[71-74]梅文鼎不仅研读过薛凤祚的著作,而且还曾对其进行校订。[④] 梅文鼎高徒刘湘煃[⑤]亦曾拜读过薛凤祚之书,其《六书世臣说》即包括他对《天学会通》的注解。[(章学诚,1985)[281](支伟成,1985)[577]]甚至到了乾隆年间,仍有学者在研究薛凤祚著作,如许如兰、董化星等。[(张其淦等,1998)[164](罗士琳,2009)[573]]由此可见,薛凤祚在清初天文学界的影响力确实举足轻重。尽管如此,后世学者对薛凤祚学说理解的情况却不容乐观。如本书所分析,《天步真原》中存在的各种文本问题使其几乎成为一部"天书",无怪乎清初学者抱怨薛凤祚的著作舛误多出、晦涩难解。虽然薛凤祚在《历学会通》中纠正了一些文本错误,但仍有许多内容没有得到修订。例如,梅文鼎便曾发现《天学会通》恒星总数有误,并指出"薛书若此类(指文本错误)颇多"。(梅文鼎,1983a)[第794册,515]他还预备校刊薛凤祚的对数表(梅文鼎,1996)[350],并计划编写专门著作修订薛书中的"脱误"(梅文鼎,1996)[352]。梅文鼎甚至评价《天步真原》"剞劂多讹、殆不可读"(梅文鼎,1983b)[981],并认为薛凤祚的著作"剞劂又多草率,人不易读"(梅文鼎,1996)[352]。连梅文鼎这位"国朝算学第一人"都觉得《天步真原》难以理解,可见其晦涩程度非比寻常。另外,黄宗羲也指出薛凤祚的著作"所查表名及数目舛误",他甚至认为薛凤祚这样做是有意"藏头露尾"。(黄宗羲、姜希辙,1996)[74]这些都可以表明,要理解薛凤祚著作中的内容确实并非易事。

值得注意的是,《四库全书》辑录了薛凤祚的两卷著作:《日月食原理》与

---

① 李光地曾指出:"盖昔者僧一行、郭太史之术至矣,然当时西学萌芽而未著,故二子不得兼收其长,为有根也。近年,徐文定公及薛仪甫、王寅旭诸贤始深其道。"(李光地,1983)[714]

② 戴震,一字东原,二字慎修,号杲溪,安徽徽州休宁隆阜人,清代著名经学家、思想家。曾六次会试未中,晚年因学术成就显著,乾隆皇帝特招入馆任《四库全书》纂修官,赐同进士出身,授翰林院庶吉士。

③ 戴震《勾股割圆记》云:"近人殚精此学(指割圆法),如梅定九、薛仪甫诸家,兼通西洋之说,有八线表、平三角、弧三角等法。"(戴震,1996)[98]

④ 梅文鼎曾著《天步真原订注》《天学会通订注》(梅文鼎,1983b)[981]。

⑤ 刘湘煃,生卒年不详,字允恭,湖南江夏人,清朝天文学家,师从梅文鼎。

《日食诸法异同》,分别名之为《天步真原》与《天学会通》。此事既体现了薛凤祚天文历法工作的重要性,同时也侧面反衬出时人未能掌握其著作要领的状况。事实上,这两卷并非薛凤祚著作中最紧要的内容:《日月食原理》介绍交食计算,其法与《西洋新法历书》并无实质差异;《日食诸法异同》乃用"时宪法"计算日食的算例,与穆尼阁"新西法"根本无关。而按薛凤祚"新西法选要叙",尼阁新法主要胜在行星理论。(薛凤祚,[1664b])可见,《四库全书》的编修者基本未得薛凤祚历学著作的要领,而后世对薛凤祚历学理解的程度亦由此可见一斑。

事实上,除了文本问题之外,薛凤祚研究历学的方式与目标较为特别也是导致其对后世影响有限的一个主要因素。如本书所分析,薛凤祚编撰《历学会通·考验部》时,其选择内容的标准往往重计算而轻理论。不仅如此,他在编撰《正集》与《致用部》时其实也表现出了同样的特征。事实上,薛凤祚学习历法时也一直存在这种倾向,这一点由其对"新西法"优胜之处的评述即可看出。他在"新西法选要叙"中谈道:

> 新西法传自西儒穆尼阁,改新宪、措巧思,其七政诸表清新简奥,除旧表之繁碎。八线对数玄奇易简,去乘除之艰苦。此非别有创制,所争在难易工拙之间,犹可缓也。至春分加减、太阳各宫加分,乃从来书传所未及。又太阴旧表、火星旧表参差不一,火星少南纬、少对太阳加分。金星无交行,于高行加十六度为交行。水星伏见不合又无交行,直以高行为交行,皆阙略之大者。故西儒言,今西法传自地谷本庸师,且入中土未有全本,覃其然乎。(薛凤祚,[1664b])

其中所言"新西法"之长处,确实均为《天步真原》的特色。然而,除去"八线""对数"等数学内容之外,细观其所举天文诸项,则存在于算理不通者。例如,"春分加减"即指"春分差",如前所述,该修正项实际上并不正确。再如,其言火星"少对太阳加分",却不知"火星冲日修正"本身并无理论依据,与火星模型并不相符,只是一种经验性的数值调整。薛凤祚不加辨识即全然接受这两项,并将其列为"新西法"之优长,可见他并不太重视辨析此类历法理论问题。此外,《西洋新法历书》中的月亮理论存在历表与《历指》不合的情况[1],薛凤祚也曾察觉,并指出其"参差不一"。不过,他认为"新西法"月亮理论更佳的理由却近乎荒诞。他在《古今历法中西历法参订条议》"太阴二三

---

① 关于《西洋新法历书》月亮理论的详细分析与讨论,参见相关文献(褚龙飞、石云里,2013)。

均度"中指出:"今西法烦碎,未能归一;新西法用法简整,易于取用。"(薛凤祚,1993)[626] 如此评判两者孰优孰劣,似乎薛凤祚只看重历法的实用性,并不考虑其理论是否自洽合理。

其实,在王锡阐写信向薛凤祚请教的历法问题中,就提到了关于《西洋新法历书》月亮理论之事。(王锡阐,2010)[713] 而薛凤祚关于"太阴二三均度"之言,恐怕无法令王锡阐满意。不仅如此,实际上两人研究历法的方式与目标都存在很大的差异。虽然两人均对《西洋新法历书》进行过批评,且都编写过一部会通中西的新历法:薛凤祚有《历学会通》,王锡阐有《晓庵新法》;然而,细观"《晓庵新法》自序"所论诸款(王锡阐,1993)[433-435],却尽是薛凤祚从未言及之事。此外,王锡阐还曾编撰过《历策》《历说》《日月左右旋问答》《五星行度解》等阐释历法原理和宇宙模型的专著(王锡阐,1993)[592-606],而薛凤祚却从未撰写过此类著作。之所以会出现如此差别,是因为王锡阐研究历法很重要的一个目标是"知其故"(张永堂,1994)[177-213],而薛凤祚则几乎没有这种想法。薛凤祚始终立足于实用的目标,对历法原理或宇宙模型鲜有详明而深入的论述。因此,梅文鼎才会如此评价薛凤祚的历学工作:"北海(即薛凤祚)之书详于法,而无快论以发其趣。"(梅文鼎,1996)[352] 与王锡阐类似,梅文鼎研究历算之学重在"得乎其理",并以此来实现一种贯通的境界。(张永堂,1994)[105-176] 所以,他在著作和书信中所讨论者皆为历法理论方面的问题,而他的同道与弟子也都如此。正因梅文鼎研究历学的方式与目标与王锡阐相近,他才会认为后者成就高于薛凤祚[①]。不仅如此,以梅文鼎为代表的清初历算学界主流,皆以阐发"历法之故"为首务。在此背景下,薛凤祚的历学研究无法引起后世学者的共鸣,自然也就不足为怪了。

事实上,薛凤祚注重实用的思想与其丰富的阅历应存在关联。薛凤祚兴趣广泛、兼收博采,对实用之学本来就抱有一定的热情,其年少时便"喜谈兵"即为一例,此其一也。明末"经世致用"的思潮兴起,加之亲身经历乱世、目睹颓败惨淡景象,是以薛凤祚练乡勇、修山堡、御盗贼,故其重视实用应与所处时代有关,此其二也。薛凤祚早年学习心学,并一生以之为宗,而阳明

---

① 梅文鼎在《勿庵历算书记》"古今历法通考"中谈道:"又有西士穆尼阁著《天步真原》,与《历书》(指《西洋新法历书》)规模,又复大异。青州薛仪甫凤祚本之为《天学会通》,又新法中之新法矣。通律书之理而自辟门庭,则有吴江王寅旭锡阐,其立议有精到之处,可谓后来居上。"该书"王寅旭补注"亦云:"鼎尝评近代历学,以吴江(王锡阐)为最,识解在青州(薛凤祚)以上。"(梅文鼎,1983b)[964、982] 另外,梅文鼎在《绩微堂文钞》"锡山友人历算书跋"中还指出:"薛书授于西师穆尼阁,王书则于《历书》悟入,得于精思,似为胜之。"(梅文鼎,1996)[429]

学"知行合一"的思想本身就具有重实用、轻理论的倾向,此其三也。值得注意的是,王锡阐宗法程朱、批驳陆王,其儒学立场恰好与薛凤祚相反;梅文鼎虽主张调和两家,却也偏向程朱一派。(张永堂,1994)^{105-213}巧合的是,薛凤祚研究历学重实用,王、梅两人则重理论,似与各自所秉承之儒学思想相契合。那么,明末清初儒学与天文历算两者的发展之间有无可能存在某种内在关联?此一问题尚待进一步的研究。

尽管薛凤祚研究历学的方式与目标与王锡阐、梅文鼎不同,但三人实际上都试图会通中西历法。与另外两人相比,薛凤祚的会通思想实际上也比较特殊。首先,如前所述,薛凤祚是站在实用的角度对古今中外各种历法进行了会通,而王、梅两人的会通则主要体现在历法理论层面。其次,薛凤祚在会通历法的同时,兼顾了占验方面的需求,故其历法具备应有的星占功能,而王、梅两人在研究历法时并未对此予以考虑。最后,薛凤祚《历学会通》专设《致用部》,详述历法"旁通"之用,而王、梅两人则均无此举。此外,薛凤祚不单对古今中西各种历法进行了会通,而且在占验、水法、火法、重学、师学等方面也都进行了中西会通。不仅如此,《致用部》之所以出现在《历学会通》中,应与薛凤祚对"会通"的独到理解存在关联。总而言之,薛凤祚的会通思想非常独特,是中国学者面对西学传入所做出的各种反应中的一个特例。

虽然从数理天文学的角度来看,薛凤祚在历法上确实没有多少原创工作,亦对历法理论鲜有精辟论述,但他在会通方面付出的努力却饶有特色,不仅值得高度赞扬,而且十分耐人寻味。不过,可能由于很少有人赏识,抑或梅文鼎之评价影响甚大,故后人多认为薛凤祚的历学成就有限。例如,阮元[①](1764-1849年)在《畴人传》中如此评价薛凤祚:"仅谨守穆尼阁成法,依数推衍,随人步趣而已,未能有深得也。"(阮元,2009)^{406}这种观点对后世影响较大,至今仍为不少学者接受[②]。然而,阮元对薛凤祚的评价其实并不公正。事实上,薛凤祚虽然没有调整或发展《天步真原》中的天文体系,但他也并非完全盲从穆尼阁翻译的理论。例如,薛凤祚对春分差的态度表明,他并非没有对《天步真原》中的理论进行反思,而且他可能也意识到了一些关键问题。可见,将薛凤祚视为"谨守穆尼阁成法"是不合理的。除此之外,更加重要的是,薛凤祚研究历法以"会通"为己任,并未将精力放在原创性工作或

---

① 阮元,字伯元,号芸台,江苏仪征人,清朝政治人物、经学家。
② 例如,胡铁珠便引用过阮元的观点,认为薛凤祚在历法上确实没有多少创新(胡铁珠,2009)^{10}。

历理阐释上,故以此为标准来评价其工作,自然无法领会其真义。只有从会通中西的角度来考察薛凤祚的历法工作,才能真正理解其精髓及其与薛氏所处时代之间的关系。或许正是因此,《清史稿》才会认为阮元的说法"非笃论也"[1],并盛赞薛凤祚"贯通其中西要,不愧为一代畴人之功首"(赵尔巽等,1977)[13934]。

无论如何,薛凤祚这样一位尽其一生以独特方式会通中西历学的学者,在中西天文交流史上无疑是空前绝后的。

---

[1] 马来平也认为阮元的说法较为偏颇,他强调薛凤祚会通中西的功绩应被肯定。(马来平,2011)[154−156]

附录 《两河清汇易览》附录内容

儀甫先生入鄉賢錄

　　青州府益都縣壬午科舉人薛應豫呈為敬獻先世藏書，以副購徵雅意事。切惟希世之璧不敢冒投，冊府之珍，聚於所好。伏覩明教之須布，知廣西洞之蒐羅。據先祖鳳祚耽味元[玄]言，精研曆數。受鹿忠節、孫徵君先正業，析朱辨陸之奧，力探淵源；從穆尼閣、湯道未諸君游，中西新舊之傳，獨有神解。浩浩樂志，矻矻窮年。是以裁修省志，施藩憲非其手訂不存；暫詣都門，王制臺屢請薦剡弗屈。著有《曆學會通》《兩河清彙》《車書圖攷》諸書，博纂舊聞，參以己見，疑闕盡徹，條理井然。其已刊行者若干卷，可傔覽於公餘。其未付梓者幾萬言，尚須待於抄錄，期有契於當代淵朗之鑑，奚敢私為一家蓬蓽之藏，或充玩枕中，固非諧怪，倘鋟廣宇內，更賴表章，齋宿敢言捧亟待命上呈。

　　提督山東通省學政翰林院趙批趙文公諱申季
　　儀甫薛先生博極群書，殫精推步，本院私淑已久，今據呈送到刊書，不啻珍同拱璧，曾否崇祀鄉賢，仰益都縣立速查詳候奪。
　　康熙四十六年丁亥七月十二日

　　青州府益都縣兩學廩膳生員房郴、王述等，增廣生員石廷輔、關之巍等，附學生員常印忠、畢曰湜等呈為公舉鄉賢，以崇名德，以光祀典事，切惟立功立言並立德而不朽，有德有齒偕有爵以達尊，既克協乎天人義蘊之精，必食報於俎豆饗宮之典。照得本縣已故文學薛公諱鳳祚，詩書世胄，齊魯真儒，岐峰先生之文孫，孝友實繩祖武。孔泉名公之冢子，珂簪久著家聲。自補諸生於弱齡，即梅文壇之赤幟。董帷欲下，便恥章句一經；馬帳從游，不惜春粱千里。契鹿忠節，心印拳拳，遺書之梨棗，尚是蹄筌；參孫容城，指南渺渺，徵君之瓣香，孰爭衣鉢。俱見廻瀾定力，殊非握塵空談。故其裕全體而周大用,洵哉無愧古人。由經濟而抒文詞,允矣堪師來許。度登鎮之兵必起,千間廣廈,奚啻段干木之藩衛郊;嘆赤白之羽頻飛,一札長城,寧須管幼安之居遼海。縷分推步錯誤,酌中西新舊之法,湯道未、穆尼閣兩鉅公畏其精嚴;條析史志源流,無秒忽銖黍之遺,顧寧人、張稷若諸耆儒推其瞻博。疏兩河則有清彙,司河防者宜置案頭;衍曆學以為會通,非淺學人能窺涯際。軍營地勢,俺具畫圖;水利火攻,咸標新說。制臺藩伯交幣式盧,俗史雜賓望塵慚汗。是以柳風梧月,康節之城市悠然;鶴影梅花,和靖之湖山自若。字初孤則諸弟忘亡,徵閨訓而雙貞矢節。鄉鄰遠近,靡緩急而弗周;族姓戚疎,逢歲時其必聚。型仁講讓,贍言畏壘庚桑;立懦廉頑,晃見林宗淑度。雖春秋博拱夫墓木,而童叟益念於美墻。歷觀山澤之姱修,罕此文行之若一。業無勤而不獲,生未膺崇錫於彤廷;風以遠而彌芬,歿應得薦馨於廡序。微先生其誰與核月旦同然?伏祈轉申,上臺俯,從輿論,庶衣冠如在泮宮,接武於前賢。文獻斯徵,道法流輝於後起,事關公議,為此上呈。

益都縣儒學教諭田肇渭,訓導呂作標看得本庠已故文學薛鳳祚,累朝耆舊,當代偉人。克孝克慈,紹名德于五葉;徵文徵獻,志齊政于千秋。自岐嶷而受書,已恥腐儒章句。迨壯遊之負笈,果參聖哲心傳。稷門艷其春華,童年繡藻;海滋瞻夫碩果,故老衣冠。道由泰岱而東,鹿忠節之宗風未泯。說集淳熙以上,孫徵君之指趣如新。妙體用於同源,何文行之殊致。識兵氣則山堞早筑,匪關讖緯浮詞。桑梓而抱鼓靡驚,盡是誠明先覺。清彙會通之著,當事側席所求;星躔風土之詳,良史虛心是待。備成法能融成見,唐一行郭守敬恨有後先。酌新西更為新中,湯道未穆尼閣誰為伯仲。春盤秋社,懽周里黨之情;立廟敬宗,類廣本支之錫。凡茲立德立言,奚止多士儀型;兼彼知天知人,允為將來典則。顧童叟切私諡之慕,或能溯厥流風;而廡序闕配饗之文,終未愜乎輿論。今據諸生之請,揆以舊制之宜,伏祈轉申,上臺俯,准崇祀,庶蒸嘗弗替將闡儒教以無方。而俎豆彌光,可勵實學于有用矣。

益都孫知縣耿學純,看得本庠已故文學薛鳳祚,與古為友,能自得師。學依祖訓,孝廉之世業克承;志衍父書,中翰之家聲斯永。晰天人於理窟,上接于濂洛關閩;分造化於筆壇,幽探夫星辰曆象。師資北海,溯鹿忠節源遠而流長;禮樂東邦,嗣孫容城藍深而青出。如瀾而斯砥,案頭却非聖之書;扵岸先登,座上集如圭之彥。諸弟之遺孤克恤,人琴未亡;雙貞之節義流徵,閨門式化。知海滋之將變,在風聲鶴唳之先;保鄉曲之無虞,信羽扇綸巾之致選。古今推步,西儒遜其精嚴;儗齊魯春秋,史志資其瞻博。俯察地理,成兩河清彙之書;仰觀天文,有曆學會通之著。幾扵名成八陣,還如圮上一翁。

宜乎節鉞中丞，望草堂而系馬。襜帷方伯，移竹塢之行厨。道不華袞而尊，則蠱之上高尚其志。教不泮芹而廣，則同之初出門有功。忽沒黃農，鄉先生固可祭扵社；驚頹梁木，唯哲人自宜奠於楹。風度推先賢，聿光祀典；文章軼後起，洒協輿情。准采僉謀，以慿上報。

提督山東通省學政翰林院趙看得據詳，以故文學薛君，志耽林壑，業富詩書。究天人性命之精，顯微共貫；兼學術事功之盛，體用同原。先緒克光，繩武無慚。世德師傳，不墜揚鑣。大振宗風，孝友篤於天親，儀型砥乎末俗。裁省志，輯心傳，識力陶今鑄古；策河渠，推曆象，經綸徹地通天。知風鶴之將驚，預防其變；值干戈之入寇，勿擾其鄉。斯誠學有淵源，文行獨隆當代；抑且功存社，聲華永峙於千秋。俎豆定屬斯人，宮牆特懸片席。仰即置主，崇祀鄉賢，仍將入祠日期具報存案繳。

康熙四十六年丁亥七月二十三日入祠

事實冊

　　一　本生系萬曆癸酉亞魁崇祀鄉賢岐峰公諱崗孫，岐峰公，於天啟元年贈徵仕郎，卒後以杜門著述樂善不仕崇祀鄉賢，其所著經書成語對偶歌金山雅調香山記。萬曆丙辰進士崇祀鄉賢孔泉公諱近洙冢子。孔泉公，岐峰公之第三子，敕授徵仕郎、中書科中書舍人，卒後以孝友濟美恭忠端慎崇祀鄉賢，青志載曰：天啟中，魏璫擅政，感憤以病歸，有增補大學衍義行世。天性孝友，復遵先訓，有三弟，皆以少亡，撫字遺孤，俱至成立。

　　一　本生好學，從定興鹿忠節諱伯順、容城孫徵君諱啟泰游，鹿先生癸丑進士，筮仕戶曹，歷太常少卿，監孫師相軍，丙子居鄉，終邑難。孫先生十七歲舉於鄉，屢經前時，及本朝，徵聘不仕，避地河北，九十三歲終於蘇門。二先生偉樹奇節，俱載國史。篤志力行，終身以二先生為宗。忠節有自訂《四書說約》，徵君有《近指》，皆發明理奧，羽翼宋儒。本生研習既久，合纂成書，名曰《聖學心傳》。

　　一　本生於崇禎間預識登鎮之變，善為區畫，及兵起過本郡時，感服名德，戢禁劫掠，一方皆免害。

　　一　本生因明季盜起，呈明巡青道，鍊義勇數百，保障鄉村，盜相戒，不敢犯。又捐金修商山堡，眾得力守，全活者無算。

　　一　本生應施藩臺聘，裁修省志，分校精詳，凡遇隱德節義，必極表揚。

　　一　本生留心經濟，凡農功水利占候兵法，俱有成書，指畫明確。

一　本生因推步錯誤,同西儒穆尼閣、湯道未研究積年,遂極理奧,選舊中法、舊西法、新西法諸書,去煩存要,更因中數起義,立為新中法,識者肯服。

一　本生樂謙退,慎取與,家法井然,睦鄉敦族,接物未嘗見其忿戾之色。

一　本生不設講席,而陶鑄後學甚眾,如於陵于湜、李斯孚等,皆服膺終身。于湜,字正夫,李斯孚,號蓼園,康熙訪二人之賢,以七品奉養之。千乘徐峒盡得推步之法,三氏之徒聞風悔悟者,多歸門下。

一　本生意致蕭然,不樂仕進,志托著述,道成林壑,雖千旌弗盡謝絕,而未嘗少縈情榮利也,疏食野服,數十年如一日焉。

插 图 索 引

图 1.1　《天步真原丛书》封面 ·······································19

图 1.2　《历学会通》封面 ··19

图 1.3　《山东通志》中薛凤祚的署名及其编撰的《星野》分卷 ·······21

图 1.4　《圣学心传》封面及署名页 ··································22

图 1.5　目前已知的《气化迁流》合作者 ·····························24

图 1.6　比利时天文学家兰斯伯格 ···································27

图 1.7　《永恒天体运行表》封面 ·····································30

图 1.8　《永恒天体运行表》天文表部分扉页 ·························30

图 1.9　《图解太阳》封面 ··32

图 2.1　《天体运行论》中的太阳模型 ·································39

图 2.2　《永恒天体运行表》中的太阳模型 ····························40

图 2.3　《永恒天体运行表》中的太阳算例插图 ·······················41

图 2.4　《永恒天体运行表》与《天体运行论》太阳偏心率比较 ··········43

图 2.5　《天体运行论》太阳理论加春分差与不加春分差之太阳黄经误差比较
　　　　 ··45

图 2.6　《天体运行论》春分差（1—2000年）·······················46

图 2.7　《天体运行论》春分差（1500—1600年）···················46

图 2.8　《永恒天体运行表》修正春分差前后以及不加春分差之太阳黄经误差
　　　　 比较（1600—1650年）··································48

图 2.9　《永恒天体运行表》春分差（1—2000年）···················49

图 2.10　《永恒天体运行表》春分差（1600—1700年）···············49

图 2.11　《永恒天体运行表》修正春分差前后以及不加春分差之太阳黄经误差
　　　　　比较（1650—1700年）·································50

图 2.12　《天步真原·太阳太阴部》中的太阳模型 ····················52

图 2.13　《天步真原·太阳太阴部》中的太阳算例插图 ················55

图 2.14　《天步真原》太阳黄经误差（1600—1700年）···············58

图 2.15　《西洋新法历书》太阳黄经误差（1627—1727年）···········60

图 2.16　《历学会通·正集·太阳太阴并四余》中的太阳平行及其历表 ···63

图 3.1　《天体运行论》中的月亮经度模型　·······68

图 3.2　《永恒天体运行表》中的月亮经度模型　·······68

图 3.3　《永恒天体运行表》中的月亮经度算例插图　·······69

图 3.4　《天体运行论》月亮黄经误差（1500—1600 年）·······71

图 3.5　《天体运行论》月亮黄经误差（1500—1510 年）·······73

图 3.6　《永恒天体运行表》月亮黄经误差（1600—1700 年）·······74

图 3.7　《永恒天体运行表》月亮黄经误差（1600—1650 年）·······75

图 3.8　《永恒天体运行表》月亮黄经误差（1650—1700 年）·······76

图 3.9　《永恒天体运行表》月亮黄经误差（1630—1640 年）·······77

图 3.10　《天体运行论》中的月亮纬度模型　·······78

图 3.11　《永恒天体运行表》中的月亮纬度模型　·······79

图 3.12　《永恒天体运行表》中的月亮纬度算例插图　·······80

图 3.13　《天体运行论》月亮黄纬误差（1500—1600 年）　·······81

图 3.14　《天体运行论》月亮黄纬误差（1500—1510 年）　·······82

图 3.15　《永恒天体运行表》月亮黄纬误差（1600—1700 年）　·······83

图 3.16　《永恒天体运行表》月亮黄纬误差（1630—1640 年）　·······84

图 3.17　《天步真原·太阳太阴部》中的月亮经度模型　·······88

图 3.18　《天步真原·太阳太阴部》中的月亮纬度算例插图　·······88

图 3.19　《天步真原》月亮黄经误差（1600—1700 年）　·······89

图 3.20　《天步真原》月亮黄纬误差（1600—1700 年）　·······89

图 3.21　《西洋新法历书》月亮黄经误差（1627—1727 年）　·······90

图 3.22　《西洋新法历书》月亮黄纬误差（1627—1727 年）　·······90

图 3.23　《历学会通·正集·太阳太阴并四余》中的月距日平行及其历表　·······93

图 3.24　《历学会通·正集·太阳太阴并四余》中的两页（第二十七页）　·······94

图 4.1　《天体运行论》中的外行星经度模型　·······97

图 4.2　《永恒天体运行表》中的外行星经度模型　·······98

图 4.3　《永恒天体运行表》中的土星经度算例插图　·······99

图 4.4　《永恒天体运行表》中的木星经度算例插图　·······100

图 4.5　《永恒天体运行表》中的火星经度算例插图　·······101

图 4.6　《永恒天体运行表》中的火星冲日修正差表　·······103

图 4.7　《天体运行论》土星黄经误差（1500—1600 年）　·······105

图 4.8　《永恒天体运行表》土星黄经误差（1600—1700 年）　·······106

图 4.9　《天体运行论》木星黄经误差（1500—1600 年）　·······107

图 4.10　《永恒天体运行表》木星黄经误差（1600—1700 年）　·······108

图 4.11　《天体运行论》火星黄经误差（1500—1600 年）　·······110

图 4.12 《永恒天体运行表》火星黄经误差(1600—1700 年)·············111
图 4.13 《天体运行论》中的行星纬度模型 ·····················112
图 4.14 《永恒天体运行表》中的外行星纬度模型 ·················112
图 4.15 《永恒天体运行表》中的土星纬度算例插图 ···············113
图 4.16 《永恒天体运行表》中的木星纬度算例插图 ···············114
图 4.17 《永恒天体运行表》中的火星纬度算例插图 ···············115
图 4.18 《天体运行论》土星黄纬与现代理论计算值比较(1500—1600 年) ···116
图 4.19 《天体运行论》土星黄纬误差(1500—1600 年)··············117
图 4.20 《永恒天体运行表》土星黄纬与现代理论计算值比较(1600—
        1700 年) ······································118
图 4.21 《永恒天体运行表》土星黄纬误差(1600—1700 年)··········120
图 4.22 《天体运行论》木星黄纬与现代理论计算值比较(1500—1600 年) ···121
图 4.23 《天体运行论》木星黄纬误差(1500—1600 年)··············122
图 4.24 《永恒天体运行表》木星黄纬与现代理论计算值比较(1600—
        1700 年) ······································123
图 4.25 《永恒天体运行表》木星黄纬误差(1600—1700 年)··········124
图 4.26 《天体运行论》火星黄纬与现代理论计算值比较(1500—1600 年) ···125
图 4.27 《天体运行论》火星黄纬误差(1500—1600 年)··············126
图 4.28 《永恒天体运行表》火星黄纬与现代理论计算值比较(1600—
        1700 年) ······································127
图 4.29 《永恒天体运行表》火星黄纬误差(1600—1700 年)··········128
图 4.30 《天步真原·五星经纬部》中的外行星经度模型 ············130
图 4.31 《天步真原·五星经纬部》中的土星经度算例插图 ··········131
图 4.32 《天步真原》土星黄经误差(1600—1700 年)···············135
图 4.33 《天步真原》土星黄纬误差(1600—1700 年)···············136
图 4.34 《西洋新法历书》土星黄经误差(1627—1727 年)············137
图 4.35 《西洋新法历书》土星黄纬误差(1627—1727 年)············138
图 4.36 《天步真原》木星黄经误差(1600—1700 年)···············139
图 4.37 《天步真原》木星黄纬误差(1600—1700 年)···············140
图 4.38 《西洋新法历书》木星黄经误差(1627—1727 年)············141
图 4.39 《西洋新法历书》木星黄纬误差(1627—1727 年)············143
图 4.40 《天步真原》火星黄经误差(1600—1700 年)···············144
图 4.41 《天步真原》火星黄纬误差(1600—1700 年)···············145
图 4.42 《西洋新法历书》火星黄经误差(1627—1727 年)············146
图 4.43 《西洋新法历书》火星黄纬误差(1627—1727 年)············147
图 4.44 《历学会通·正集·五星经纬法原》土星经度算例后的插入页 ········149

图4.45　《历学会通·正集·五星立成》中的木星高行及其历表 ··············151

图5.1　《天体运行论》中的金星经度模型 ·····················153
图5.2　《永恒天体运行表》中的金星经度模型 ···············154
图5.3　《永恒天体运行表》中的金星算例插图 ···············155
图5.4　《天体运行论》中的水星经度模型 ·····················156
图5.5　《永恒天体运行表》中的水星经度模型 ···············157
图5.6　《永恒天体运行表》中的水星算例插图 ···············158
图5.7　《天体运行论》金星黄经误差（1500—1600年） ······160
图5.8　《永恒天体运行表》金星黄经误差（1600—1700年） ···162
图5.9　《天体运行论》水星黄经误差（1500—1600年） ······163
图5.10　《永恒天体运行表》水星黄经误差（1600—1700年） ······164
图5.11　《天体运行论》中的行星纬度模型 ·····················165
图5.12　《永恒天体运行表》中的内行星纬度模型 ···········166
图5.13　《永恒天体运行表》中的金星纬度算例插图 ·········166
图5.14　《永恒天体运行表》中的水星纬度算例插图 ·········167
图5.15　《天体运行论》金星黄纬误差（1500—1600年） ······169
图5.16　《永恒天体运行表》金星黄纬误差（1600—1700年） ···170
图5.17　《天体运行论》水星黄纬误差（1500—1600年） ······171
图5.18　《永恒天体运行表》水星黄纬误差（1600—1700年） ···172
图5.19　《天步真原·五星经纬部》中的水星经度算例插图 ·····174
图5.20　《天步真原》金星黄经误差（1600—1700年） ········176
图5.21　《天步真原》金星黄纬误差（1600—1700年） ········177
图5.22　《西洋新法历书》金星黄经误差（1627—1727年） ···179
图5.23　《西洋新法历书》金星黄纬误差（1627—1727年） ···180
图5.24　《天步真原》水星黄经误差（1600—1700年） ········181
图5.25　《天步真原》水星黄纬误差（1600—1700年） ········182
图5.26　《西洋新法历书》水星黄经误差（1627—1727年） ···183
图5.27　《西洋新法历书》水星黄纬误差（1627—1727年） ···184
图5.28　《历学会通·正集·五星立成》中的金星高行及其历表 ··············186

图6.1　《历学会通·正集》目录 ·····························189
图6.2　美国国会图书馆藏《历学会通·日食诸法异同》首页中的标注 ·······190
图6.3　《历学会通·日食诸法异同》中的月食与土星算例 ·····191
图6.4　《西洋新法历书》与《历学会通》中的"黄道九十度距天顶及
　　　距地平"表·······································192

图 6.5　《历学会通·致用部》目录 ······························194

图 6.6　《历学会通·正集·古今历法中西历法参订条议》不同部分版式
　　　　比较 ···197

图 6.7　《历学会通》中的"正弦部序"与"正弦法原叙" ···········198

图 6.8　《对数算术》及其中的对数表与三角函数对数表 ···········200

图 6.9　《历学会通·正集·交食法原》与《历学会通·新西法选要·日月食
　　　　原理》目录比较 ···201

图 6.10　《历学会通·正集·太阳太阴并四余》"黄道度次积度"与《恒星历指》
　　　　"各宿黄道本度"比较 ·····································205

图 6.11　《历学会通·正集·五星立成》与《回回历法》"太阴凌犯时刻立成"
　　　　比较 ···206

图 6.12　《历学会通·正集·经星经纬性情》"二十四气恒星出没在中立成"
　　　　与《恒星出没表》相应部分比较 ·······················207

图 6.13　《历学会通·考验部·旧中法选要》中"古今律历"的署名 ···208

图 6.14　《历学会通·考验部·回回历》中"监本回回历"的署名 ·····210

图 6.15　《历学会通·考验部·今西法选要·日食部》前两节与《交食历指》
　　　　中相应内容比较 ···213

图 6.16　《历学会通·考验部·今西法选要·日食部》五星部分第一节与
　　　　《五纬历指》中相应内容比较 ···························214

图 6.17　《历学会通·新西法选要·历年甲子》与《古今律历考》中相
　　　　应内容比较 ···218

图 6.18　《历学会通·致用部·律吕》与《古今律历考》卷二十九比较 ···220

图 6.19　《历学会通·致用部·律吕》装订错误页面与《古今律历考》中相应
　　　　内容比较 ···222

图 6.20　《历学会通·致用部·律吕》与《古今律历考》中的"五声二变十二律
　　　　相生之图"及"旋宫八十四声图" ·······················223

图 6.21　《历学会通·致用部·中外师学部》与《守圉全书》"城之制"中的
　　　　相应插图比较 ···227

图 7.1　《历学会通·考验部》中的《新中法选要》······················232
图 7.2　《历学会通·正集·辨诸法异同》中的"新中法"算例··········232
图 7.3　《历学会通·正集·辨诸法异同》目录 ·······················232
图 7.4　《气化迁流·大运》中的"新中法"·····························233
图 7.5　《历学会通·考验部》目录 ···································233
图 7.6　《历学会通》与《永恒天体运行表》《大统历法通轨》历表形式比较 ···237

明清科技与社会丛书　｜　会通历学：薛凤祚历法工作研究

参 考 文 献

原始古籍文献

中国

【明】

贝琳,1477. 回回历法[M]. 明刻本. 东京:日本国立档案馆内阁文库藏.

方以智,1983a. 通雅[M]//四库全书:第857册. 台北:台湾商务印书馆:1-983.

方以智,1983b. 物理小识[M]//四库全书:第867册. 台北:台湾商务印书馆:741-983.

韩霖,2005. 守圉全书[M]//四库禁毁书丛刊补编:第32-33册. 北京:北京出版社.

刘基,1997. 大明清类天文分野之书[M]//四库全书存目丛书:子部第60册. 济南:齐鲁书社:373-761.

戚继光,1983a. 纪效新书[M]//四库全书:第728册. 台北:台湾商务印书馆:487-686.

戚继光,1983b. 练兵杂纪[M]//四库全书:第728册. 台北:台湾商务印书馆:799-884.

宋濂等,1976. 元史[M]. 北京:中华书局.

孙奇逢,1939. 夏峰先生集[M]//丛书集成初编:第2173-2178册. 北京:商务印书馆.

孙奇逢,1983. 四书近指[M]//四库全书:第208册. 台北:台湾商务印书馆:649-829.

孙奇逢,1999. 岁寒居年谱[M]. 北京图书馆藏珍本年谱丛刊:第65册[Z]. 北京:北京图书馆出版社. 1-298.

王徵,1983. 诸器图说[M]//四库全书:第842册. 台北:台湾商务印书馆:545-556.

魏文魁,1996. 历测[M]//续修四库全书:第1039册. 上海:上海古籍出版社:739-795.

邢云路,1983. 古今律历考[M]//四库全书:第787册. 台北:台湾商务印书馆:1-754.

熊三拔,1983. 泰西水法[M]//四库全书:第731册. 台北:台湾商务印书馆:931-977.

徐光启编纂,2009. 崇祯历书(附《西洋新法历书》增刊十种)[M]. 潘鼐汇编. 上海:上海古籍出版社.

徐光启著译,2010. 徐光启全集[M]. 朱维铮、李天纲主编. 上海:上海古籍出版社.

徐光启等,[1644]. 治历缘起[M]. 明抄本. 首尔:韩国国立首尔大学奎章阁档案馆藏.

徐光启等修辑,2000. 西洋新法历书[M]//故宫博物院编. 故宫珍本丛刊:第383-387册. 海口:海南出版社.

佚名,1996. 大统历注[M]//续修四库全书:第1036册. 上海:上海古籍出版社:495-591.

元统,1444. 大统历法通轨 历日通轨[M]. 明刻本. 首尔:韩国国立首尔大学奎章阁档案馆藏.

陈铉,1978. 明末鹿忠节公善继年谱[M]//(民国)王云五主编. 新编中国名人年谱集成:第五辑. 台北:台湾商务印书馆.

【清】

戴震,1996. 勾股割圆记[M]//续修四库全书:第1045册. 上海:上海古籍出版社:81-123.

韩梦周,1779. 薛先生小传[M]//(清)薛凤祚. 两河清汇易览. 清抄本:卷首. 北京:国家图书馆藏.

黄宗羲、姜希辙,1996. 历学假如[M]//续修四库全书:第1040册. 上海:上海古籍出版社:61-92.

李光地,1983. 榕村集[M]//四库全书:第1324册. 台北:台湾商务印书馆:525-1074.

李焕章,1968. 故诗人太拙徐公暨配王安人冯孺人合葬墓志铭[M]//(民国)王文彬等.(民国)续修广饶县志//中国方志丛书:华北地方 第六十四号. 台北:成文出版社有限公司:1020-1028.

李焕章,1997. 织水斋集[M]//四库全书存目丛书:集部:第208册. 济南:齐鲁书社:334-806.

刘虎文等,1998.(道光)阜阳县志[M]//中国地方志集成:安徽府县志辑23. 南京:江苏古籍出版社:1-433.

刘体仁,2008. 七颂堂集[M]. 合肥:黄山书社.

罗士琳,2009. 畴人传续编[M]//(清)阮元等撰. 畴人传汇编. 彭卫国、王原华点校. 扬州:广陵书社.

马世珍,2004. (道光)安邱新志[M]//中国地方志集成:山东府县志辑37. 南京:凤凰出版社:141-247.

毛永柏等,2004. (咸丰)青州府志[M]//中国地方志集成:山东府县志辑31-32. 南京:凤凰出版社.

梅文鼎,1983a. 历算全书[M]//四库全书:第794-795册. 台北:台湾商务印书馆.

梅文鼎,1983b. 勿庵历算书记[M]//四库全书:第795册. 台北:台湾商务印书馆:961-992.

梅文鼎,1996. 绩学堂文钞　绩学堂诗钞[M]//续修四库全书:第1413册. 上海:上海古籍出版社:325-514.

倪企望,1976. (嘉庆)长山县志[M]//中国方志丛书:华北地方　第369号. 台北:成文出版社有限公司.

阮元,2009. 畴人传[M]//(清)阮元等撰. 畴人传汇编. 彭卫国、王原华点校. 扬州:广陵书社.

沈葆桢等,1996. (光绪)重修安徽通志[M]//续修四库全书:第651-655册. 上海:上海古籍出版社.

汤斌,1981. 清孙夏峰先生奇逢年谱[M]//(民国)王云五主编. 新编中国名人年谱集成:第15辑. 台北:台湾商务印书馆.

王敛福,1998. (乾隆)颍州府志[M]//中国地方志集成:安徽府县志辑24. 南京:江苏古籍出版社.

王锡阐,1993. 晓庵遗书[M]//薄树人主编. 中国科学技术典籍通汇:天文卷:第6册. 郑州:河南教育出版社:433-616.

王锡阐,2010. 晓庵先生文集[M]//纪宝成主编. 清代诗文集汇编:第105册. 上海:上海古籍出版社:693-745.

王修芳等,2004. (道光)济南府志[M]//中国地方志集成:山东府县志辑1-3. 南京:凤凰出版社.

薛凤祚,[1664a]. 历学会通[M]. 清刻本. 华盛顿:美国国会图书馆藏.

薛凤祚,[1664b]. 历学会通[M]//益都薛氏遗书. 清刻本. 北京:北京大学图书馆藏.

薛凤祚,[1664c]. 天步真原　历学会通　附子目[M]. 清抄本. 北京:中国科学院自然科学史研究所图书馆藏.

薛凤祚,[1664d].天学会通[M].清刻本.北京:中国科学院自然科学史研究所图书馆藏.

薛凤祚,[1675].气化迁流[M]//益都薛氏遗书.清刻本.北京:北京大学图书馆藏.

薛凤祚,1676.圣学心传[M].清刻本.徐州:徐州市图书馆藏.

薛凤祚,[1677a].两河清汇易览[M].清抄本.北京:国家图书馆藏.

薛凤祚,[1677b].两河清汇易览[M].清抄本.北京:国家图书馆藏.

薛凤祚,[1677c].两河清汇易览[M].清抄本.北京:中国科学院自然科学史所图书馆藏.

薛凤祚,[1680].益都薛氏遗书[M].清刻本.北京:国家图书馆藏.

薛凤祚,1993.历学会通·正集[M]//薄树人主编.中国科学技术典籍通汇 天文卷:第6册.郑州:河南教育出版社:619-893.

薛凤祚,2000.历学会通·致用部[M]//四库未收书辑刊:第8辑11册.北京:北京出版社:343-594.

薛凤祚,2008.历学会通[M]//韩寓群主编.山东文献集成:第2辑:第23册.济南:山东大学出版社.

薛士骏,2009.薛氏祠堂记(摘要)[G]//张士友主编.薛凤祚研究.北京:中国戏剧出版社:273-274.

杨光先,1993.不得已[M]//薄树人主编.中国科学技术典籍通汇:天文卷:第6册.郑州:河南教育出版社:897-962.

杨士骧等,1934.(光绪)山东通志[M].上海:商务印书馆.

佚名Ⅰ,2009.金岭镇薛氏乡贤匾额[G]//张士友主编.薛凤祚研究.北京:中国戏剧出版社:277.

佚名Ⅱ,2009.薛氏世谱[G]//张士友主编.薛凤祚研究.北京:中国戏剧出版社:275-277.

游艺,1993.天经或问·前集[M]//薄树人主编.中国科学技术典籍通汇:天文卷:第6册.郑州:河南教育出版社:157-219.

允禄等,1983.钦定协纪辨方书[M]//四库全书:第811册.台北:台湾商务印书馆:109-1022.

张承燮等,2004.(光绪)益都县图志[M]//中国地方志集成:山东府县志辑33.南京:凤凰出版社.

张尔岐,1868.仪礼郑注句读[M].清刻本.合肥:安徽省图书馆藏.

张尔岐,1997.蒿庵集[M]//四库全书存目丛书:集部:第207册.济南:齐鲁书社:585-651.

章学诚,1985. 章学诚遗书[M]. 北京:文物出版社.

赵祥星等,1678.（康熙）山东通志[M]. 清刻本. 京都:日本京都大学图书馆藏.

【民国】

徐世昌,2008. 清儒学案[M]. 北京:中华书局.

张其濬等,1998.（民国）全椒县志[M]//中国地方志集成:安徽府县志辑35. 南京:江苏古籍出版社:1-296.

赵尔巽等,1977. 清史稿[M]. 北京:中华书局.

支伟成,1985. 清代朴学大师列传[M]//周骏富辑. 清代传记丛刊　学林类. 台北:明文书局.

国外

Philippi Lansbergi, 1632. Tabulae motvum coelestium perpetua[M]. Middelburgi Zelandiae: apud Zachariam Romanum.

Georg Schönberger, Jan Mikołaj Smogulecki, 1626. Sol illustratus ac propugnatus [M]. Friburgi Brisgoiae: excudebat Theodorus Meyer.

Adriaan Vlacq, 1628. Arithmetica logarithmica, sive Logarithmorum chiliades centum, pro numeris naturali serie crescentibus ab unitate ad 100000[M]. Goudae: Excudebat Petrus Rammasenius.

（波兰）哥白尼,2005. 天体运行论[M]. 叶式辉译,易照华校. 北京:北京大学出版社.

研 究 文 献

（比利时）钟鸣旦,2010. 清初中国的欧洲星占学:薛凤祚与穆尼阁对卡尔达诺《托勒密〈四书〉评注》的汉译[J]. 自然科学史研究,29(3):339-360.

（波兰）Leszek Gęsiak,2009. 穆尼阁（1610—1656）跨文化对话的先驱[J]. 神州交流,6(3):94-106.

（法）丹容,1980. 球面天文学与天体力学引论[M]. 李珩,译. 北京:科学出版社.

（英）李约瑟,1978. 中国科学技术史:第3卷[M].《中国科学技术史》翻译小组,译. 北京:科学出版社.

陈美东,2003. 郭守敬评传[M]. 南京:南京大学出版社.

陈永正,1991. 中国方术大辞典[M]. 广州:中山大学出版社.

褚龙飞,石云里,2012.《崇祯历书》系列历法中的太阳运动理论[J]. 自然科学史研究,31(4):410-427.

褚龙飞,石云里,2013. 第谷月亮理论在中国的传播[J]. 中国科技史杂志,34(3):330-346.

邓可卉,2011.《历学会通》中的数学与天文学:兼与《崇祯历书》的比较[C]//马来平. 中西文化会通的先驱:"全国首届薛凤祚学术思想研讨会"论文集. 济南:齐鲁书社:279-290.

董杰,2011. 薛凤祚球面三角形解法探析[J]. 西北大学学报,41(4):737-741.

董杰,郭世荣,2009.《历学会通　正集》中三角函数造表法研究[C]//万辅彬. 究天人之际,通古今之变:第11届中国科学技术史国际学术研讨会论文集. 南宁:广西民族出版社:100-105.

杜昇云,等,2008. 中国古代天文学的转轨与近代天文学[M]. 北京:中国科学技术出版社.

郭世荣,2011. 薛凤祚的数学成就新探[C]//马来平. 中西文化会通的先驱:"全国首届薛凤祚学术思想研讨会"论文集. 济南:齐鲁书社:349-373.

韩琦,1988. 对数在中国[D]. 硕士论文. 安徽:中国科学技术大学.

韩琦,2011. 异端"新"知与民间西学:浅论薛凤祚、穆尼阁对欧洲星占术的介绍[C]//马来平. 中西文化会通的先驱:"全国首届薛凤祚学术思想研讨会"论文集. 济南:齐鲁书社:500-506.

胡铁珠,1992.《历学会通》中的宇宙模式[J]. 自然科学史研究,11(3):224-232.

胡铁珠,2009. 会通中西历算的薛凤祚[G]//张士友. 薛凤祚研究. 北京:中国戏剧出版社:1-11.

黄一农,1990. 汤若望与清初西历之正统化[G]//吴嘉丽,叶鸿洒. 新编中国科技史:下册. 台北:银禾文化事业公司:465-490.

黄一农,1991a. 清初钦天监中各民族天文家的权力起伏[J]. 新史学,2(2):75-108.

黄一农,1991b. 清前期对觜、参两宿先后次序的争执:社会天文学史之一个案研究[G]//杨翠华,黄一农. 近代中国科技史论集. 台北:"台湾研究院"近代史研究所,新竹:"台湾清华大学"历史研究所:71-94.

黄一农,1991c. 择日之争与"康熙历狱"[J]. 清华学报,21(2):247-280.

黄一农,1992. 耶稣会士汤若望在华恩荣考[J]. 中国文化(7):160-170.

黄一农,1993. 清初天主教与回教天文家间的争斗[J]. 九州学刊,5(3):47-69.

黄一农,1996a. 从汤若望所编民历试析清初中欧文化的冲突与妥协[J]. 清华学报,26(2):189-220.

黄一农,1996b. 红夷大炮与明清战争:以火炮测准技术之演变为例[J]. 清华学报,26(1):31-70.

孔庆典,江晓原,2009. 11—14世纪回鹘人的二十八宿纪日[J]. 西域研究(3):9-21.

李迪,2006. 梅文鼎评传[M]. 南京:南京大学出版社.

李亮,2011. 明代历法的计算机模拟分析与综合研究[D]. 博士论文. 安徽:中国科学技术大学.

李亮,石云里,2011. 薛凤祚西洋历学对黄宗羲的影响:兼论《四库全书》本《天学会通》[C]. 马来平. 中西文化会通的先驱:"全国首届薛凤祚学术思想研讨会"论文集. 济南:齐鲁书社:218-230.

刘金沂,1980. 薛凤祚[M]//中国大百科全书:天文学卷. 上海:中国大百科全书出版社:492.

刘晶晶,2011. 薛凤祚之师:穆尼阁[C]//马来平. 中西文化会通的先驱:"全国首届薛凤祚学术思想研讨会"论文集. 济南:齐鲁书社:133-143.

刘孝贤,2010. 根数错位致斗转星移:薛凤祚《历学会通》的历元换算[J]. 山东科技大学学报(社会科学版),12(2):13-19.

刘兴明,曾庆明,2010. 薛氏奇门卦仪合参:薛凤祚《甲遁真授秘集》思想初探[J]. 山东科技大学学报(社会科学版),12(5):27-33.

卢央,2008. 中国古代星占学[M]. 北京:中国科学技术出版社.

马来平,2009. 薛凤祚科学思想管窥[J]. 自然辩证法研究,25(7):97-102.

马来平,2011. 中西文化会通的先驱:评薛凤祚的中西科学会通模式[C]//马来平. 中西文化会通的先驱:"全国首届薛凤祚学术思想研讨会"论文集. 济南:齐鲁书社:144-160.

聂清香,2011. 中西会通 天人相应:薛凤祚与占星术[C]//马来平. 中西文化会通的先驱:"全国首届薛凤祚学术思想研讨会"论文集. 济南:齐鲁书社:507-535.

宁晓玉,2011. 观察明清中西天文学交流的两面镜子:薛凤祚和王锡阐研究[C]//马来平. 中西文化会通的先驱:"全国首届薛凤祚学术思想研讨会"论文集. 济南:齐鲁书社:205-217.

石云里,1996. 中国古代科学技术史纲:天文卷[M]. 沈阳:辽宁教育出版社.

石云里,2000.《天步真原》与哥白尼天文学在中国的早期传播[J]. 中国科技史料,21(1):83-91.

石云里,2006.《天步真原》的神秘序文[J]. 广西民族学院学报(自然科学版),12(1):23-26.

宋芝业,2011a. 薛凤祚中西占验会通与历法改革[J]. 山东社会科学(6):38-43.

宋芝业,2011b. 用科学方法达成占验目的的尝试:薛凤祚中西占验会通及其思想观念根源[C]//马来平.中西文化会通的先驱:"全国首届薛凤祚学术思想研讨会"论文集.济南:齐鲁书社:553-565.

孙尚扬,钟鸣旦,2004. 1840年前的中国基督教[M].北京:学苑出版社.

田淼,张柏春,2006.薛凤祚对《远西奇器图说录最》所述力学知识的重构[J].哈尔滨工业大学学报(社会科学版),8(6):1-8.

王刚,2011a.论薛凤祚的天道观[C]//马来平.中西文化会通的先驱:"全国首届薛凤祚学术思想研讨会"论文集.济南:齐鲁书社:80-100.

王刚,2011b.薛凤祚对《崇祯历书》的选要和重构[C]//马来平.中西文化会通的先驱:"全国首届薛凤祚学术思想研讨会"论文集.济南:齐鲁书社:329-348.

王刚,2011c.薛凤祚正弦法原和《崇祯历书 大测》的关系[C]//马来平.中西文化会通的先驱:"全国首届薛凤祚学术思想研讨会"论文集.济南:齐鲁书社:410-429.

王淼,2003.邢云路与明末传统历法的复兴[D].博士论文.安徽:中国科学技术大学.

夏从亚,伊强,2010.致用与会通:薛凤祚水利思想蠡测[J].山东科技大学学报(社会科学版),12(1):17-24.

杨泽忠,2011.薛凤祚《正弦》一书研究[C]//马来平.中西文化会通的先驱:"全国首届薛凤祚学术思想研讨会"论文集.济南:齐鲁书社:374-397.

叶式辉,2005.《天体运行论》导读[M]//(波兰)哥白尼.天体运行论.叶式辉,译;易照华,校.北京:北京大学出版社:1-14.

余英时,2012.论戴震与章学诚:清代中期学术思想史研究[M].北京:生活 读书 新知 三联书店.

袁兆桐,1984.清初山东科学家薛凤祚[J].中国科技史料,5(2):88-92.

袁兆桐,1991.清代历算名家薛凤祚[J].历史教学(6):46-49.

袁兆桐,2009.薛凤祚研究略述[G]//张士友.薛凤祚研究.北京:中国戏剧出版社:227-242.

袁兆桐,2011.薛凤祚研究的回顾与思考[C]//马来平.中西文化会通的先驱:"全国首届薛凤祚学术思想研讨会"论文集.济南:齐鲁书社:600-616.

袁兆桐,等,2009.文献资料:概述[G]//张士友.薛凤祚研究.北京:中国戏剧出版社:243-245.

张崇琛,2004.王渔洋与诸城人士交往考略[G]//张崇琛.古代文化探微.北京:中国社会科学出版社:289-305.

张华松,2003.张尔岐年谱[G].徐北文,李永祥.济南文史论丛初编.济南:济南出版社:424-474.

张华松,2004. 张尔岐交游考[J]. 孔子研究(3):91-99.

张培瑜,陈美东,薄树人,等,2008. 中国古代历法[M]. 北京:中国科学技术出版社.

张培瑜,徐振韬,卢央,1984. 历注简论[J]. 南京大学学报(1):101-109.

张培瑜,张健,2001. 日本历书的直宿[J]. 中国科技史料,22(3):281-287.

张永堂,1994. 明末清初理学与科学关系再论[M]. 台北:台湾学生书局.

郑诚,2011. 守圉增壮:明末西洋筑城术之引进[J]. 自然科学史研究,30(2):129-150.

郑强,2010. 补空谈之虚空 破株守之迂滞:薛凤祚"中西科学会通"思想探微[J]. 山东科技大学学报(社会科学版),12(2):26-32.

郑强,马燕,2011. 论薛凤祚学术思想的传承[C]//马来平. 中西文化会通的先驱:"全国首届薛凤祚学术思想研讨会"论文集. 济南:齐鲁书社:16-28.

Blair A, 1990. Tycho Brahe's critique of Copernicus and the Copernican system[J]. Journal of the History of Ideas, 51(3): 355-374.

Busard H L L, 1981. Lansberge, Philip van[G]//Charles Coulston Gillispie. Dictionary of Scientific Biography: Vol. 8. New York: Scribner: 27-28.

Cohen I B, 1975. Kepler's Century: Prelude to Newton's[J]. Vistas in Astronomy, 18: 3-36.

Han Qi, 2011. From Adam Schall von Bell to J. N. Smogulecki: The Introduction of European Astrology in late Ming and Early Qing China[J]. Monumenta Serica, 59: 485-490.

Meeus J, 2002. More Mathematical Astronomy Morsels[M]. Richmond, Virginia: Willmann-Bell.

Meeus J, Savoie D, 1992. The history of the tropical year[J]. Journal of the British Astronomical Association, 102(1): 40-42.

Needham J, 1959. Science and Civilisation in China: Vol. III: Mathematics and the Sciences of the Heavens and Earth[M]. Cambridge: Cambridge University Press.

Neugebauer O, 1975. A History of Ancient Mathematical Astronomy[M]. Part Three. Berlin, Heidelberg, New York: Springer Verlag.

Roegel D, 2011a. A reconstruction of Smogulecki and Xue's table of logarithms of numbers (ca. 1653) [DB/OL]. http://locomat. loria. fr/smogulecki1653/smogulecki1653doc1.pdf.

Roegel D, 2011b. A reconstruction of Smogulecki and Xue's table of trigonometrical logarithms (ca. 1653) [DB/OL]. http://locomat.loria.fr/smogulecki1653/smogulecki1653doc2.pdf.

Shi Yunli, 2007. Nikolaus Smogulecki and Xue Fengzuo's True Principles of the Pacing of the Heavens: Its Production, Publication, and Reception[J]. East Asian Science, Technology and Medicine, 27: 63-126.

Sivin N, 1973. Copernicus in China[G]//Union Internationale d'Histoire et de Philosophie des Sciences. Colloquia Copernicana Ⅱ. Warsaw: Polish Acad. of Sciences: 63-122.

Standaert N, 2001. European Astronomy in Early Qing China: Xue Fengzuo's and Smogulecki's Translation of Cardano's Commentaries on Ptolemy's Tetrabiblios[J]. Zhongxi wenhua jiaoliushi zazhi 中西文化交流史雜誌 (Sino-Western Cultural Relations Journal), ⅩⅫⅠ: 50-79.

Swerdlow N M, Neugebauer O, 1984. Mathematical Astronomy in Copernicus's De Revolutionibus[M]. New York: Springer-Verlag.

Van Roode S M, 2007. Lansberge, Philip[G]//Hockey T. Biographical Encyclopedia of Astronomers. New York: Springer: 677-678.

Vermij R, 2002. The Calvinist Copernicans: The Reception of the New Astronomy in the Dutch Republic, 1575−1750[M]. Amsterdam: Koninklijke Nederlandse Akademie van Wetenschappen.

Wilson C, 1989. Predictive Astronomy in the Century after Kepler[G]//Taton, Wilson. Planetary astronomy from the Renaissance to the Rise of Astrophysics, Part A, from Tycho Brahe to Newton. Cambridge University Press: 161-206.

后　记

　　本书是在我博士论文基础上修订而成的。2011年夏，恩师石云里教授申请的国家自然科学基金面上项目"《天步真原》中的行星理论研究"（11173022）获批立项，当时我正好转博，于是便开始研究薛凤祚及其天文历法工作。不久，师弟朱浩浩也加入到项目中，主要负责薛凤祚的星占工作。石老师曾对薛凤祚做过比较深入的研究，发表了多篇重要学术论文，因此在他的指导下我们能够快速掌握前人研究动态并确定未来的研究思路。刚开始，我们手上只有石老师以前复印回来的半部《天步真原》抄本，每天就是一边读一边录入，还总是读不懂。尤其《天步真原》里的天文理论，一方面由于文本讹误太多，另一方面又因为这些理论本身也不是很容易，所以一开始根本读不明白。好在当时我们已经知道《天步真原》天文理论的西方底本 *Tabulae motvum coelestium perpetua* 与哥白尼天文学有关，于是我找来《天体运行论》还有 N. M. Swerdlow 教授编撰的 *Mathematical Astronomy in Copernicus's De Revolutionibus* 一起读，才把这些天文理论都搞清楚。2012年和2013年的两个暑假，我和朱浩浩都去了北京查阅相关古籍，每次都会待半个多月，就住在紫竹院公园附近。当时主要去了国家图书馆、北京大学图书馆、中国科学院国家科学图书馆、自然科学史研究所图书馆等，每天除了坐地铁都会走很多路，看微缩胶片看到头晕恶心。随着资料收集愈加详尽，我们的研究也越发深入，至2014年初博士论文基本完成，我对薛凤祚天文历法工作的研究也暂时告一段落。

　　虽然博士期间做精度分析等计算工作时已经非常小心谨慎，但遗憾的是，我的博士论文还是出现了计算错误，这是2014年的我始料未及的。我当时对自己的计算结果很自信，因而也就没有考虑过重新核算的必要，直到2017年冬在中国科学院大学参加科学技术史学会年会时才意识到这个问题。在这里要感谢唐泉教授的提示，当时我注意到他报告中的《天体运行论》火星精度与我计算的结果不太一样，因此他报告结束后我们简单讨论了这个问题。唐老师告诉我他引用的是 O. Gingerich 教授的研究结论，应该是比较可靠的，我也认为 Gingerich 教授的结论不会误差很大，于是开始怀疑自己的计算是否有误。返回合肥后，我仔细检查了自己编写的计算《天体运行论》火星精度的程序，果然发现了错误：我之前在某个步骤中没有把火星相对恒星背景的坐标换算为相对春分的坐标，导致计算结果出现了偏差。这是一个技术细节问题，虽然这一步换算并不难，但确实容易混淆。不仅如此，这还是一个系统问题，我还需要核查其他行星的程序是否也出现了同样的错误。不过，当时有更急迫的古籍校对任务需要完成，无暇彻底检查所有程序，此事便又搁置一旁。直到 2019 年底，我才利用寒假校验了全部程序，又逢疫情肆虐，假期一延再延，数月后本书才最终定稿。

除修订计算错误外，本书还增加了后来新发现的一些史料，尤其是《圣学心传》。该书此前被认为已佚，只能根据相关记载推测其内容。2017 年，我在《江苏省徐州市图书馆古籍普查登记目录》中发现一部登记为薛凤祚刻本的《四书说约近指合钞》，便怀疑这就是《圣学心传》。几个月后，我和朱浩浩一起去徐州看了这部书，确定了这就是前人认为已经失传的《圣学心传》。因此，后来我在修订书稿时也将这部书补充了进去。另外，书中许多细节也重新做过修改，一些原来不够清晰的插图也做了替换。

本书是我踏入科技史领域最早完成的一部分成果，也是博士期间部分工作的一个总结，虽经多次修订，仍恐不免错漏，望各位师友海涵！最后，感谢本书写作过程中所有帮助过我的人！

褚龙飞

2020 年 5 月